In Pursuit of the Traveling Salesman:
Mathematics at the Limits of Computation

驚きの数学
巡回セールスマン問題

ウィリアム・J・クック 著
William J. Cook
松浦俊輔 訳
Shunsuke Matsuura

青土社

驚きの数学　巡回セールスマン問題　**目次**

驚きの数学　巡回セールスマン問題

みんな聞いてくれ、俺はこの国のすべての道路を通ったぞ。

――ジェフ・マック、『俺はどこへも行ったことがある《アイヴビン・エヴリウェア》』の歌詞より

まえがき

ジェフ・マックの歌に登場する歌手は、リノ、シカゴ、ファーゴ、バッファロー、トロント、ウィンスロー、サラソタ、ウィチタ、タルサ、オタワ、オクラホマ、タンパ、パナマ、マタワ、ラパロマ、バンガー、ボルティモア、サルヴァドール、アマリロ、トカピロ、バランキーヤ、パディリャに行ったことがある。

1988年2月のある夜、友人のヴァシェク・フヴァータルと私は、数学の巨人たちの例にならい、この行き先を回る最短の道を見つけてみることにした。翌日私たちはローワー・マンハッタンにあるコンピュータの店、トライステート・カメラで落ち合った。店の販売員は、私たちが数学者で速いコンピュータを必要としていることを知ると、私たちの顔を見て「先生たちは巡回セールスマン問題を解こうとしてるんじゃないよね」と言ってくれた。なかなかのご明察だ。そのときのコンピュータは、その後の20年の大半をかけて答えを求める中で動かなくなった、何台ものコンピュータの第1号だった。

悪名高いその問題とは、特定のリストにある都市をすべて訪れて出発点に戻る最短距離のルートを計算するというものだ。ジェフ・マックの旅人の場合、22の都市を通る51,090,942,171,709,440,000通りの巡回路をすべて計算してみることもできるだろう。この計算をするには、最速のスパコンでも、腕まくりをしてまる1日必死の作業をしなければならないだろうが、辛抱強く待てば探索は実行できるかもしれない。

しかし都市が100ほどになると、すべてのルートを確かめて最短のものを選び出すという手は問題外となる。たとえ地球上のすべての計算用の資源をその作業に充てたとしても。

ありとあらゆる答えを順序よく並べることがそれほどの手間だとしても、それでセールスマン問題が実際に難しいことが納得できるわけでは決してない。これと似た、解き方は簡単なのに、候補となる答えがセールスマンがたどりうるルートの数よりもはるかに多いという問題は、他にもいくつかある。巡回セールスマン問題が別格なのは、世界中にいる一流の応用数学者が何十年も調べていながら、一般的に、単純に力まかせで調べる以上に大きく改善する方法が知られていないところだ。この問題のあらゆる例を必ず解くことができる効率的な方法は存在しない可能性が、現実味をおびている。効率的な解き方があるかないか。これは数学の世界のディープな問いだ。このテーマで進んで行くと、実現可能な計算法の限界にかかわる複雑性理論の核心に及ぶ。この問題に一般的な形で取り組もうという強い心臓の持ち主のために、クレイ数学研究所という団体は、効率的な方法を生み出すか、それが不可能であることを証明するか、いずれかができれば100万ドルの賞金を出すことになっている。

クレイ賞の対象となるのは複雑性の問題で、巡回セールスマン問題研究の究極の目標はそこにあるが、私たちはその解決を見るには遠く及ばないかもしれない。だからといって、数学者はこれまで手ぶらで帰ってきたわけではない。実はこの問題から、美しく奥の深い結果や予想が数多く生まれている。厳密に計算する方面では、2006年に8万5900都市という問題が解かれた。最上位機種のワークステーションでも136年かかるのに相当する計算量で、気が遠くなるような数の候補から最適のルートが引き出された。実用面ではいくつかの解法があり、日々、無数の実地例に対応する最適巡回路、あるいは最適に近い巡回路を計算するために用いられている。

巡回セールスマン問題がすたれない強みの一つは、それが応用数学、とくにオペレーションズ・リサーチや数学的計画法といった分野での発見を生み出す原動力として著しく成功しているところだ。また、もっと多くの発見がすぐそこで待っているかもしれない。本書の第一の目標は、この数学の難問を解くための方法を読者に自分で追いかける気になってもらうことだ。

以下の各章を書くにあたって、うれしいことに多くの方々からの助力や支援をいただいた。まず誰よりも、仲間のデーヴィッド・アップルゲート、ロバート・ビクスビー、ヴァシェク・フヴァータルには、巡回セールスマンの謎の一部なりとも解明することを目指す喜びとそのための仕事に20年以上つきあってくれたことに感謝する。また、ミシェル・バリンスキー、マーク・バルーク、ロバート・ブランド、シルヴィア・ボイド、ウィリアム・カニンガム、ミシェル・ゴーマンズ、ティモシー・ゴーワーズ、ニック・ハーヴィー、ケル・ヘルスガウン、アラン・ホフマン、デーヴィッド・ジョンソン、リチャード・カープ、ミッチェル・ケラー、アントン・クライヴェーヒト、ベルンハルト・コルテ、ハロルド・クーン、ジャン・カレル・レンストラ、ジョージ・ネムハウザー、ゲアリー・パーカー、ウィリアム・プリーブランク、アンドレ・ローエ、アレクサンダー・スフレイヴァー、ブルース・シェパード、スタン・ワゴン、デーヴィッド・シュモイズ、ヘルハルト・ウーヒンヘル、フィリップ・ウルフには、問題とその歴史についての話をしてくれたことに感謝する。

解説に使った画像や史料は、ヘルナン・アベレド、レナード・エイドルマン、デーヴィッド・アップルゲート、青野真士、ジェシー・ブレイナード、ロバート・ビクスビー、エイドリアン・ボンディ、ロバート・ボシュ、ジョン・バルトルディ、ニコス・クリストフィデス、シャーリー・クライマー、ジェームズ・ダルゲティ、トッド・エクダール、ダニエル・エスピノザ、グレッグ・ファスハウアー、ライザ・フライシャー、フィリップ・ガランター、ブレット・ギブソン、マルコス・ゴイコーレア、マルティン・グレーチェル、マール・ファルカーソン・ガスリー、ニック・ハーヴィー、ケル・ヘルスガウン、オラフ・ホラント、トマス・イスレアルセン、デーヴィッド・ジョンソン、ミヒャエル・ユンガー、ブライアン・カーニハン、ベールベル・クラーセン、ベルンハルト・コルテ、ドリュー・クローズ、ハロルド・クーン、パメラ・ウォーカー・レアード、アイルサ・ランド、ジュリアン・レスブリッジ、アダム・レッチフォード、パナギオティス・ミリオティス、J・エリック・モラレス、ランダル・マンロー、永田裕一、ドニ・ナデフ、ヤロスラフ・ネシェトジル、マンフレッド・パドバーグ、エリアス・パンパルク、ロチェル・プルース、イーナ・プリンツ、ウィリアム・プリーブランク、ゲルハルト・ライネルト、ジョヴァンニ・リナルディ、ロン・シュレク、エーヴァ・タルドス、ムクンド・タパ、マイケル・トリック、マルク・ユエツ、宇野裕之、ギュンター・ヴァルナー、ヤン・ヴィーナー、ウーヴェ・ツィンマーマンの提供を受けた。皆さんのご厚意に感謝する。

本書はジョージア工科大学のH・ミルトン・スチュアート記念産業システム工学研究科と、プリンストン大学のオペレーションズ・リサーチ金融工学科というすばらしい環境で書かれた。私の巡回セールスマン問題に関する研究は、国立科学財団（CMMI-0726370）と、海軍研究所（N00014-09-1-0048）の研究補助金を受けており、またA・ラッセル・チャンドラー3世のありがたい寄付も受けた。その継続的な支援に感謝する。

最後に、家族のモニカ、ベニー、リンダには、何年も辛抱強くセールスマンの話を聞いてくれたことに感謝。

第1章　手強い問題

それは人間によって、あるいは人間が使う最速のコンピュータによって解かれるのを長いあいだ拒んできた古典的な数学の問題――「巡回セールスマン」問題――の答えを探そうとする、3人組の努力から芽ばえた。

――IBMのプレスリリース、1964年★1

1962年の春、プロクター・アンド・ギャンブル（P&G）社の広告キャンペーンが、応用数学者の世界にちょっとした騒ぎを起こした。このキャンペーンは賞金1万ドルの懸賞問題を目玉にしていた。当時は家1軒が買えるほどの額だ。公式の規定によれば、

トゥーディとマルドゥーンが車で全国を回り、課題地図上の丸印で表された33の都市を一つ一つ訪れますが、その際、移動距離はできるかぎり短くしたいとします。2人がイリノイ州シカゴを出発して、またイリノイ州シカゴに戻ってくる合計の距離が最短になるようにルートを計画してください。

トゥーディとマルドゥーンは、アメリカの人気TVドラマ『カー54』〔54号車〕に出てくる警官で、その54号車に乗り組んでいた。33都市巡りの課題は、「巡回セールスマン問題《トラヴェリング・セールスマン・プロブレム》」、略して「ＴＳＰ」と呼ばれる問題の一例だ。一般的な形で言えば、都市名と、リストに載ったそれぞれの都市間の距離が与えられる。問題は、各都市を回って出発点に戻る最短距離を見つけることだ。

この問題は一般に易しいのか、難しいのか、それとも解けないのか。簡単に答えれば、本当は誰も知らない。そこがこの計算数学の世界で有名な難問の謎であり魅力だ。そしてセールスマンの悩みを解決するよりずっと大きなことがそこにかかっている。ＴＳＰは複雑性の正体や人間の知識にありうる限界という、もっと広い論争の焦点なのだ。やってやろうじゃないかと思うなら、削った鉛筆と計算用紙があればよい。それでセールスマンに救いの手を差し伸べられるし、あわよくば、セールスマンが巡回する世界についての理解に一大飛躍をもたらすことになるかもしれない。

全米ツアー

ＴＳＰはやっかいだという評判とは違い、ある点から言えばごく易しい課題だ。与えられた一組の都市を通るありうるルートは有限通りしかないのだ。つまり、１９６２年当時の数学者でも、トゥーディ＝マルドゥーンがとれる巡回路《ツアー》を一つ一つ計算して最短距離のものを記録し、その答えをP&G社に送って1万ドルの小切手が郵送されてくるのを待つことはできただろう。単純でも完全無欠の解き方だ。ただ落とし穴が一つ。区別される巡回路の数が、一つ一つ計算して確かめることを考えるにしては、あまりにも大きかった。

この難点が認識されたのは１９３０年のこと、オーストリアの数学者で経済学者のカール・メンガーによる。メンガーはＴＳＰという難問に初めて数学界の関心を向けさせることになった。「この問題はもちろん、有限回の試行で解くことができる。ただ、与えられた地点の順列の数より少ない試行回数を与える規則が知られていないのだ」[★2]。都市を訪れる順番を指定すれば、一つ一つの巡回路は特定できる。たとえば、トゥーディとマルドゥーンの33の目的地を*A*から*Z*までと*1*から*7*までの記号で表せば、つまりシカゴを*A*、ウィチタを*B*などとすれば、ありうる一つの順路を

ABCDEFGHIJKLMNOPQRSTUVWXYZ1234567

と記すことができるし、33個の記号の並び方は他のどんなものでもよい。そのような並べ方のそれぞれが「順列」だ。この設定でできる順番は、最後の都市から最初の都市へ戻るという意味で円環になっている。つまり同じ巡回路でも、最初の位置をどこにするかによって33通りに数えることができる。そのような重複を避けるために、必ず都市*A*から始めるとよいだろう。そうすると、2番めの都市として32通りの選択肢があり、第3の都市として31通りあり、以下同様となる。全部合わせると、検討すべき巡回路が32×31×30×…×3×2×1通りあることになる。これが32個のものを並べる順列の総数で、32!と書かれ、32の「階乗」と読む。

Ｐ&Ｇ社のコンテストでは、シカゴとウィチタの距離はウィチタとシカゴの距離と同じで、他のどの二つの都市のあいだでもそれは言えるということに気づけば、そのぶんの手間が省ける。そのような対称性があるので、一つの巡回路をどちら向きに進むかは関係なくなり、

ABCDEFGHIJKLMNOPQRSTUVWXYZ1234567

という並びと、その逆の

7654321ZYXWVUTSRQPONMLKJIHGFEDCBA

は同じことになる。したがって、33都市の巡回路の数を半分にして、32!/2通りの並び方を調べればよいことになる。先に進む前に、尖ったＨＢの鉛筆を取り出して、調べなければならない巡回路の数が

131,565,418,466,846,765,083,609,006,080,000,000

通りあることを書き留めておこう。

もちろん今の世なら、コンピュータを使って全部を次から次へ計算することになる。そこで、合衆国エネルギー省にあるＩＢＭのロードランナー・クラスターという1億３３００万ドルする大型機を選ぼう。この12万９６００個のコア〔演算装置を含む中核部分、ＣＰＵとも言われる〕で構成されるマシンは、２００９年の世界最速スーパーコンピュータ・トップ５００の首位になり、毎秒１４５７兆回に及ぶ算術演算を行なう。★3 巡回路探しプログラムを、それぞれの巡回路を1回の算術演算で調べられるように組めるものとしよう。すると、このロードランナーで33都市のＴＳＰを解くには、およそ28兆年がかかることになる。宇宙の今の年齢が１４０億歳ほどでしかないと推定されていることからすれば、あまりうれしくない量の時間だ。メンガーがこの問題を力まかせに計算することには満足できなかったのも当然だろう。

メンガーが書いているのは、これより速いセールスマン問題の解き方が知られていないということで、

しらみつぶしの解き方では解けないというのではない。今の即席の分析の意味を考えるときには、この点を頭に入れておかなければならない。この点は、ジョン・リトルらがP&G社の懸賞に関して書いた文章の中で、次のようにうまくまとめられている。「何人もの人が、たぶん少々知りすぎていたのだろうが、同社に問題は解けないと応じてきた――最先端の現状に関するおもしろい誤解である」[★4]。リトルらはさらに、TSPの解法という分野の躍進について述べているが、自分たちの計算機プログラムを実際に33都市の懸賞問題を解ける水準にまで進めることはできなかった。どうやらアメリカでは、トゥーディとマルドゥーンがとれる巡回路のうち確実に最短と言えるルートを出せた人はいなかったらしい。

33都市の問題は明らかに歯ごたえがあるが、時計を1954年に戻すと、最適巡回路をほとんど確実に、それが最短であることの保証書つきで出せそうなチームがいた。このチームは合衆国本土の48州から一都市ずつとワシントン特別区を回るというもっと大きな巡回問題に取り組んでいた。この特定の課題は、1930年代半ば以来、数学界全体に流通していた。答えは『ニューズウィーク』で報じられている[★5]。

巡回セールスマンの最短ルート――どこかの都市から始めて他の都市を次々と回り、出発点に戻ってくる――を見つけることは、食後の頭の体操というわけにはいかない。この問題は何年も前から、商品の配送ルートやセールスマンの巡回ルートを決める企業人だけでなく、数学者も悩ませている。たとえば、ある訪問販売員が50都市を回るとすれば、ありうる経路は10^{62}通り（62個のゼロが並ぶ）にもなる。それほど巨大な数のルートとなると、現存のどんな電子計算機でも、距離の順に並べて最短の距離を見つけるようなことはできない。

ランド研究所の３人の数学者が、コロンビア特別区と48州の主要都市との距離を示したランド・マクナリー道路地図を使って、やっと答えを出した。３人の専門家は線形計画法——生産計画上の問題を解くために近年用いられている数学の道具——を巧みに応用して、49都市を回る最短ルートを「手計算で」、ほんの何週間かで求めた。答えは１万２３４５マイル〔約１万９８６７キロメートル〕だった。３人の専門家とは、ジョージ・ダンツィク、レイ・ファルカーソン、セルマー・ジョンソンのことで、カリフォルニア州サンタモニカのランド研究所に設けられていた、数学的計画法という新分野の、きわめて有力な研究拠点に所属していた。

　このランド研究所のチームが与えた裏づけには、本書でも後で取り上げるうまい数学が関係している。当面はこの裏づけを、中学校の数学の図形編の授業で習ったような証明と考えておけばよいだろう。ダンツィクらの証明は、49都市を回る巡回路には１万２３４５マイルより短い距離のものはありえないことをはっきりさせている。ぴったりこの長さの巡回路とこの証明を合わせれば、このＴＳＰの特定の具体的問題例についてはきっぱりと決着がつくことがわかる。

　ダンツィクらは１万ドルの懸賞の機会は逃したが、今やこの３人の考え方をプログラムにしてコンピュータに実装すれば〔形式的な概念としてのアイデアやアルゴリズムを、実際に動作するプログラムや専用の装置として実物化すること〕、33都市のＴＳＰは易しい問題になるのは確かだ。トゥーディとマルドゥーンの最短ルートは図１・３に描かれている。１９６２年には、これがありうる巡回路の中で最短だということを断言できる人はいなかったが、何人かの応募者は同じ並べ方を見つけて提出している。懸賞で同着首位となった人々の中には、数学者のロバート・カーグとジェラルド・トムソンがいた。２人は試行錯誤によるヒュー

図 1.1 「カー 54」懸賞問題。図版提供：Procter & Gamble

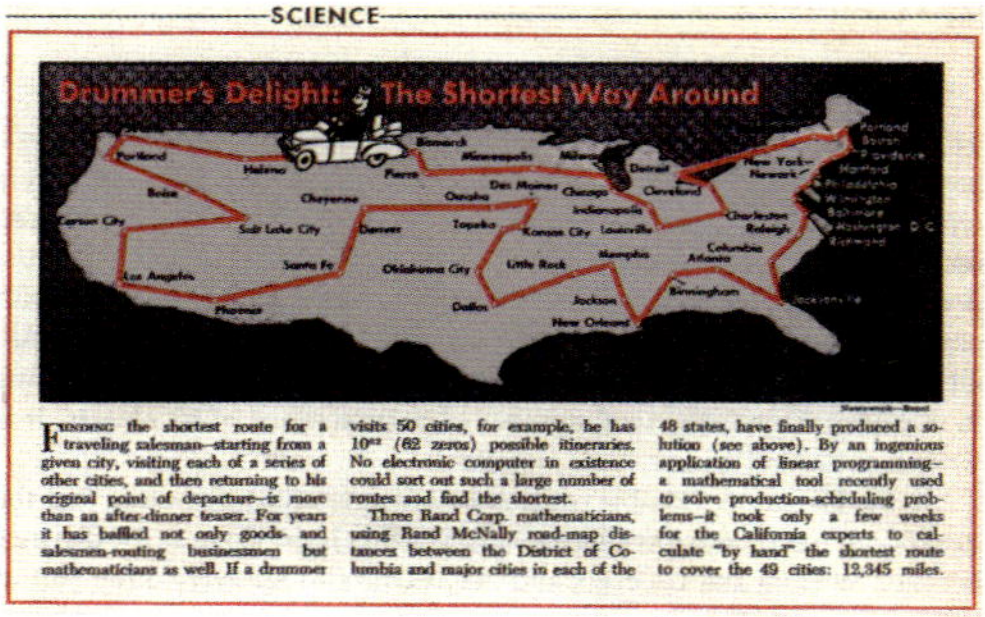

Finding the shortest route for a traveling salesman—starting from a given city, visiting each of a series of other cities, and then returning to his original point of departure—is more than an after-dinner teaser. For years it has baffled not only goods- and salesmen-routing businessmen but mathematicians as well. If a drummer visits 50 cities, for example, he has 10^{62} (62 zeros) possible itineraries. No electronic computer in existence could sort out such a large number of routes and find the shortest.

Three Rand Corp. mathematicians, using Rand McNally road-map distances between the District of Columbia and major cities in each of the 48 states, have finally produced a solution (see above). By an ingenious application of linear programming—a mathematical tool recently used to solve production-scheduling problems—it took only a few weeks for the California experts to calculate "by hand" the shortest route to cover the 49 cities: 12,345 miles.

図 1.2 訪問販売員が喜ぶ。*Newsweek*, July 26, 1954, p.74.

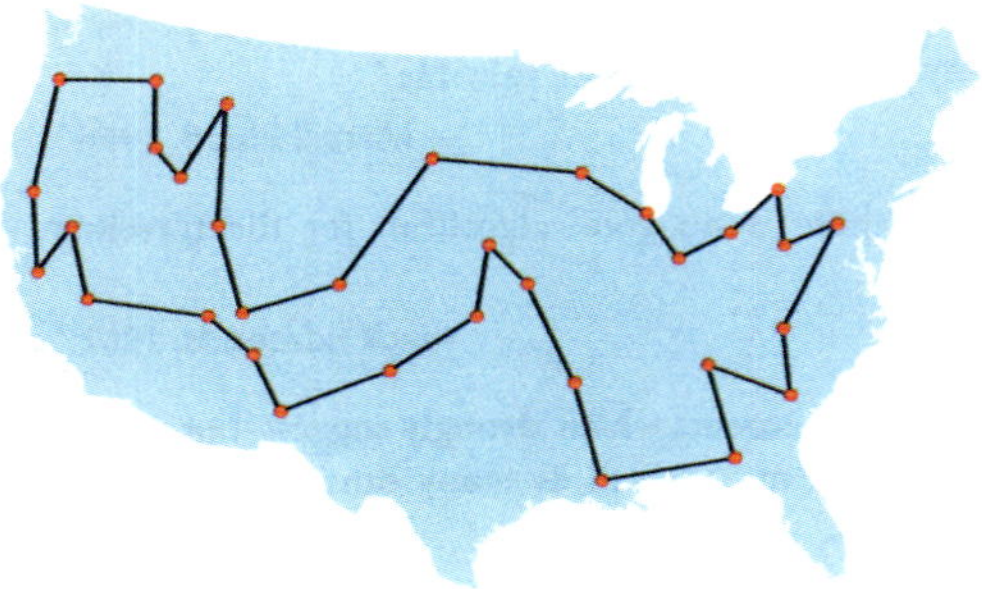

図 1.3 「カー 54」コンテストの最適巡回路。

リスティックな方式〔将棋で言うと、詰みまでの必然的な手順を見通すのではなく、局面ごとに何手か先までを読んで指す場合のように、状況に応じて限られた範囲で良さそうな解を求めることを言う〕を生み出し、それが優勝解をもたらした。★6 こうして物語はめでたしめでたしとなった。少なくとも数学界にとっては。同順位の中から勝者を決めるために、参加者はP＆G社製品のどれかの良いところについて、短い文章を書くことが求められた。トムソンの石鹸に関する文章が優勝とされた。

不可能な問題？

ランドのチームの成果で48州問題には決着がついたが、ＴＳＰに片がついたわけではなかった。このチームが一つで大当たりをとっても、別の、たぶんもっと大きい具体的問題もこなせることにはならない。実際、ラスヴェガスがＴＳＰはちゃんと解けるかどうかを賭けの対象にしたとしたら、数学者のあいだでは、「ＴＳＰは決して解ききれない」というほうが大本命として人気を集めるだろう。ここで注意しなければならない。解くと言っているのは「アルゴリズム」、すなわちどんな問題が出ても、それについて最適巡回路を出すための段階を追った手順のことだ。アメリカでもどこでも、単にそこでの最善のルートを見つけるだけでは、答えにはならない。

一般形としてのＴＳＰに予想される難しさを取り上げたSF小説、チャールズ・ストロスの「アンチボディーズ」は、巡回セールスマン問題の効率的な解法が発見された後にもたらされた、この世の終わりの出来事を綴っている。★7 ＴＳＰに輝かしい見通しが得られてもこの世の終わりの合図にはならないと願うことはできるが、それでも地球上が大騒ぎになり、相応の扱いを受けることになるのは確実だ。なぜかと言うと、まずいくつかの引用をしてみよう。

「この問題をうまく扱うためには、まだ使われていない方面のまったく別の方式が求められる可能性が高そうだ。実際には、問題を処理する一般的な方法はない可能性も高く、不可能という結果が得られれば、それもまた価値がある」

——メリル・フラッド、１９５６年★8

「私は巡回セールスマン問題には良いアルゴリズムはないと予想する」

——ジャック・エドモンズ、１９６７年★9

「本論文で筆者は、これらの問題が他の多くの問題と同様、永遠に計算困難《イントラクタブル》であることを、導きはしなくても強く示唆する定理を示す」

——リチャード・カープ、１９７２年★10

ここに挙げた見解を抱いているのは、巡回セールスマン研究の中でもトップクラスの3人だ。メリル・フラッドは１９４０年代にこの問題に注目し、ＴＳＰが根本的な研究課題として登場することに他の誰よりも関与した。１９５６年には問題の状況を論じ、効率的な方法が存在しないかもしれない可能性を初めて唱えた。10年後にはジャック・エドモンズが、一般的解法があるという希望とは逆の側に賭け、フラッドの見解を繰り返すことになった。エドモンズは自分の賭け方の根拠を控えめに解説する。「私の理由は数学のどんな予想とも同じで、(1)そのことに正当な数学上の可能性があること、(2)どうなるか自分にはわからないことである」。もっともそんなことを言うのは私たちをからかってのことで、20世紀の数学の世界の中でも特に深遠な思想家の1人であるエドモンズは、TSPが解けないほうに賭けるにしても、その頭にはきっと深い考えがあったことだろう。5年後、優れた計算機学者リチャード・カープが、TSPを計算法の他の問題群と結びつけた論文を発表して、その賭けの正体が明らかになった。カープの理論の詳細については第9章までとっておくが、手短かに解説をしておけば、「アンチボディーズ」の登場人物が高速のTSPアルゴリズムが発表されてぞっとした理由が理解できるだろう。

良いアルゴリズム、悪いアルゴリズム

エドモンズが「良いアルゴリズム」と言うとき、良いというのは他の人々と同じような意味で使っている。アルゴリズムが良いというのは、それが受け入れられる時間で問題を解くことができる場合のことだ。けれども、それが数学で意味をなすには「良い」を形式の整った概念にしなければならなかった。TSPの問題が、たとえば人間によって、あるいは何かの機械によって、すべて1分以内に解けるとは、明らかに予想できない。少なくとも、都市の数が増えるにつれて解くための時間も増えることを見込む気でいなければならない。はっきりさせるべき点は、どの程度の増え方なら受け入れられるかということだ。[★11]

問題の大きさを示す記号をnとしよう。TSPの場合、これは都市の数のことを表す。回るべき場所の一覧を読むにはnに比例する時間がかかるので、厳しい上司は、最適巡回路を出すのにかかる時間もnに比例するようにと求めるかもしれない。そんな上司がいたら、とんでもなく楽観的だということになる。エドモンズのほうは、実行時間はもっと急速に増大するものと見抜いたが、良いか悪いかについて鋭い分

図 1.4 ジャック・エドモンズ、2009年。写真提供：Marc Uetz

	n=10	n=25	n=50	n=100
n^3	0.000001 秒	0.00002 秒	0.0001 秒	0.001 秒
2^n	0.000001 秒	0.03 秒	13 日	40 兆年

表 1.1 毎秒 10^9 回の演算ができるコンピュータでの実行時間。

力まかせの解

動的計画法アルゴリズム

eBay で売る

まだルートを計算してるの？

うるさい、知るか。

図 1.5 巡回セールスマン問題。画像提供：Randall Munroe, xkcd.com

かれ目を設けてもいた。良いアルゴリズムとは、何らかのべき指数をkとして、せいぜいn^kに比例する時間で作業が完了する保証がついたアルゴリズムだという。指数のkは2でも3でももっと大きくてもよいが、一定の数でなければならない——nが大きくなるにつれてkも大きくなるというのではだめだ。つまり、n^3の上昇率なら良いアルゴリズムだが、n^nとか2^nでは悪いアルゴリズムだということになる。このことの感覚をつかんでいただくために、表1・1にいくつかのnについて、実行時間を計算しておいた。コンピュータは一秒に10^9回の命令を実行できるものとしている。$n = 10$なら、悪いアルゴリズムでも何とかなる。しかしnが100あたりになると、2^nのアルゴリズムに呑み込まれてしまいたくはないだろう。

エドモンズの形式を整えた「良い」の概念は、必ずしも私たちの直観とは一致しない。n^{1000}ステップを必要とするアルゴリズムでは、100都市のTSPを解く時間となると、あまりうれしくはない。それでも、この考え方は計算の研究に革命を起こした。精密な「良い／悪い」の分け方ができると、数学者に本当の目標がもたらされ、計算法の問題への関心に火がついた。実用面で言えば、ある問題に良いアルゴリズムがあるとなれば、研究者は全力をあげて指数kの値を下げる競争に参加する。典型的には実行時間をn^2あるいはn^3あるいはn^4に比例するところにまで下げて、数が大きい具体的問題でも処理できるコンピュータのプログラムを作ろうとする。

TSPファンには残念なことに、この問題については良いアルゴリズムは知られていない。これまでの最善の結果は、1962年に発見された、$n^2 2^n$に比例する時間で計算する解法だ。この増え方は、良いアルゴリズムではないものの、n個の点を通る順路の総数、つまり$(n-1)!/2$よりははるかに小さく、もしかするとメンガーの好奇心は満たすかもしれない。

複雑性クラスPとNP

エドモンズの分割は計算法の問題に移され、それを良い《グッド》アルゴリズムが存在する問題と存在しない問題に分ける。前者なら私たちは喜び、それらはまとめてクラスPと呼ばれる。

グッドなのになぜGではなくPかというと、研究者は「良い」といった言葉に伴う情緒的な含みにはどうも落ち着かず、「多項式時間《ポリノミアル》アルゴリズム」という言葉を使うのが標準的になったからだ〔多項式は変数のべき乗の和で表される式のこと〕。つまりPはポリノミアルのPだ。

Pの定義は明瞭だが、特定の問題がこの「良い」区分に入るかどうかを識別するのはやっかいな場合がある。TSPについても、これはPに入るのだが、それを証明する良いアルゴリズムはまだ見つかっていないだけ、という可能性がある。かすかな希望は、少なくとも良い巡回路が見えればそれが良いことはわかるところだ。実際、たとえば100マイル未満の長さの巡回路を見つけるのが問題だとすると、そのような解を手渡してくれれば、それが本当に100マイルの目標を下回っているかはすぐに確かめられる。この性質があるため、TSPはNPと呼ばれる区分に属する。これは答えが正しいことを多項式時間で確かめられる問題からなる区分だ。NPの2文字は、「非決定的多項式《ノンデターミニスティック・ポリノミアル》」を表す。変わった名前は措いておくとして、これは自然な問題の区分だ。計算機に何かを求めるときは、結果が自分の出した仕様にかなっていることを確かめられるはずだ。

大問題

PとNPは、名称は二つでも、同じクラスの問題を表していたりするのだろうか。それはありうる。これを証明する道筋は、1971年のスティーヴン・クックによる飛躍的な結果によって敷かれた〔私の親戚ではない。もっとも、何度か人違いで食事に招待されたことはあるが）クックの定理が言っているのは、NPには、ある1個の問題について良いアルゴリズムが得られれば、NPに属するすべての問題について良いアルゴリズムがあると言えるような問題があるということだ。実は、クック、カープなどは、そのような「NP完全」問題がたくさんあり、中でも傑出しているのがほかならぬTSPであることを示している。

NP完全問題のための良いアルゴリズムを見つければ、PとNPの同等を示すことになる。さて、TSPの一般的な解き方を最初に発見した人は、P&G社の懸賞で優勝するよりも相当多い賞金を持ち帰ることになる。クレイ数学研究所は、P＝NPを証明あるいは反証したら100万ドルの賞金を出すと約束しているのだ。

おおかたの予想では二つは同等ではないということになっているが、そうだと考える理論的な根拠は大してない。いくらなんでも等しいというのは無理だという感覚にすぎない。検証可能な形で立てられる問題なら、効率的な解き方がすぐに得られることになってしまう。現に今の暗号方式は、一定のNP問題が解きにくいという前提を利用している。NPに属するこうした問題に手早く解けるアルゴリズムがあったりしたら、インターネットの商取引はたちまち停止してしまう。暗号を破ろうとするハッカーに、データを盗むための万能ツールを渡すようなものだからだ。

しかし、「アンチボディーズ」での社会の崩壊は、単に暗号が成り立たないだけではなく、それ以上にひどいことになっている——人工知能のプログラムが突然に強力になり、自分たちの主人である生物を凌駕してしまうのだ。そんな厄介な機械をやっつけられるというのもありそうなことで、P＝NPからは、悪い結果より良い結果のほうが大きく上回る可能性が高い。2009年の解説論文で、ランス・フォートナウはこんなことを書いている。「多くの人は、P＝NPとなると、公開鍵方式の暗号はありえなくなるといった否定的なほうに目を向ける。確かにそうだが、P＝NPから得られる利得によれば、そもそもインターネット全体が歴史上の脚註のように見えることになるだろう」[12]。その論拠は、最適化が易しくなってセールスマンが最短ルートを見つけられるようになり、工場はピークの生産力で運転でき、航空会社は時刻表どおりに運行できるなどして、簡単に言えば、使える資源の利用のしかたが世界中でうまくなるということだ。科学、経済学、工学でもとてつもなく強力になったツールが使えるようになって、ノーベル賞委員会が何年も忙しくなるような大発見が次々と着実にもたらされることになる。バラ色の世界だが、予想ではそうはならない。

P対NPの決着は、明らかに現代の大きな課題の一つとなっている。しかしTSPのようなNP完全問題に取り組むとき、良い解法にありうる枝分かれにとらわれすぎないようにすることが大事だ。高尚な帰結を脇に置けば、問題は要するに単純なセールスマンのルートづくりだ。巧妙なアイデアがあれば、一気に流れが傾くかもしれない。

一度に一問ずつ

複雑性の問題一般に関する世界を揺るがすかもしれない結果について誰かが何歩か前進するまで、TSPについては何がなされるべきなのか。セールスマン問題に正面からぶつかるなら、わかりやすい目標は、もっと規模が大きくて難しい例を解くことだ。

TSPは、アルゴリズム工学[13]と呼ばれる実用的な研究の旗頭で、そのモットーは、「いやとは言わせない」だ。理論的な検討をしていくと、ある大きさに達すると必然的に庞大な計算量を必要とするTSPの例が存在することになるかもしれないが、だからといって、特定の大規模な例を見るときには必ず、巡回路についてはあきらめて大ざっぱな推定に訴えるしかないということではない。実際、この突撃あるのみの姿勢によって、この学界に、ほとんど信じがたいほどの複雑度の例を解ける手法とコンピュータ・プログラムがもたらされている。

それまで解かれていない難問を倒すと、研究者のあいだで大々的に報じられ、ヒマラヤの未踏峰に登ったり、100メートルで世界記録を出したりしたような騒ぎになる。特定の最適巡回路の詳細を必死に求めているというのではない。むしろ、必死になってTSPが少しでも先へ行けることを知りたいということだ。セールスマン問題は結局私たちに勝つかもしれないが、楽には勝てないだろう。

49から8万5900へ

この分野のヒーローが、ダンツィク、ファルカーソン、ジョンソンだ。コンピュータ時代が明けそめる頃で、新しくTSPに取り組む研究者が猛攻をかけつづけていたが、ダンツィクらが手計算で解いた49都市の例は、17年間、誰も手が届かない記録として君臨していた。アルゴリズムが開発され、プログラムが書かれ、研究報告が発表されたが、3人の記録はその地位を守っていた。長期にわたる王座がついに奪われたのは、1971年、IBMの研究者、マイケル・ヘルドとリチャード・カープによる。そのカープは、明らかに理論だけでは満足できず、TSPの不可能とされた結果を調べた。この場合のテスト例は、正方形の領域にランダムに打たれた64個の点からなる。移動コストは2点間の直線距離に従って定められる。

ヘルドとカープのアルゴリズムは、もっと高性能なものを求めて何チームかによって手を加えられたが、何年かのあいだは最高位にあった。しかしダンツィクらの手法が1975年に巻き返し、パナギオティス・

ミリオティスが、元のランド方式の変種を採用して80個のランダムな点を通る最短ルートを計算し、ヘルド＝カープの記録を破った。

ミリオティスの成果から、ダンツィクらの手法がＴＳＰ計算の予想される限界をぐっと押し広げる可能性をもたらすのではないかと思われた。このことは、その後間もなく、マルティン・グレーチェルとマンフレッド・パドバーグによって強化され、２人は基礎的な方法論を大きく拡張する土台を整えた。この2人の数学者はその後の15年にわたり、ＴＳＰ界に君臨した。２人の成功は、グレーチェルが１９７７年の博士論文でドイツの１２０都市を通る最適巡回路を構成したことから始まった。パドバーグは当時、ＩＢＭの研究者ハーラン・クラウダーと組んでいて、回路基板の穿孔への応用で生じた３１８都市の場合について最適解を計算した。この二つの結果は、それだけでも大したものだったが、１９８７年の驚くべき一連の発表に向かうほんの手始めの段階にすぎないことがわかった。この年はＴＳＰの大当たりの年となった。大西洋をはさんだ両側で独自に研究していたグレーチェルとパドバーグが率いたそれぞれのチームは、アメリカの５３２都市、世界中の６６６地点、さらには１００２都市と２３９２都市相当の穿孔問題を次々と解いていった。グレーチェルはボン大学博士課程の学生オラフ・ホラントと研究しており、パドバーグはイタリアの数学者でニューヨーク大学にいたジョヴァンニ・リナルディと研究していた。

この興奮の波に乗って、ヴァシェク・フヴァータルと私は１９８８年の初め、ＴＳＰ計算競争に参加することにした。グレーチェル＝ホラントとパドバーグ＝リナルディのとほうもない努力に追いつこうとするには、私たちはうらやまれるような立場にはなかったが、問題の理論面のさらに奥へと分け入って行きつつある、広く活発な世界規模の学界の中で研究するという贅沢は得られた。どんどん蓄積されるＴＳＰ研究をふるいにかければ、計算面での攻勢に使える強力な道具が得られるだろう。しかし私たちは、その

図 1.6（左） TSP 新記録、3038 都市。*Discover*, January 1993.

図 1.7（中） コンピュータ・チップから出てくる 8 万 5900 都市の TSP の解。

図 1.8（下） 8 万 5900 都市巡回路の一部の拡大図。

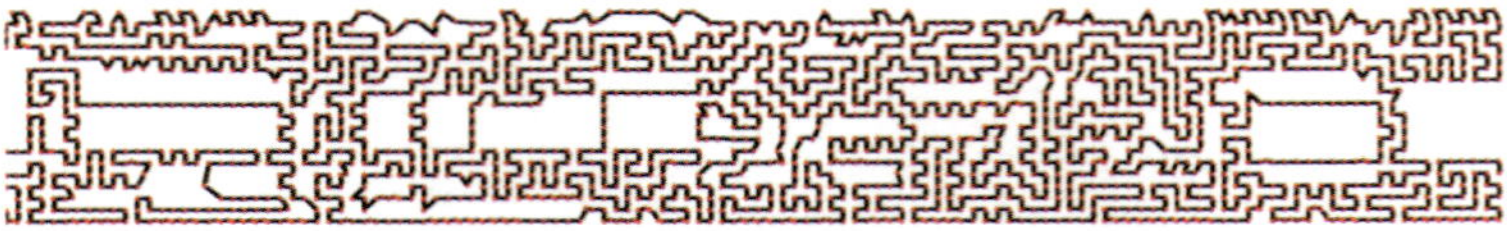

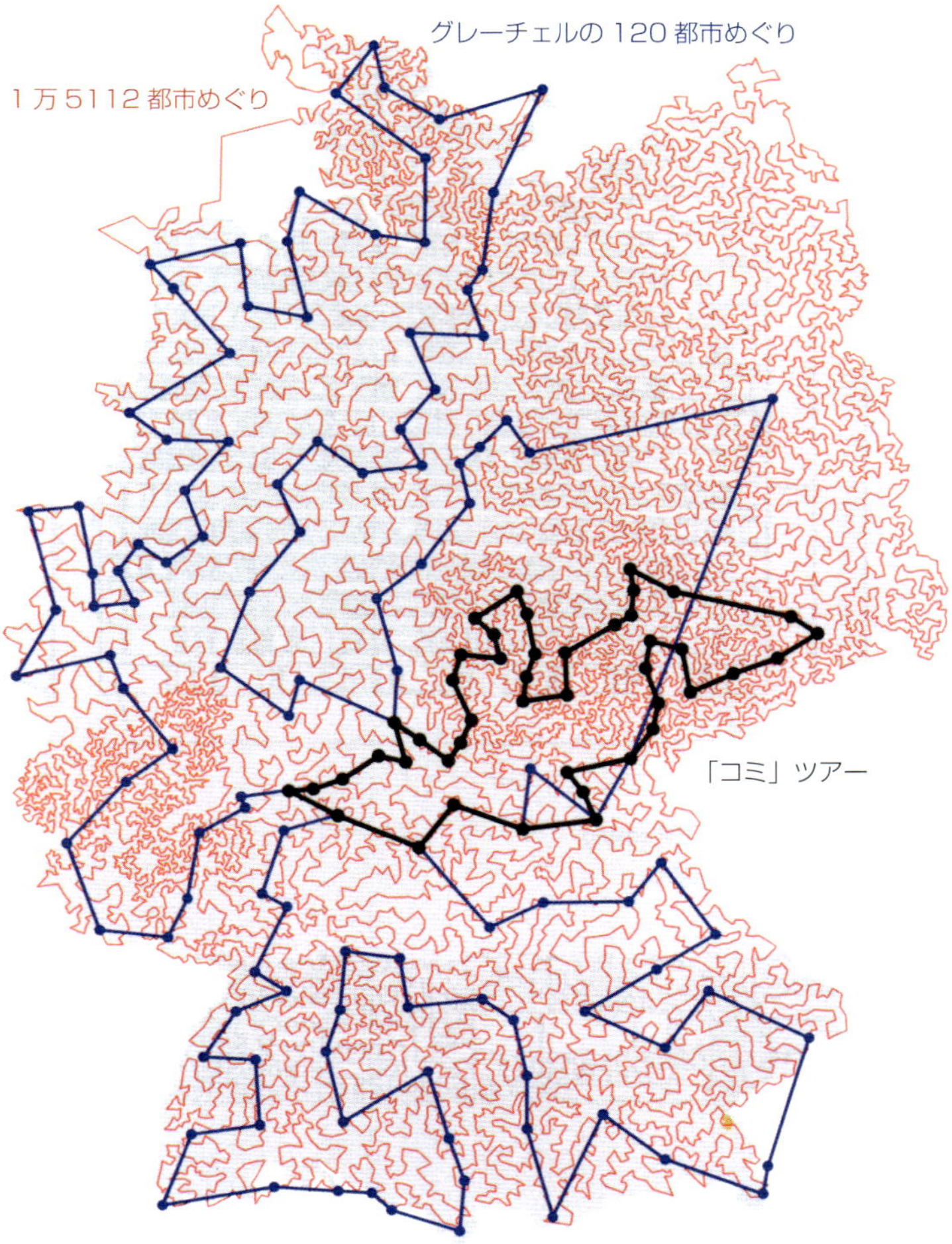

図 1.9　3 種類のドイツ巡り。

過程に入る前に、試み全体の中でもいちばん重要な一歩を進めた。当時最強の計算機数学者、デーヴィッド・アップルゲートとロバート・ビクスビーの2人をチームに引き込んだのだ。事態はゆっくりと始まり、何度か間違いもしたが、1992年、3038都市相当の穿孔問題を、並行して動くコンピュータによる大規模なネットワークを使って解いた。パズルのピースがはまると、1998年にはアメリカの1万3509都市の最適巡回路、2004年にはスウェーデンの2万4978都市の最適巡回路、2006年には8万5900都市相当の例で最適巡回路を計算した。この解法で使われたコンピュータ・プログラムは「コンコルド」と呼ばれ、インターネットを介して利用できる。

記録となった問題の8万5900都市は、特注のコンピュータ・チップを作るためにレーザーで刻まなければならない接続箇所の位置に当たる。この場合のTSPはレーザーが次々と移動する動きをモデル化するものだ。動きは1ミリにも満たない距離だが、移動する時間の総和はチップ生産にかかる費用に対する比率が大きい。レーザーの最適ルートは図1・7に図解されており、その中の一部を拡大したものが図1・8に描かれている。

世界各地のTSP

8万5900都市の例や一部の穿孔問題に明らかな格子状の点の分布は、長いTSP研究が始まった当時の48州の巡回路にあった旅回りの精神を、本当にはとらえていない。それでも複雑度を増した現代の解法は、図1・9に図示したドイツを回る3通りの巡回路を調べるとすぐによくわかる。小規模の33都市の「コミ」ツアー〔「コミ」は「セールスマン」を表す古語〕は、1832年、セールスマンのためのヒント集の本で述べられた。青い線はグレーチェルの120都市の記録、背景にあるのは1万5112都市を通る最適ルートで、２００１年にコンコルドを使って計算された。

１万５１１２都市のルートは、ドイツでは最後かもしれないが、私たちは究極の巡回問題として、南極にある何か所かの基地を含め、世界中の１９０万４７１１都市すべてからなる問題をまとめた。２００１年以来、この問題は、コンコルドであれ、世界中で作られたコンピュータ・プログラムであれ、その攻撃をはねつけてきた。クレイの１００万ドルの賞金がかかった問題が好みでなくても、この全世界ＴＳＰ問題には、ひょっとすると取りかかってみたくなるかもしれない。本書が出る段階でこの問題についていちばん有名な巡回路は、デンマークの計算機学者ケル・ヘルスガウンによって生み出された。２０１０年10月10日には、7,515,790,345メートルという長さが見つかっている。これがありうる中で最善の結果ではないことはほぼ確実だが、どんな巡回路も7,512,218,268メートルより短いことはありえないこともわかっている。これはコンコルドのプログラムで計算された下限だ。つまり、ヘルスガウンの巡回路は最適巡回路よりも０・０４７６パーセント長いだけということになる。これは近いが、それより短い道筋の余地はたくさんある。

モナ・リザを描く

世界版ＴＳＰの最適巡回路となれば、ものすごいことになるだろうが、その答えに本格的に取り組むのに必要な道具を手に入れるまでには、おそらくまだ10年以上かかるだろう。幸い、世界を制するまでのあいだに取り組むべき興味深い問題にはことかかない。図１・10に掲げた10万都市のモナ・リザ版ＴＳＰというのも、美しい一例だ。これの元になるデータ集合は２００９年2月、ロバート・ボシュが作った。一続きの線でつないでダ・ヴィンチの有名な肖像画を描く。今のところ、最善のモナ・リザ巡回路は、日本にある北陸先端科学技術大学院大学〔当時〕の永田裕一が見つけたものだ。その巡回路は最適解よりも、多くても0・003パーセント長いだけであることが知られている。惜しいとはいえ、まだ到達はしていない。この問題に参加したくなるかもしれない人のやる気をそそるために言うと、永田の巡回路を上回るものを最初に出すと、1000ドルの賞金がある。それはそれで立派な戦果だが、問題を一つ一つ解いていく本当の目的は、セールスマンのための一般解を求めるときに使えそうなアイデアを集めることであり、またその先には、TSPをはるかに超えた領域への応用がある。新たな攻略法への道こそが本当のねらいなのだ。

本書の順路

図1・11に掲げたのは、2007年のブダペスト数学セメスターに参加した学生、ジェシー・ブレイナードの絵がプリントされたTシャツで、最近の応用数学や計算機科学のまともな大学院生なら、すぐにそれがTSPのことだと解釈するだろう。[★14] セールスマン問題の研究は、多くの大学の教育課程では通過儀礼となっていて、簡単な記述なら、中等教育用の教科書にも入ってきている。

この問題はすでに広く取り上げられているのに、私は本書で何をしようとしているのだろう。答えは単純だ。読者にTSPの基礎になじんでもらうレベルをはるかに超えて、理論の現状と最先端の解決手段のところまで進んでもらうことをもくろんでいる。究極の目標は、読者に自分でもセールスマンを追いかけようという気持ちになってもらい、できることなら、まだ知られていない方向から決定打が出てくることだ。

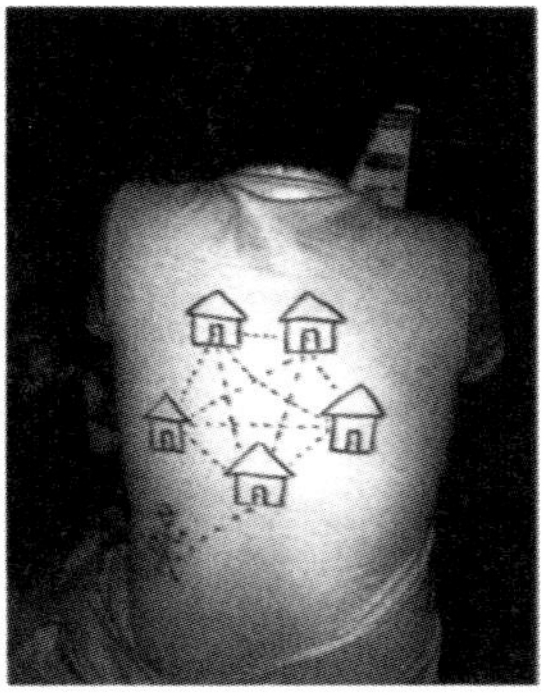

図 1.10（上左） TSP としてのダ・ヴィンチのモナ・リザ。巡回路は永田裕一による。

図 1.11（上右） 2007 年のハロウィーンでの TSP。写真提供：Jessie Brainerd

図 1.12（下） 左：W・クック（左端）と V・フヴァータル（右端）が、作家の J・P・ドンリーヴィーにおまるを贈呈している〔ドンリーヴィーの作品によく出てくる小道具〕。1987 年。撮影：Adrian Bondy. All rights reserved. 右：J・P・ドンリーヴィーからの葉書。1987 年。

第2章ではまず、数学と応用の両方の視点からセールスマン問題の起こりを検証する。ＴＳＰの歴史を提示することによって、後の各章で取り上げる基礎的な主題も紹介することができる。その後の第3章では、旅行計画、ゲノムの配列決定、惑星探査、楽曲の配列など、ＴＳＰの応用例をいくつか選んで取り上げる。

問題の技術的な扱いの核心は第4章から第7章までで紹介し、その後の第8章では、ＴＳＰの計算機用プログラムが大規模の例を解く任に堪えるほどになっていることを解説する。

ＴＳＰについての多項式時間での一般的解法という１００万ドルがかかった理論上の問題は、第9章で紹介する。現金がお望みなら、この章はそのためのものだ。ただし私は、いくら銀行預金残高が危なくなっているとしても、一挙にそこまで先走りすることはお勧めしない。実は、成果のあがる理論的攻略の種子が、コンピュータによる遊び場でその姿を現してきた方法にある可能性も高い。また、できないという結論を目指すなら、その証明では、有効な実践的手法を取り上げる必要があるだろう。

第10章では数学そのものから離れ、人間が、コンピュータの助けを借りずにＴＳＰを解こうとすることの研究を取り上げる。この領域は、心理学者や神経科学者の領域に問題を持ち込む。第11章では、ジュリアン・レスブリッジの美しい抽象絵画から、ロバート・ボシュのジョルダン曲線まで、ＴＳＰの巡回路をアートに採用する例に向かう。最後の第12章は、読者にＴＳＰの難関に取り組むよう求めてしめくくりとする。

ともかくつっこむ

ちょっとアドバイス。アイルランドの作家、Ｊ・Ｐ・ドンリーヴィーの登場人物、ラッシャーズ・ロナルドは、猛烈な数の石つぶてと矢を浴びせられると、「ともかくつっこめ」[15]と断言する。この言葉は、私とアップルゲート、ビクスビー、フヴァータルの、計算機によるTSP研究の合言葉になった。読者にも、問題に取り組むときにはこの方針を採るようお勧めする。大きな進展をとげた数々の専門家の成果を取り上げるが、TSPは基本的に未解決だ。新しい視点こそ、私たちのセールスマン問題を処理する能力を根底から変えるのに必要なことかもしれない。

第2章　問題の由来

非公式には、数学者どうしが数学の学会で何年も前から話し合っていたらしい。

――ジョージ・ダンツィク、レイ・ファルカーソン、セルマー・ジョンソン、１９５４年★1

巡回セールスマン問題は広く知られているが、それがこれほど数学の世界で目立つ存在になるまでにたどった道のりには、少々わからないところがある。たとえば、この問題の生活感のある名前は、いつ最初に使われるようになったのか。とはいえ物語の大半は、あちこちでそれなりの推測の助けを借りながらでも語ることができる。それを語れば、悪名高きこの問題を突破しようと今試みられていることの詳細に飛び込む前の、ほんの小手調べになる有益な副次目的には沿えるだろう。

数学者以前

ＴＳＰは数学の流行のテーマになるよりずっと前から、人類が実践的な問題として取り組んでいた。穴居生活をしていた先祖たちはきっと、狩猟採集に出かけているときには小規模の問題を解いていただろうが、長期的な計画の場合には、あまり補助になるものはなかっただろう。ところが近年になって、明らかにいくつかの職業の人々が、注意深く計画されたルートを利用するようになった。そのたどった巡回路を検証することが、本書の話にふさわしい出発地となる。

セールスマン

ルートを削ることでは最たる業界にいたのがＴＳＰの名の元になった人々だ。図２・１に示した紙に記載された都市の一覧を考えよう。この表は、１９２５年にＨ・Ｍ・クリーヴランドというセールスマンがしたためた書状の中にある。★2 クリーヴランド氏は、「ページ種子会社」というところに勤めていて、トウモロコシなどの品目について注文を集めていた。ここに掲げた都市の表は、メイン州を回る巡回路の概略について述べた5枚の書類のうちの1枚だ。行程全体は、７月９日開始、８月24日終了で、何と３５０か所も回っていた。

そこに見える二つのことから、クリーヴランド氏とページ種子会社が旅行にかかる時間をできるだけ少なくしようとしていたことがわかる。一つは図２・２に示した巡回路の絵が、この行程が見事に効率的であることを明らかにしていることだ。道筋が後戻りしているように見えるところはどれも、利用できる道路網のせいで、ある町に行こうとすると別のある町から行ってまた戻るしかないところになっている。もう一つ、クリーヴランド氏が会社に宛てた次の手紙を見てみよう。

各位　１９２５年7月15日

今回のルート表はめちゃくちゃで、これまで見た中で最悪です。仕事をするのに、さらに昨年かかった分の半分の長さがかかるでしょう。私はすこし変更してストックトン・スプリングスから始め、フランクフォート、ウィンターポート、ハムデン、ハイランズ、バンゴー、スティルウォーター、オロノ、オールドタウン、ミルフォード、ブラッドリー、ブルーワ、またブルーワ、オーリントン、またオーリントン、バックスポート、それから元のオーランドに戻りました。

デクスターから先については、1924年の古いリストを送ってくださるようお願いします。そちらのほうが、これよりずっとましです。どういう事情でこのように始められたのかわかりません。とくにアルビオンからマディソンまでは地図の端から端までジャンプすることになります。この部分を私は変えました。

バンゴーから川の下流には橋がありませんが、いただいた道順では、どこででも川を渡って行けるかのようになっています。前回のリストはどれと比べても明らかにベストでしたので、それをまた変えた目的がわかりません。私の意図はおわかりいただけたと思います。

敬具　H・M・クリーヴランド

クリーヴランド氏は巡回路の一部について非常に不愉快に思っていて、その先は自分で改善した計画で進んだ。

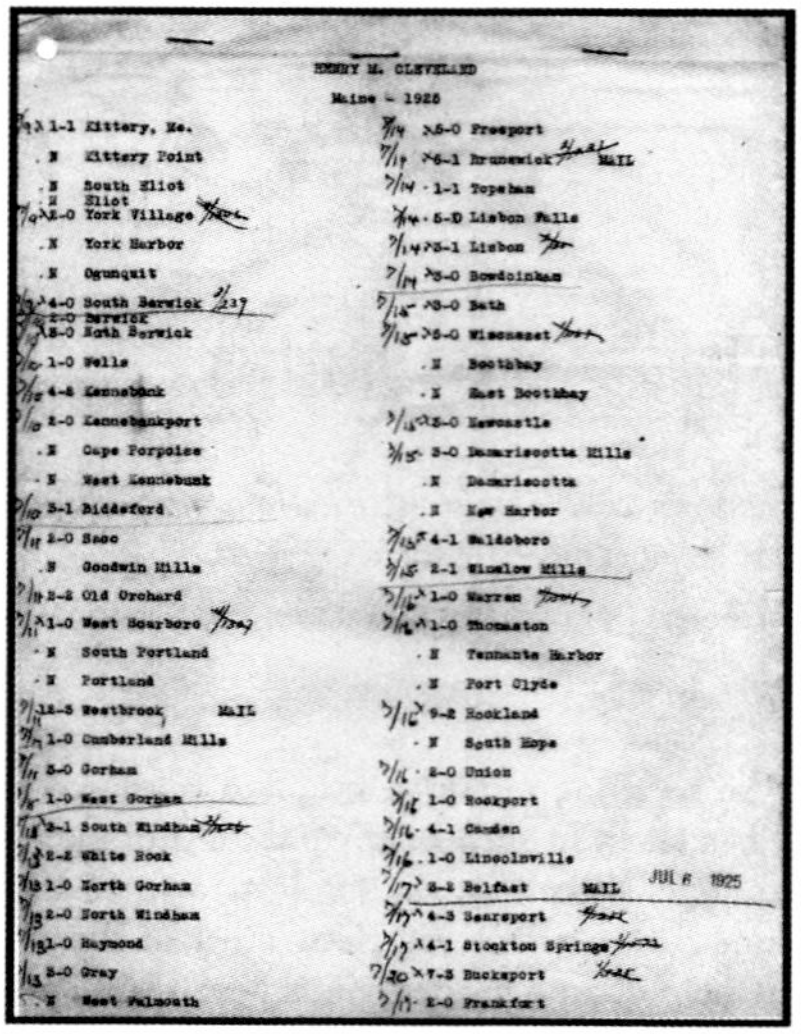

HENRY M. CLEVELAND

Maine - 1925

1-1	Kittery, Me.	5-0	Freeport
N	Kittery Point	6-1	Brunswick MAIL
N	South Eliot	1-1	Topsham
N	Eliot	5-0	Lisbon Falls
2-0	York Village	3-1	Lisbon
N	York Harbor	3-0	Bowdoinham
N	Ogunquit	3-0	Bath
4-0	South Berwick	5-0	Wiscasset
2-0	Berwick	N	Boothbay
3-0	North Berwick	N	East Boothbay
1-0	Wells	2-0	Newcastle
4-2	Kennebunk	3-0	Damariscotta Mills
2-0	Kennebunkport	N	Damariscotta
N	Cape Porpoise	N	New Harbor
N	West Kennebunk	4-1	Waldoboro
3-1	Biddeford	2-1	Winslow Mills
2-0	Saco	1-0	Warren
N	Goodwin Mills	1-0	Thomaston
2-2	Old Orchard	N	Tennants Harbor
1-0	West Scarboro	N	Port Clyde
N	South Portland	9-2	Rockland
N	Portland	N	South Hope
12-5	Westbrook MAIL	2-0	Union
1-0	Cumberland Mills	1-0	Rockport
3-0	Gorham	4-1	Camden
1-0	West Gorham	1-0	Lincolnville
2-1	South Windham	2-2	Belfast MAIL
2-2	White Rock	4-3	Searsport
1-0	North Gorham	4-1	Stockton Springs
2-0	North Windham	7-3	Bucksport
1-0	Raymond	2-0	Frankfort
3-0	Gray		
N	West Falmouth		

JUL 8 1925

図 2.1　ページ種子会社のセールスマンによるメイン州のリスト、1925 年。5 枚のうちの 1 枚。

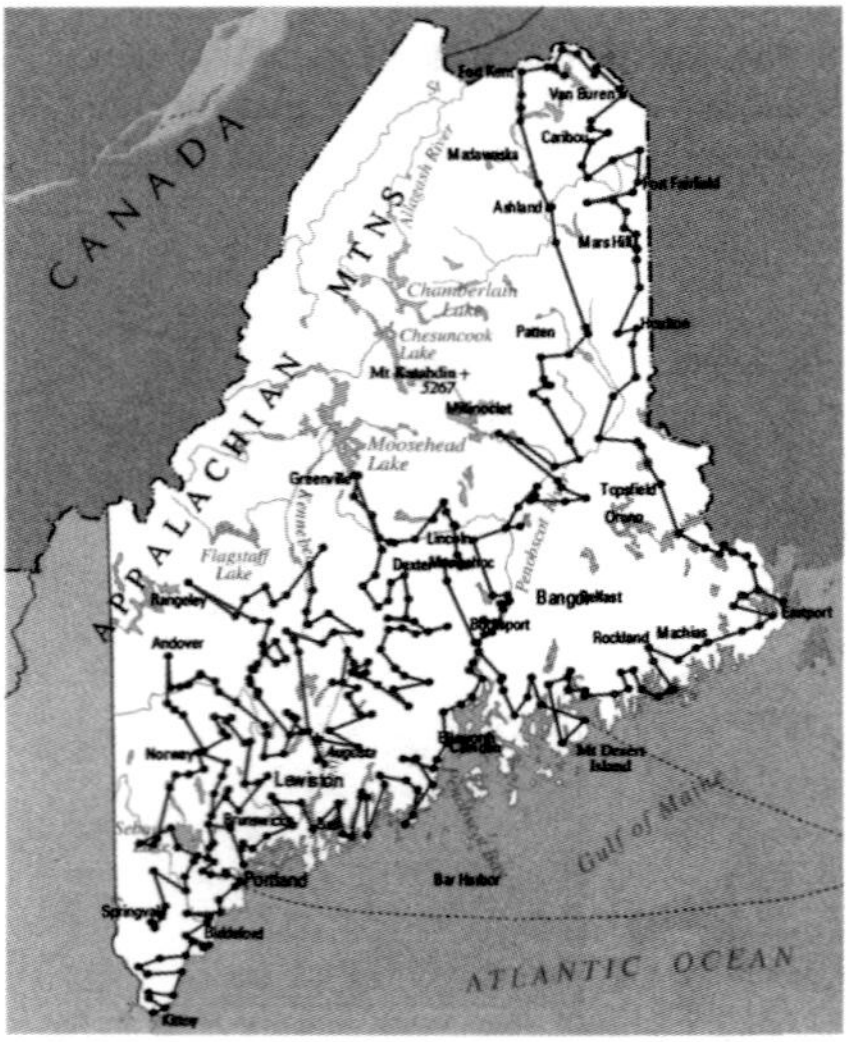

図 2.2　ページ種子会社のセールスマンのメイン州巡り。1925 年。巡回路はキッタリーから始まり、近くのスプリングヴェールで終わる。どちらも州の南部にある。

図 2.3　ランド・マクナリー社製地図キャビネットと、ピンを刺した地図。*Secretarial Studies*, 1922.

図 2.4　1832 年のドイツのセールスマン本。

メイン州は、1925年にクリーヴランド氏が回った州のうちの一つにすぎなかった。コネチカット州、マサチューセッツ州、ニューヨーク州、ヴァーモント州にも行って、全部で100か所以上に立ち寄っている。それにそういう旅回りをしたのはクリーヴランド氏だけでもない。ティモシー・スピアーズの本、『旅する100年――アメリカ文化における巡回セールスマン』は、アメリカで働く巡回セールスマンは20万人で、さらに19世紀の終わりには35万人になるという、1883年の『商業旅行マガジン』誌による推定を挙げている。この数は20世紀初頭まで増えつづけ、クリーヴランド氏の時代には、アメリカのたいていの地方の町や村ではこうしたセールスマンはおなじみの光景だった。

スピアーズは、これらセールスマンたちがL・P・ブロケットの『商業旅行者ガイドブック』のような本の助けを借りて、自分の担当地域を回るルートを精密に計画したことを述べている。ところが本社で行程を計画する場合も多かった。たとえばページ種子会社ではそうしていた。図2・3の画像はそのような出張旅行について、地図上でピンと糸を使って可能性のあるルートを試しながら最適のものを求める様子を示している。

ここでの話の重要な資料として、1832年にドイツで出版された手引書、『商業旅行――ある老巡回セールスマンより』[★3]がある。この巡回セールスマンは、良い回り方の必要性を述べている。[★4]

商売のために巡回セールスマンはあちらへこちらへと移動するが、生じるあらゆる場合について良い巡回路があるわけではない。けれども巡回路を丁寧に選び分割すると相当の時間を勝ち取れるので、そのことについて指針を示しておかざるをえないと思われる。誰でも、自分の用途にとって有益と思う助言をできるかぎり利用すべきであろう。ドイツ全体の巡回路を距離や後戻りの移動を考えて計画するのが不可能なのは確実であるが、それだけに旅行者がもっと経済性を考えて格別の注目をするのは当然であろう。必ず覚えておくべき第一のことは、一つの場所を二度は通らないようにしてできるだけ多くの場所を訪れることである。

これこそ、当の巡回セールスマン自身による明示的なTSPの記述だ！

この『巡回セールスマン』の本は、ドイツとスイスのいくつかの地域を通る5本のルートを示している。そのうち4本のルートは、先に通った都市を旅行の一部の拠点としてそこに戻ってくる回り方を含んでいる。ところがもう1本のルートは、確かに巡回セールスマンの巡回路で、それを図2・5に示した（ドイツ国内のルートの位置は、図1・9に示した三重になった巡回路図にも見られる）。『巡回セールスマン』が唱えるように、この巡回路は非常に良いし、当時の道路事情を考えれば、ひょっとすると最適かもしれない。

19世紀のあいだにはその後も数々の本が書かれ、アメリカ、イギリスなどいくつかの国の、うまく選ばれたルートが記述されている。巡回セールスマンのロマンチックな姿は、芝居、映画、文学、歌にもとらえられている。次に挙げるのは、典型的な世紀末のセールスマン詩で、1892年に出版された詩集からとった[★5]（「ドラマー」は巡回セールスマンの別の言い方）。

ドラマー稼業が楽で
苦労も苦難もないと思う人は大間違い。
ドラマーは出かけて行かなければならない、
ぬかるみや雨の中、みぞれや雪の中を。

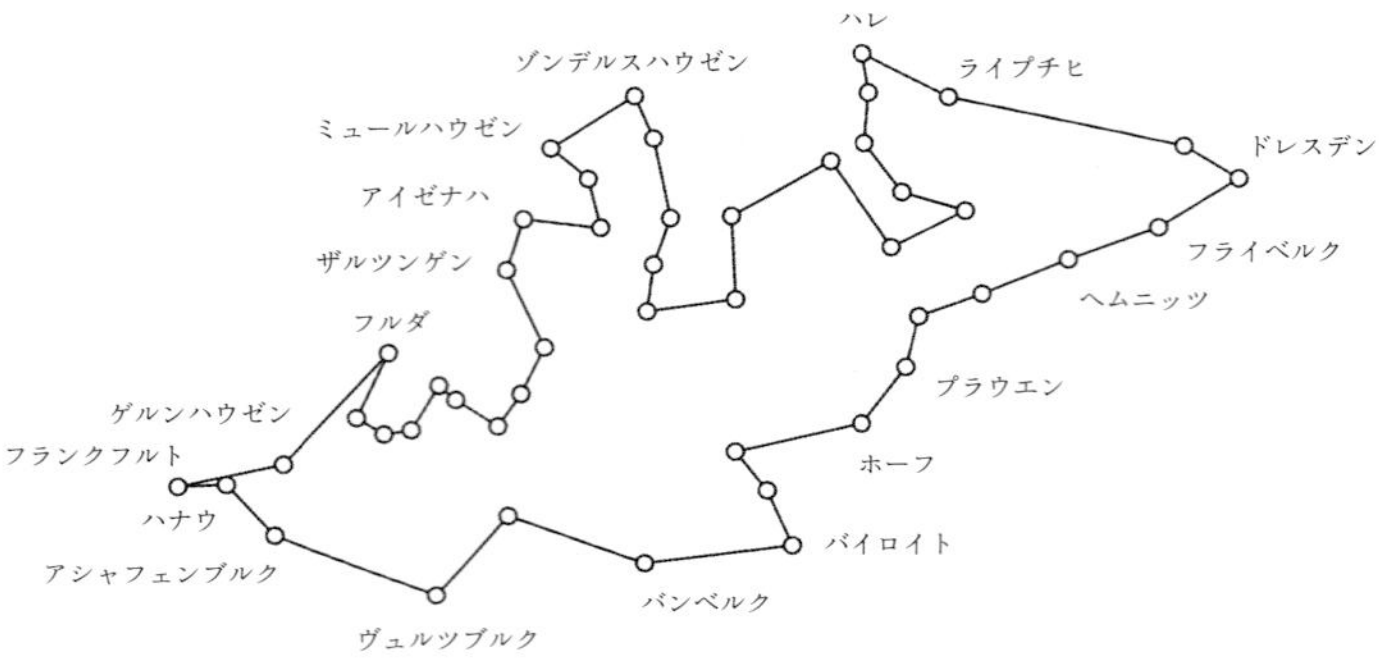

図 2.5　『老巡回セールスマン』によるルート、1832 年。

図 2.6　マクラフリン兄弟『商売旅行』、1890 年。提供：Pamela Walker Laird

旅行鞄を手に出かけて行く。
国中に顧客を求めて。

苦闘するセールスマンとその巡回路探しの仕事はゲーム盤にも出てくる。1890年にマクラフリン兄弟社が作った『商売旅行《コマーシャル・トラベラー》』だ。TSPと呼ばれる一連の問題の代表にセールスマンが選ばれたのは、明らかに伝統をふまえてのことだったのだ。

法律家

国中を旅して回る職業としてセールスマンは筆頭だったかもしれないが、他にもそういう職業はあった。『オックスフォード英語辞典』は「circuit（サーキット）」という単語の用例を、15世紀英国の司法区域に関する言葉にまでさかのぼっている。旅回りの判事と弁護士が、巡回区《サーキット》の町や村を回り、それぞれ1年のうちの特定の時期に法廷を開いて担当区域の仕事をする。この習慣は後にアメリカでも採用され、こちらではもう判事は旅回りをしなくなっているのに、地方裁判所は相変わらず「巡回裁判所」と呼ばれている。

アメリカで群を抜いて有名な巡回法律家と言えば若い頃のエイブラハム・リンカーンで、第16代大統領になる前は法律の実務に携わっており、イリノイ州の第8巡回区という、14郡の裁判所を担当する区域を回っていた。その移動は、ガイ・フレーカーによって、次のような行程として描かれている。★6

毎年春と冬何週間か続けて、14郡のそれぞれで1郡につき1週間以内の法廷が開かれた。例外はスプリングフィールドで、ここは州都であり、サンガモン郡の郡庁があった。秋期にはスプリングフィールドで2週間開かれた。それから法律家の一行は55マイル〔約88・5キロメートル〕移動してピーキンへ行った。この地は1850年になるとテーズウェル郡の郡都となったトレモントに代わった。1週間後、35マイル移動してメタモーラへ行き、そこに3日滞在した。次は南東に30マイルのブルーミントンで、この巡回区では第2の大きい町だった。大きいので仕事もたくさんあり、ここには何日か長くとどまることになる。そこから35マイル離れたマウントプラスキというローガン郡の郡都へ行く。これは1848年にポストヴィルに代わって郡都になったところだが、その後その地位を、一行の1人の名をとった町リンカーンに奪われることになる。移動法律家たちは郡から郡へと移動し、巡回をすべて終えるには合計11週間かかり、400マイル以上の距離を移動した。

フレーカーは、リンカーンが必ず巡回区全部を回った数少ない担当者の1人だったと書いている。1850年にリンカーンも加わった一行が用いたルートの図は図2・7に示されている。この巡回路は最短距離とはとても言えない（少なくとも直線距離では）が、法廷の人員の移動距離をできるだけ短くすることを考えて構成されたことは明らかだ。

説教師

巡回区《サーキット》という言葉は判事や弁護士の移動に由来しているかもしれないが、集団としては、18世紀から19世紀のキリスト教の巡回説教師もよく知られている。ジョン・ハンプソンは、1791年に出版したメソジスト教会の創始者ジョン・ウェズリーの伝記に、次のような一節を書いている。「イギリスとアメリカのすべての部分が、巡回教区《サーキット》という決まった区域に分けられた。各サーキットには20ないし30か所が含まれ、2人、3人、あるいは4人という一定数の巡回説教師が配置され、それが1か月から6週間かけてサーキットを回る」[★7]。こうした人々が移動する様子は、イギリス、カナダ、アメリカの民間伝承にもなっている。その旅行範囲の感触は、次のような引用からも得られる。

私はおよそ5000マイルを回り、500回ほど説教をし、ヴァージニア州とノースカロライナ州にある巡回教区のほとんどを訪れた。

——フリーボーン・ギャレットソン、1781年[★8]

当時の私たちの巡回教区は1周が500マイルあって、4週間で63回の説教をして500マイルを回るのは、私にはきつすぎた。しかし私が主に大声で呼びかけると、主はそれを聞き届けてくださった。仕事がきついぶんの体力もあった。

——ビリー・ヒバード、1825年[★9]

こうしたメソジスト派の説教師が巡回区を回った道のりを詳細に記したものとしては、これ以上長いものを私は手に入れることができていないが、ルートの選択には何らかの計画があったと考えてよさそうだ。説教師の仕事の目標はできるだけ多くの信徒のところへ行くことなので、移動時間をできるだけ少なくすることは重要な検討課題だっただろう。

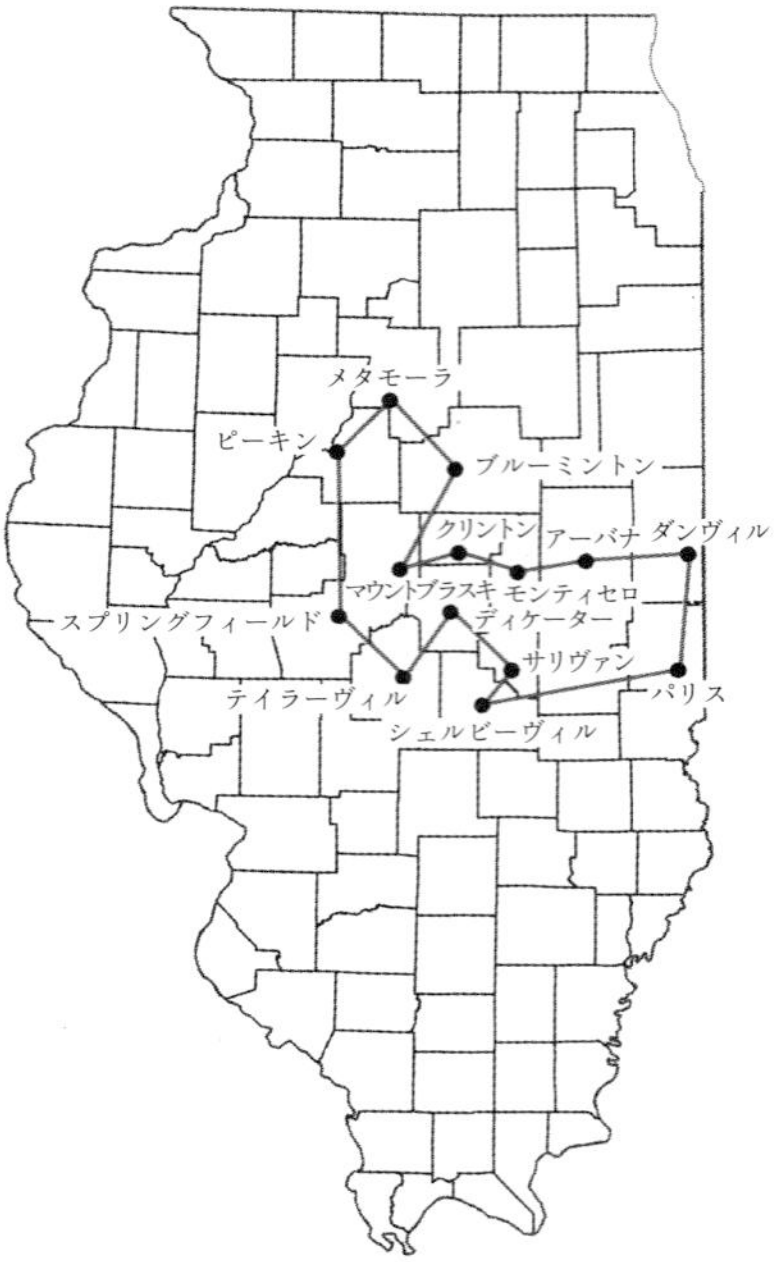

図 2.7　リンカーンが 1850 年に回った第 8 司法巡回区。

図 2.8　ケーニヒスベルクとプレーゲル川。TerraServer.com, 2011.

オイラーとハミルトン

数学の領域に戻ると、セールスマン、法律家、説教師の苦境は、忙しい研究者の関心をとらえることはなかった。こちらは急速に広がる物理学の分野の基礎を敷くことで手一杯だったのだ。それでもこの時代の先頭に立っていた2人の人物がＴＳＰのいくつかの面を調べていて、正当にも、巡回セールスマン研究の祖父に当たると見られている。

グラフ理論とケーニヒスベルクの橋

かのレオンハルト・オイラーは、巡回問題を論じる初期の数学論文でもいちばん重要なものを書いた。オイラー・アーカイヴは、歴史家のクリフォード・トゥルースデルによる、「18世紀に生まれた数学、物理学、力学、天文学、航海術のすべての著述を集めたリストのうち、ゆうに25パーセントはレオンハルト・オイラーが書いたものになるだろう」という推定を引用している。歴史上最も多産な数学者は広大な範囲にわたる主題を調べた。その中に、プロシア東部のケーニヒスベルクという町に住む人々に昔から立ちはだかっていた難問があった。

今はカリーニングラードと呼ばれるケーニヒスベルクの町の衛星画像は、プレーゲル川がなす複雑な水路を見せている。川が枝分かれすることによってできた長方形の中洲はクナイホーフと呼ばれる。クナイホーフの東にある大きな島はロムセ、川の北側の区域はアルシュタット、南側はフォルシュタットと呼ばれる。★10

オイラーの生きていた当時、プレーゲル川には七つの橋がかかっていた。グリュン橋とケッテル橋はクナイホーフとアルトシュタットをつなぎ、クレーマー橋とシュミーデ橋はクナイホーフとフォルシュタットをつなぎ、ホーニヒ橋はクナイホーフとロムセを、ヘーヘ橋はロムセとアルトシュタットを、ホルツ橋はロムセとフォルシュタットをつないでいた。ケーニヒスベルクの人々は、7本の橋を通ってプレーゲル川を渡り町を歩いて回るのが好きだった。言い伝えでは、ケーニヒスベルクの町民は、昔から7本の橋を一度ずつだけ渡り一筆書きで町を回れるかという問題を抱えていた。

オイラーはケーニヒスベルクの問題に、1735年8月26日にサンクトペテルブルク科学アカデミーに提出した論文で参入した。[★11] その扱い方は、必要な情報だけを抽出して問題の本質をとらえる古典的な数学の方向をたどっており、オイラーはそうすることによって、グラフ理論と呼ばれる新しく重要な数学の分野の基礎を敷いた。[★12]

まずオイラーは、問題の物理的なところを取り除き、町、川、橋を、図2・9に描かれたような略図にした（この図はオイラーの元の論文のコピーからスキャナーで取り込んだ画像をきれいにしたもの）。オイラーはケーニヒスベルクの各区域をA、B、C、Dとし、7本の橋にaからgまでを割り当てた。この符号化は町を回るルートを表すのには十分で、たとえばAからCへ橋cを通って行くとか、CからDへ橋gを通って行くなどとすればよい。それを短縮表記すれば、$AcCgDfBbA$のようになるだろう。オイラーの論証はすべてのルートを文字列として操作することに基づいていて、町を歩いて行き来する人々はこの話には出てこない。

オイラーの作業に陸地の大きさの出番はないので、論証は単純な図で表せる。図2・10にあるように、A、B、C、Dは点で示され、aからgまでの橋は、2点を結ぶ線で表される。図の解釈は点や線の形や大きさには影響されず、どの2点が結ばれているかだけが問題となる。グラフ理論で言う「グラフ」とは、このようなもののことを言う。グラフにある各点は頂点《ヴァーテックス》と呼ばれ、線の方は辺《エッジ》と呼ばれ、辺の端《エンド》は二つの頂点となる。

この余分なものを剝ぎとった設定では、ケーニヒスベルクを歩いて回ることは、グラフの頂点から頂点へ、グラフの辺をたどって移動することに移し替えられる。Bから始まりDで終わるとすると、$BaAcCgDeAbBfD$などの歩き方が考えられる。この歩き方の場合、a、b、fの3本の辺が頂点Bに集まり、a、c、e、bの4本の辺が頂点Aに集まり、cとgの2本の辺が頂点Cに集まり、g、e、fの3本の辺が頂点Dに集まっている。オイラーが見てとったことで鍵になるところは、これらの数が奇数、偶数、偶数、奇数というパターンで並んでいるのは偶然ではないということだった。2点間をどう歩こうと、起点と終点では、奇数本の辺が集まり、他の頂点では偶数本の辺が集まる。さらに、経路が閉じていたら、つまり起点と終点が同じなら、すべての頂点に偶数本の辺が集まることになる。つまり、すべて「偶数」の頂点か、「奇数」の頂点が二つだけか、いずれかになる。

これはケーニヒスベルクの住民にとっては残念な話だ。この町の橋のグラフの四つの頂点すべてで奇数本の辺が集まっていて、各辺を一度だけ使って歩くことはできない。オイラーの簡単な論証は、ケーニヒスベルク論争に決着をつけた。

ナイト・ツアー

ケーニヒスベルクの問題から数年後、オイラーは第2の巡回路問題について書いた。こちらはチェスの「騎士の遍歴《ナイト・ツアー》」問題と呼ばれる。[★13] 今度の課題は、チェス盤のあるマスからナイトを桂馬とびで動かしつづ

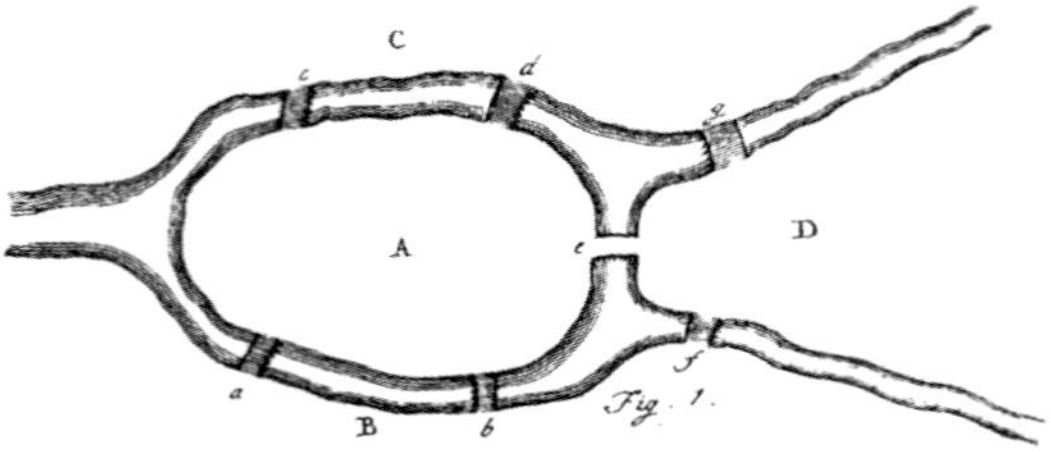

図 2.9　オイラーによるケーニヒスベルクの橋の図。

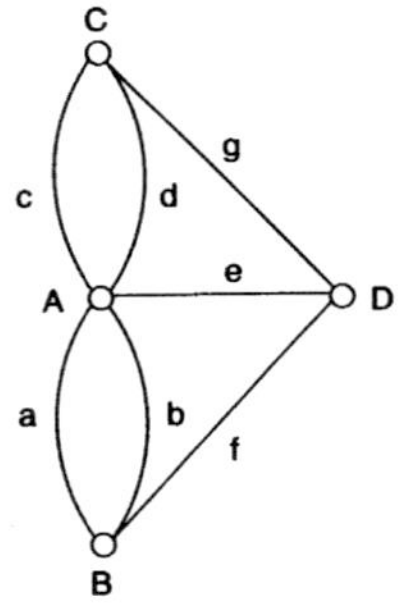

図 2.10　ケーニヒスベルクの橋をグラフで表したもの。

42	57	44	9	40	21	46	7
55	10	41	58	45	8	39	20
12	43	56	61	22	59	6	47
63	54	11	30	25	28	19	38
32	13	62	27	60	23	48	5
53	64	31	24	29	26	37	18
14	33	2	51	16	35	4	49
1	52	15	34	3	50	17	36

図 2.11　ナイト・ツアー問題のオイラーによる解。

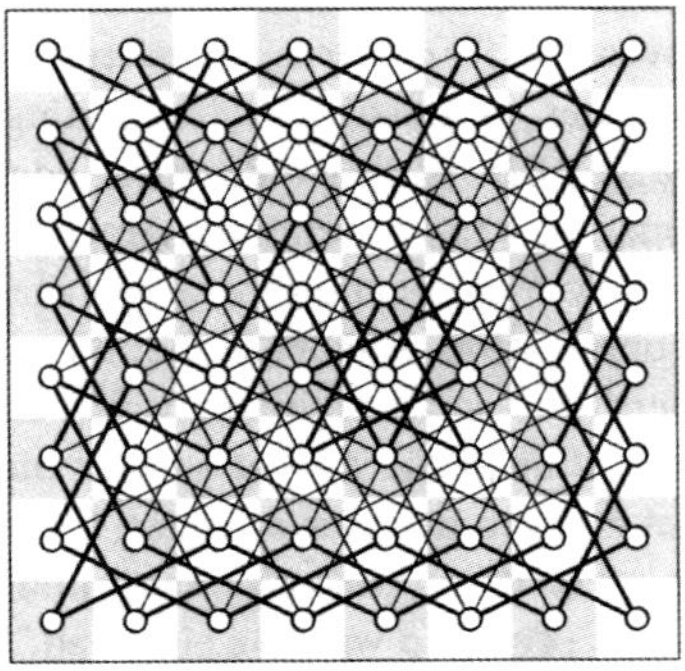

図 2.12　チェス盤をグラフにしたナイト・ツアー。

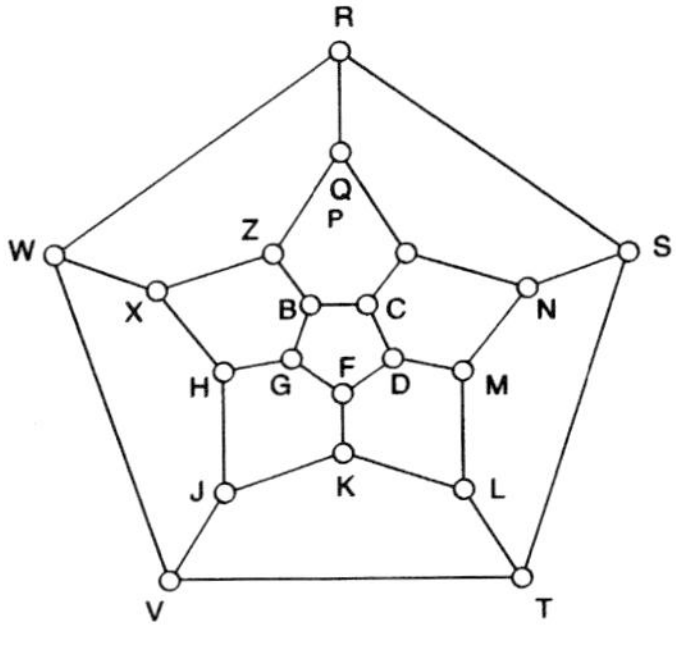

図 2.13　イコシアン。

けて、全部のマスを1回ずつ通って出発点に戻る動かし方を探すことだ。オイラーの解は図2・11に示されている。マスに振られた番号は動かす順番を表す。

オイラーはナイトを桂馬とびで回らせるという設定が気に入り、標準の大きさとは異なるチェス盤についてもルートをつけた。この種の問題は、グラフで表すときれいに構成できる。この場合には、それぞれのマスを頂点とし、ナイトが一手で動けるマスどうしが辺でつながれる。ナイト・ツアーは、各頂点を1回ずつ通り、起点と終点が一致する閉じた道となる〔ケーニヒスベルクの問題と似ているが、こちらでは各辺を一度ずつ通る道を探していた点に注目のこと〕。正規のチェス盤についての特定のグラフを、オイラーが出したナイトの通り道とともに図2・12に示した。

イコシアン

アイルランドのサー・ローワン・ハミルトンも、特定のグラフのたどり方に関する問題に惹かれた。オイラーから1世紀後、ハミルトンはプラトン立体の一つ、正十二面体の20の頂点をすべて通る道を調べた。ハミルトンは自分でイコシアン〔20を表すギリシア語に基づく〕と呼んだ、図2・13に示した抽象的な図を利用した。イコシアンの線は、正十二面体の辺を表し、丸は頂点を表す。

イコシアンもグラフで、ハミルトンによる巡回路も、頂点から頂点へ、必ず辺を通って進む。おもしろいことに、ハミルトンは代数的な式で表す方式を使ってこの進み方を見た。その方式は、自身が考えた四元数を定義するのと似た精神によっていた。ハミルトンはこの方式について、友人のジョン・T・グレーヴズに宛てた1856年の公式書簡〔論文を学術誌に載せるのと同等の発表手段として用いられた〕の中で述べている。[★14]

先ごろお送りした小論のときと同様、今度も三つの記号、ι、κ、λが、次のような式を満たすとします。

$$\iota^2 = 1,\ \kappa^3 = 1,\ \lambda^5 = 1,\ \lambda = \iota\kappa$$

最初に一つか二つの例によって示さなければならないのは、こう定義された記号には、奇妙でも明瞭な性質がいくつかあって、それによってこれは理にかなった計算の対象になるということです。その記号による結果はすべて、私に判断できるかぎり、また多数の例で調べたとおり、古代の幾何学で検討された立体いずれでも、面から面へ、あるいは角から角への移動について、手軽な、しかも多くの場合興味深い解釈を受け入れます。

三つの記号はイコシアンでの動作に対応する。記号どうしのかけ算は、動作が連続して行なわれることを意味する。[★15] ハミルトンは、この記号による計算を通じて、最初に五つの頂点をどう選ぼうと、イコシアンの残りの頂点を通る一筆書きが必ず完成できることを示した。この構造に魅了されたハミルトンは、グレーヴズへの手紙のしめくくりにイコシアン・グラフに基づくゲームについて述べている。

幼い人たちが、イコシアンがもたらす新しい数学ゲームをおおいに楽しんでいました。1人が任意の五つの連続する点、*abcde* や *abcde'* にピンを刺し、相手が残りの15本のピンを、循環的に連続して他のすべての点を通り、最後には、相手が始めたピンのすぐ隣に来るように刺そうとするのです。

理論的には必ずできるのですが。

このゲームは後に、イギリスの玩具商によって2種類の商品になった。イコシアン・ゲームと呼ばれるものの場合、木製の盤と、通る点に差す象牙のピンがついている。もう一つの「旅行者の十二面体――世界一周旅行」は、把手がついていて、一部が平らになった十二面体の形をしており、点に差す針と、巡回路をつなぐ糸がついている。★16

ハミルトンの熱意にもかかわらず、ゲームは商品としては失敗だった。何回かやってみれば問題点がすぐにわかる。イコシアンで巡回路を見つけるのはあまりに易しいのだ。ハミルトンはこの点について弁解して、このパズルは自分にとっては全然易しくはないと述べている。この奇妙な状況、つまり子どもにはすぐできるのに、アイルランド最大の数学者にとっては難問だというのは、ハミルトンが代数学的に見ていたからかもしれない。たぶん、ハミルトンはこの問題を、目で見てたどるのではなく、ι、κ、λを頭の中で操作して解いていたのだろう。

もっと明るい話をすると、20世紀版ハミルトン・ゲームは何とかそこそこは売れた。ジェームズ・ダルゲティが1975年に発売した「迷う虫食い」(Worried Woodworm) というパズルは、特定のグラフをたどることを求めているが、この場合はルートはなかなか見つからない。ダルゲティの木製の盤を図2・16に示した。主たる目標は、左下から始めて右上に達し、その途中ですべての穴を通る道を見つけることだ。

最近、コンコルドのプログラムを使って、ダルゲティが出した「迷う虫食い」の難問が解かれたが、素直に考えるなら、最新のTSPソルバー〔解を求めるプログラム〕と高性能コンピュータを使って、虫が23個の地点を通る道を特定することになるだろう。

図 2.14　W. R. ハミルトンの記念切手。アイルランド郵便、2005 年。ハミルトンの肖像提供：The Royal Irish Academy

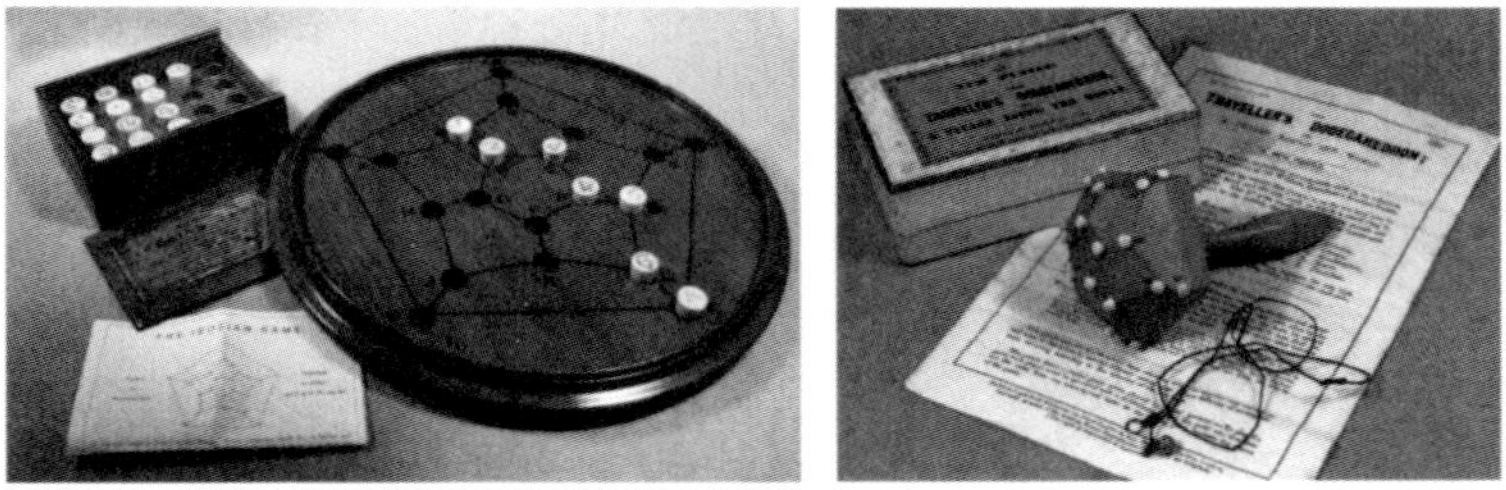

図 2.15　左：イコシアン・ゲーム。右：旅行者の十二面体。© 2009 Hordern-Dalgety Collection, puzzlemuseum.com

図 2.16　迷う虫食い。© 2009 Hordern-Dalgety Collection, puzzlemuseum.com.

ハミルトン閉路

オイラーのナイトもハミルトンのゲームをする子どももグラフの通り道を探索するが、一般的な問いはどうなるだろう。すべてのグラフにその頂点を通って戻ってくる巡回路があるわけではなく、問題は、どれにあって、どれにないかを判定することだ。グラフ理論が数学の世界の中に居場所を見つけはじめたばかりの頃、ハミルトンの名声がこの問題に相当の箔を加えた。そのことが、この問題について言われるときにまっさきにハミルトンの名が挙がる理由だ。しかしあわててオイラーが冷遇されていると言い立てないこと。グラフ理論家は、長年のケーニヒスベルク巡りのモデルとなる閉じた散歩のほうに、オイラーの名を充てる。つまり、グラフでの「ハミルトン閉路」は、各頂点を一度ずつだけ通る閉じた散歩で、「オイラー小道」は各辺を一度ずつ通る閉じた散歩だ。どちらの散歩もグラフ理論では根本的な概念だが、明らかな類似はあっても、両者間の違いも大きい。

グラフにハミルトン閉路があるかどうかを判定するのはNP完全問題で、TSP一般にある複雑さの大部分をとらえている。他方、グラフにオイラー小道があるかどうかの判定には、単純な規則がある。すなわち、出会う辺がない頂点以外は、グラフはつながっていなければならない。つまり、一体になっていて、各頂点は偶数本の辺の端となっていなければならない。

つまりオイラーのほうはわかるが、ハミルトンのほうはわからない。実は勇敢な数学者が、年々、ハミルトン閉路が確実に存在する条件を唱えてきたが、その予想は成り立たないこともわかっている。有名な例の一つが1880年代のP・G・テイトによるものだ。テイトはアルフレッド・ケンプが4色定理を証明したという発表の興奮にとらわれた。この結果は、どんな地図の領域(国)も、共通の境界線をもつ二つの領域の色が異なるようにするには、せいぜい4色あれば塗れることを述べている。4色で足りることの別の証明を求めて、テイトは一定の種類のグラフは必ずハミルトン閉路をもつと予想した。

旅回りと地図の塗り分けとのつながりを見るために、地図の領域の境界をグラフの辺と見て、その交点を頂点と見よう。この境界グラフを通るハミルトン閉路は、図2・17に示すように、地図の色分けの方法を与える。赤の辺がハミルトン閉路をなしている。そのような閉路はそれ自身と交わることはなく、内側と外側がある。さらに、内側の境界の辺、回路の一部とならない辺は、内側の領域を切り分ける。するとこの内側の領域を、閉路でない辺を1本渡るごとに色を換えて、2色に塗り分けることができる。同じ仕掛けにより、ハミルトン閉路の外側にある領域を2色に塗り分けることが可能になり、それによって全体が4色に塗り分けられた地図ができる。この例では、内側の領域が明暗2色の黄色、外側の領域が明暗2色の青色に塗り分けられている。

テイトはすべての地図にその境界線を通るハミルトン閉路があるわけではないことを知っていたが〔合衆国本土の地図などが手近の例〕、4色問題を境界線グラフの各頂点で3本の辺が出会うような地図に限定する仕掛けが使えた。さらに、境界線グラフは三重につながっている、つまり頂点を一つあるいは二つ取り除いたのではグラフを二つの部分に分けることはできないと仮定できる。テイトはこの3本三重連結地図に限定することで、ハミルトン回路が必ず得られると予想した。

優れたグラフ理論家で、ブレッチリーパークの暗号解読部隊〔アラン・チューリングも所属していたことで知られる、第2次大戦時にドイツの暗号を解読した組織〕に所属していたウィリアム・トゥッテは、結局1946年、テイトの予想が誤りであることを示した。これはあいにくだったが、少なくとも、ケンプの4色問題の証明が1890年にP・J・ヒーウッドによって間違いを明らかにされたのと比べると、閉路問題は長持ちはした。

歴史の脚註として触れておくと、4色問題が述べられた最初の記録は、1852年、オーガスタス・ド・モルガンがハミルトンへ宛てた手紙だった。ハミルトンはこの問題にはあまり関心を向けず、「先生の『色の四元数』をすぐに試すことはなさそうです」[★17]と返事をしている。

数学的系譜

数学者は自分が学問上で受け継いでいるものをたどるのが好きだ。自分の博士論文の指導教授からその指導教授の指導教授、さらにその先へとさかのぼる。ノースダコタ大学が運営する *The Mathematics Genealogy Project*〔数学者系譜プロジェクト〕というウェブサイトには、13万人以上の博士論文指導教授の記録が収められており、世界中のすべての数学者についての情報を編纂することを目標にしている。私は自分のルーツがヴィクトリア時代の数学者アーサー・ケイリーにたどれるのが自慢で、1回だけ例外的な飛び方をすれば、他ならぬハミルトンに到達する。

ケイリーまでは直系でたどれる。W・クック、U・S・R・マーティ、C・R・ラオ、ロナルド・フィッシャー、ジェームズ・ジーンズ、エドマンド・ホイテカー、アンドルー・フォーサイス、アーサー・ケイリーとなる。形式的には系譜はここで止まる。ケイリーは法学を勉強し、博士号はとっていないからだ。それでもケイリーは数学に大きな関心があり、1848年にはダブリンへ行って、トリニティ・カレッジで行なわれたハミルトンの四元数に関する講義を聞いたりしている。ハミルトンに影響されたケイリーは、その後、法律の仕事をしながら数学の論文を何百本も書き、1863年には、ケンブリッジでサドレア数学教授職に任じられるまでになった。ケイリーは、TSPに関係する問題へのハミルトンの関心に理解を示すことはなかったが、グラフ理論ではよく知られた人物で、本書でも後で取り上げる「樹状図《ツリー》」という概念を世に出している。

ウィーン、ハーヴァード、プリンストン

オイラーとハミルトンは巡回路を調べたが、チェス盤や十二面体はロードに出るセールスマンからはまだ遠い。セールスマンはどんな巡回路でも満足するわけではなく、ありうる中でいちばん短いものを求めている。

移動にかかるコストも考えるには、一足飛びに20世紀に移り、カール・メンガーのウィーン大学での研究まで進まなければならない。メンガーが１９２０年代に気に入っていたテーマの一つが、空間内での曲線の長さを測る手法を研究することだった。この難解な研究が、１９３０年2月5日の学会で行なったＴＳＰの近縁に関する発表の元になったのだろう。★18

ここでは「メッセンジャー問題」という言葉を使って（この問題には実地であらゆる郵便配達の人々が直面しているからで、ついでに言えば、多くの旅行者もそうである）、有限個の点があり、各2点間の距離がわかっているとして、各地点をつなぐ最短の経路を求めるという課題を表す。

問題は、各点を通る経路を求めることだが、出発点に戻ることはない。これは、経路の端をつなぐ「ダミー」の都市を一つ余分に追加すれば、容易にＴＳＰに転換される。ダミーと実際の各都市との移動のコストは

0とすれば、追加の都市へ寄ることが経路の出発点と終点との選択には影響しないようにすることができる。

メンガーの「メッセンジャー問題」は、ウィーン数学コロキウムの公表資料の一部として、ドイツ語で記録されている。発表は明らかに歴史的には重要だが、アメリカの研究者のあいだにTSPへの関心をもたらした直接の由来になったようには見えない。その栄誉はハーヴァードの傑出した数学者、ハスラー・ホイットニーが行なった講義に与えられ、そのことはダンツィク、ファルカーソン、ジョンソンの古典的論文の次のような一節で取り上げられている。[★19]

メリル・フラッド（コロンビア大学）は、巡回セールスマン問題への関心をあちこちで刺激した功績を認められるべきだろう。1937年にはすでに、スクールバスのルートづくりに関して最適解に近いものを得ようとしていた。フラッドとA・W・タッカー（プリンストン大学）はともに、2人がこの問題を最初に聞いたのは、プリンストンのハスラー・ホイットニーが1934年に行なった講演でのことだと回想する（ホイットニーは最近問い合わせたときには、そのときの問題を覚えていないようだった）。

メリル・フラッド本人も、1956年の研究論文でTSPの歴史について述べ、ホイットニーの講義によるとしている。「問題が立てられたのは1934年、ハスラー・ホイットニーのプリンストン大学での講演のときだった」。[★20]フラッドは、その出来事からずっと後の1984年に行なわれたアルバート・タッカーによるインタビューでも、TSPのことを「ハスラー・ホイットニーの48州問題」と呼んでいる。[★21]

当然、メンガーのウィーンでの学会とホイットニーのプリンストンでのセミナーとにつながりがあるかもと推測したくなる。そのようなつながりがあることの根拠を、アレクサンダー・スフレイヴァーが見つけた。1930年から1931年にかけてハーヴァード大学にメンガーが1学期滞在したとき、2人は出会っているという。[★22] しかし、2人が実際に、セールスマン／メッセンジャー問題について、直接情報交換をしたかどうかは定かではない。

また、ホイットニーが実際にプリンストンでTSPを論じたかどうかにもまだ疑問がある。残念なことに、1930年代に数学科で行なわれたセミナーのことを取り上げたプリンストン大学の入手しやすい記録はない。ところが、ハーヴァード大学のピュジー図書館には、3・9立方フィート分〔およそ110リットル＝灯油6缶分強〕のホイットニーの文書を集めた資料があり、その資料の中には、1930年より少し後のいつかに書かれた、ホイットニーのセミナー用の準備らしい手書きのメモがある。このメモはグラフ理論の入門を提示しており、次のような一節がある。

> 次のような、類似の、それでも大きく異なる問題がある。われわれはグラフの各頂点を1回ずつ通って単純な閉じた曲線をたどれるか。これは次のような問題に対応する。国の集合が与えられているとして、その国々を、旅を終えたときに各国を1回ずつだけ訪れているように歴訪することは可能か。

ホイットニーの問題では、グラフは各国に1個の頂点を割り当て、2国間に共通の国境がある場合に2頂点を1本の辺でつなぐとできる。諸国めぐりの旅は、グラフでのハミルトン閉路となる。これはハミルトン閉路問題を説明するための例としては変わった選択で、明らかにTSPからも遠くない。

この例の地理的な面は、フラッドの「48州問題」の回想と合致する。確かに、ホイットニーのハミルト

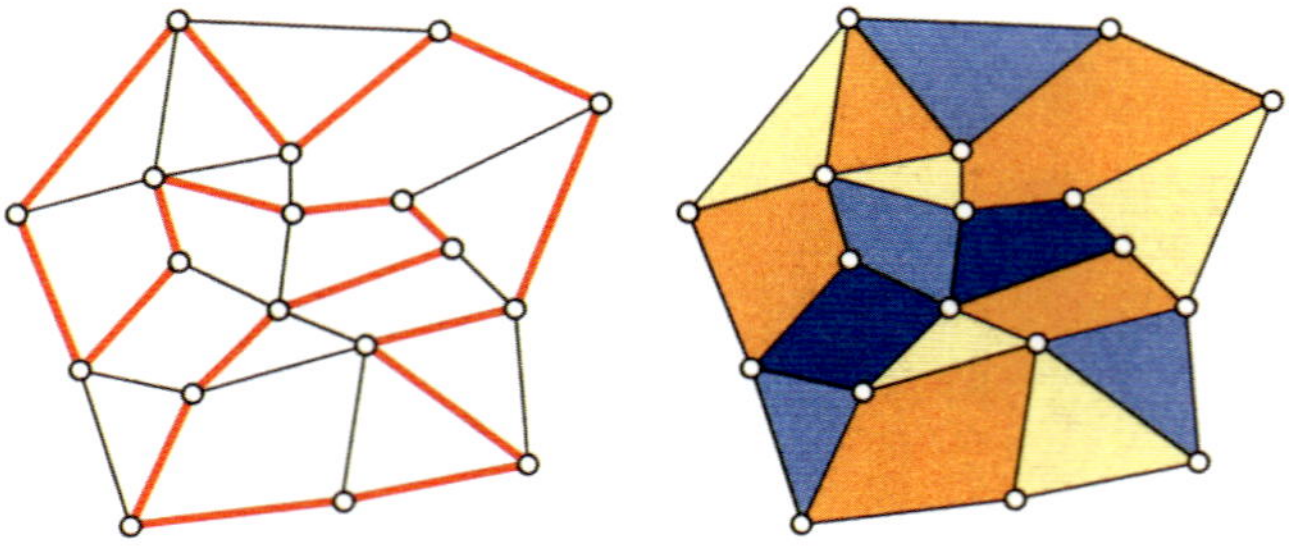

図 2.17　ハミルトン回路を介して地図を塗り分ける。

図 2.18　アフリカを巡るハミルトン閉路。

ン閉路の解説がアメリカでのTSP研究の出発点になった可能性は高い。アラン・ホフマンとフィリップ・ウルフの言い方をすると、ホイットニーは数学の世界にセールスマン問題を導入する点で、「もしかするとメンガーからのメッセンジャーとして」はたらいたのかもしれない。[★23]

そしてランド研究所へ

1930年代末から1940年代の初めにかけてTSPの名でセールスマン問題を調べた記録はないが、1940年代の末には、それは名の知られた難問になっていた。この時点では、フラッドがカリフォルニアに移ったことに呼応して、TSP活動の中心はプリンストンからランド研究所に移っていた。プリンストン大学のハロルド・クーンは、2008年12月に私にくれたメールに次のように書いている。

1949年の数学科では巡回セールスマン問題は名が知られていました。たとえば、それはランド社が賞金を出したいくつかの問題の一つでした。1948年度にはその問題の一覧が数学科の掲示板に掲示されていたと思います。

ランドの懸賞問題リストとは！　TSP文献にはこのような賞金への言及があちこちにあるが、ランド社が出した元の文書をつきとめるのは、もう易しいことではない。ホフマンやウルフはランド社の懸賞を、「TSPに関係する重要な定理」に対するものだと言っている。ランドの研究グループの高い評判もあって、この一覧は、当の賞金は与えられなかったものの、TSPのニュースを広げるうえで重要な役割を演じた。

ランド社内からは有名な数学者ジュリア・ロビンソンが、自身のゲーム理論の研究に関する感想の中で賞金のことに触れている。「そしてランド社はその答えに200ドルの賞金を出していた。『あるゲームを解く反復的方法』で、私はその手順が確かに収束することを論じたが、私はランドの従業員だったので、賞金はもらえなかった[★24]」。その一覧にあった別の問題に刺激されてのことだろうが、ロビンソンは1949年にTSPの研究を始めた。そのセールスマン問題についての研究は、この時期の本人手書きのメモに描かれる数学への一般的な取り組み方にも一致している。「既存の方法の拡張を必要とする問題を考えるより、命題がわりあい単純でも、どんな方法が答えにつながりそうなのかがまったく知られていない問題を考えるほうが、私は好きだ[★25]」。TSPは確かにその謳い文句にはぴったりだ——メンガーの学会での発表以来20年近くたっても、この問題での進展は伝えられていなかった。第5章で見るように、ロビンソンのセールスマン問題への貢献が、何年か後にランドで飛躍が生まれるもとになる。

いつからTSPか

1949年の研究論文で、ロビンソンは「巡回セールスマン問題」という言葉を無造作に使っていて、当時おなじみの概念だったことがうかがえる。実は、ランドの懸賞問題一覧が1枚でも隠れていそうなところで発見されて、どこかの資料集に収まるまでは、TSPが名指しで言及されたものとしては、ロビンソンの報告がいちばん早い。ロビンソンはこの問題を、「ワシントンから始まって、すべての州都を通り、ワシントンに戻ってくる最短のルート」を求めると表していて、フラッドの言い方とも、ダンツィクらが使ったデータセットとも合致している。

ロビンソンの言い方は、ＴＳＰと「48州問題」をつなげているが、セールスマンの名が最初にいつ登場したのかはわからない。メリル・フラッドならこの情報をもっていそうに思えるが、残念ながら、アルバート・タッカーに対して明言しているように、実際にはもっていない。「ホイットニーの問題に『巡回セールスマン問題』というもっと景気のよい名を考えたのが誰かは知りませんが、確かにその名は人気を得ましたし、今ではこの問題に根本的な重要性があることもわかっています」。由来がどうあれ、つづりなどの表記に多少の違いはあっても、１９５０年代半ばには、ＴＳＰという名は広く使われていて、この問題は手強いという評判を築きつつあった。ダンツィクらのためのテーブルは整った。

統計学的な見方

数学の多くの重要問題は、あらゆる方面から攻略され、場合によっては攻略しているチームどうしが、他のチームが論争に加わったことを知らないでいることもある。セールスマン問題にもそれが言える。アメリカでフラッドらがＴＳＰと格闘していたのと同じ頃、地球の裏側では、Ｐ・Ｃ・マハラノビスが別の数学的視点から、まったく違う用途を念頭に置いて、この問題を取り上げていた。

ベンガル地方のジュート農園

マハラノビスは、インドの統計学の父と呼ばれ、インド統計学会と、統計学の学術誌『サンキヤ』の両方を創立した。標本調査を行なうための手法開発が主たる関心で、それを考える中でＴＳＰとのつながりができた。

1930年代のインドでは、主な外貨収入源はジュート〔黄麻とも呼ばれ、繊維をロープや袋の素材として使う植物〕で、輸出総額のおよそ4分の1を占めていた。インドのジュートの大部分はベンガル地方で栽培され、収穫量を正確に予想するためのデータをどう集めるかという実務上の重要問題があった。

ベンガル地方でのジュート栽培がおよそ600万戸の小規模な農家で行なわれていたせいで、ジュート生産に使われている土地すべてを調査するのは現実的ではなかった。マハラノビスはその代わりに無作為抽出による標本調査を行ない、全国を似たような特徴をもった土地からなるいくつかの地区に分け、それぞれの地区の中から無作為にジュート栽培を調査する地点を選んだ。調査を行なう費用の大部分は、人員と器具を標本となる土地から土地へと移動させるのにかかる時間となる。これこそ、選ばれた現場を回る効率的なルートを見つけるという、この仕事のTSP的な面だった。この問題についてマハラノビスは、1940年の論文に次のようなことを書いている。★26

> 旅程がどうなりそうかを一般論として見ることも容易にできる。n個の抽出箇所がどの地区内でも無作為に散らばっているとする。そのような抽出箇所は幾何学的な点として扱ってよいものとしよう。また、日程はふつう、全行程の距離をできるだけ小さくして標本地点から標本地点へと移動するように立てられるものと仮定してもよい。つまり、ある標本地点から別の標本地点へ行くときにたどる道は直線であると仮定してもよい。この場合、ある標本地点から別の標本地点へと移動するときに通る経路の全長については、期待値が$(\sqrt{n}-1/\sqrt{n})$となることは簡単にわかる。したがって、標本地点から標本地点へ移動する行程にかかる費用は、おおよそこの$(\sqrt{n}-1/\sqrt{n})$に比例することになる。nが大きくなれば、つまり十分に広い領域を考えるとき、標本から標本へと移動する

図 2.19　プラサンタ・チャンドラ・マハラノビス。右の写真は農場の標本調査の際に撮影された。提供：Mahalanobis Museum, Indian Statistical Institute, Kolkata, India

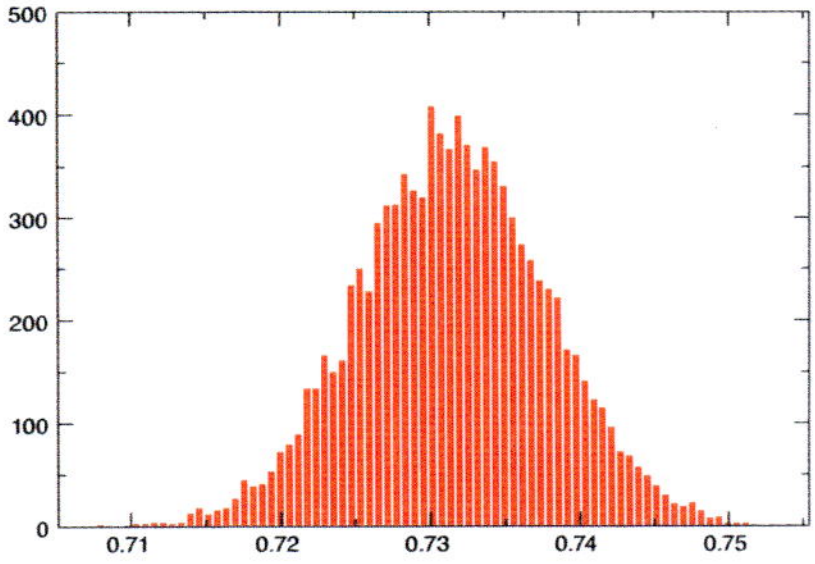

図2.20　1000都市の無作為の幾何学的例 1万例についての巡回路長分布。

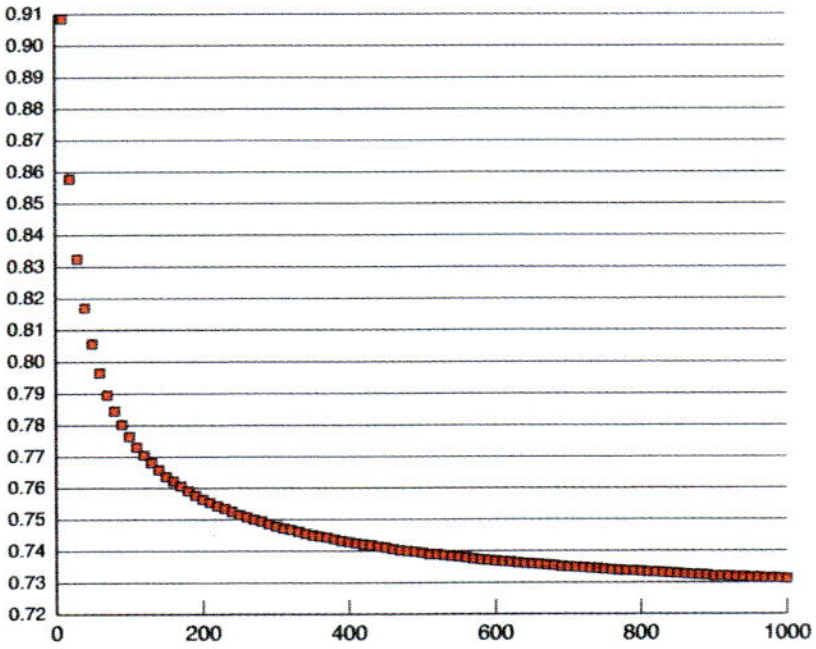

図2.21　平均巡回路長。各 n について 1 万例ずつ。

のに必要な時間は、与えられた領域での標本の総数を n として、だいたい $\sqrt{n}$ に比例すると予想してよい。

期待値とは、n 個の無作為の標本地点を選ぶ実験を何度も繰り返してTSPを解いたとしたら得られるはずの最適巡回路の平均の長さを指す。たぶん、マハラノビスの統計学者としての関心のせいで、実際に特定のデータについて巡回路を求めるという実践的な課題は取り上げられていない。最適ルートの長さを統計学的に推定することに関心が向いていて、プリンストンやランドの研究者が採用した問題への向かい方とはずいぶん異なっている。

マハラノビスの推定は、ベンガル地方での標本調査を実施するときの費用計画に含められ、この計画は、1937年の小規模のテストや1938年の大規模調査を実施する決定でも重要な検討材料となった。

推定巡回路を検証する

マハラノビスは自分が立てたTSPについて厳密な分析はしなかったが、その研究は、統計学界にさらなる格好の研究目標を立てた。この研究の目標は、単位区画で都市の位置がランダムに選ばれる、つまり各点 (x, y) の、x と y がともに0と1のあいだにあって、どの点も標本点に選ばれる可能性が同じ場合に生じる巡回路についてもっと多くのことを知ることだった。とくに、そのような点集合全体で最適巡回路の長さについて何が言えるだろう。

研究者はこの問題に二つの方向から迫った。イーライ・マークスは、1948年、点の無作為の集合を通る最適巡回路の長さについて、期待値は少なくとも

$$\frac{1}{\sqrt{2}}\left(\sqrt{n}-\frac{1}{\sqrt{n}}\right)$$

であることを示し、１９４９年には、Ｍ・Ｎ・ゴシュが、期待値の上限は$1.27\sqrt{n}$であることを示した。この結果を組み合わせると、nが大きければマハラノビスの直観が正しくて、巡回路の長さの期待値が確かに$\sqrt{n}$に比例することが証明できる。

ゴシュは上限に関する論文で、特定のデータについて結果を生み出す実際の作業について見解を述べた。「領域の地図の中のn個のランダムな点を定めた後、実際にその点をつなぐ最短経路を見つけるのは、nが非常に小さい場合を除けば、非常に難しいし、大規模な調査の場合、nが小さいということはまずない」[★27]。ゴシュがどうやら、ＴＳＰの最適巡回路を見つける難問の核心を、メンガー、ホイットニー、フラッドとは別個に見て取っているらしい点が興味深い。

ＴＳＰ定数

マハラノビス＝マークス＝ゴシュの結果は、巡回路の平均長についての推定を出すが、実験を繰り返したときに高い確率で見られる値の範囲については何も言わない。無作為の点の集合がどうなっているかによって、最適巡回路が長かったり短かったりすることがありうる。nがまずまず大きければ、実際にはそうはならない。この点を理解するために、それぞれ１０００都市からなるランダムな幾何学的例1万例について、最適巡回路の長さを$\sqrt{1000}$で割ったものを記した図２・20のヒストグラムを調べておこう。結果はきれいな正規分布曲線を描き、平均は０・７３１３となる。都市数が１０００だけでは、巡回路の長さにまだいくらかばらつきがあるが、1959年に発表された有名なビアードウッド＝ホールトン＝ハマーズリーの定理からすると、nが大きくなると、巡回路の長さの分布はβと記されTSP定数と呼ばれる特定の値の付近に集中することになる。★28

βの値を求めることは興味深い問題だ。その探求から確率論の重要な下位部門が生まれたが、証明された推定値は、それを特定するまでには至っていない。つまり、実際の値がわかっていない自然の定数があるということだ。

デーヴィッド・アップルゲート、デーヴィッド・ジョンソン、ニール・スローンによる進行中のβ研究では、TSPの6億以上の幾何学的例が解かれている。これはコンコルドにかなりの仕事をさせているが、その計算の山をもってしても、決定的な結果は証明できない。それでも、図2・21に示したようなグラフは、巡回路の平均の長さを$\sqrt{n}$で割った値は、nが増えるとともに着実に減って、βとして、およそ0・712という極限に向かっていることをうかがわせている。★29

第3章　実地のセールスマン問題

私の数学は現実の問題に由来するからといって、それでつまらなくなるわけではない
——正反対だ。

——ジョージ・ダンツィク、1986年[★1]

巡回セールスマン問題という名称からして、この問題がそもそも応用にかかわるものであることがわかる。きっとそのおかげで計算法の問題に衆目が集まり、この分野が、ジョン・フォン・ノイマンの有名な「数学者」という文章で描かれた危機に陥らずにすんでいるのだろう。フォン・ノイマンが言ったのは、「言い換えると、経験的な源から遠くなると、あるいは多くの『抽象的』交配が行なわれた後、数学の主題は衰退してしまうおそれがある」ということだった。確かにTSP研究の強みは、この分野に新しい生命を吹き込む実用的な応用が、着実に流れ込んでくることだ。

出張

ＴＳＰを用いた応用例集となるこの章は、その名称の元になったものも含め、人間がたどる巡回路の例から始めよう。

デジタル時代のセールスマン

全地球測位システム（ＧＰＳ）装置がついた自動車は、地方を回るセールスマンがふつうに選ぶ移動手段だ。ＧＰＳによって動作する地図ソフトは、都市数が12程度という小規模の具体的問題用ＴＳＰソルバーを含んでいる場合が多く、日々の移動にとっては、それでたいてい間に合う。装置が記憶している詳細な地図を用いて各地点間の移動にかかる時間の正確な推定値を出し、ＴＳＰの解が、旅行者が現に今直面している運転状況に対応するようになっている。

プリンストン大学の地図作成技術応用に関する専門家、アレン・コーンハウザーは、ＧＰＳ装置の興味深い逆方向での使い方について述べている。利用者が目的地を緯度と経度で特定しても、既知の道路網地図にその地点を投影することができないことがある――その地点へ行く道がないということだ。それでも荷物を届けなければならないとすれば、現地の運転手が地図に出ていない細い道を通ったりしてルートを見つける。そのような場合、その車が通った道をたどり、ＧＰＳ装置が中枢のサーバーに報告を返し、連絡路が地図に加えられる。その次にその地域への配達が求められたときは、地図ソフトが新たに挿入された道を利用するというわけだ。

集荷と配達

バスやトラックが人や荷物を乗せ、目的地に届ける道を決めるときにも、小規模のTSPモデルがよく使われる。メリル・フラッドは、自身のTSP問題研究への手ほどきになったのはスクールバスのルート決定の問題だったと書いている。やはり早い時期から研究している、ロンドン・スクール・オヴ・エコノミクス所属のジョージ・モートンとアイルサ・ランドのチームがTSPを研究するようになったのは、クリーニング店の洗濯物集めに応用することからだった。もっと近いところでは、ラピッディスという企業が、デンマークなどいくつかの国で販促用品や見本を配布する事業を営むフォーブルーガー＝コンタクト社という顧客のために、コンコルドを使ってルートを決めたという例がある。図3・1の画像は、ラピッディス社が作ったルート選択ソフトの表示画面のコピーによる。図中のルートは一方通行などの交通規制に従うので、2点間の移動コストは、どちら向きに進むかによって違ってくる。

食事の宅配

ジョージア工科大学のチームは、アトランタで食事を宅配する「ミールズ・オン・ホイールズ」事業で働く介護労働者用ルート作成に、高速のTSPヒューリスティック・アルゴリズムを応用して成功したことを述べている。[★2] この事業では、毎日食事を提供する配達先が全部で200軒ほどあり、各ドライバーが30〜40か所ずつ配達する。ドライバーのためのルートを作成するために、200軒すべてが並ぶ巡回路が作られ、それがしかるべき長さの区間に分割される。巡回路全体は、図3・2に描かれている空間充填曲線〔空間を占めるすべての点をたどる曲線だが、格子点を順にたどることで近似され、空間を埋めつくすのは格子の目を細

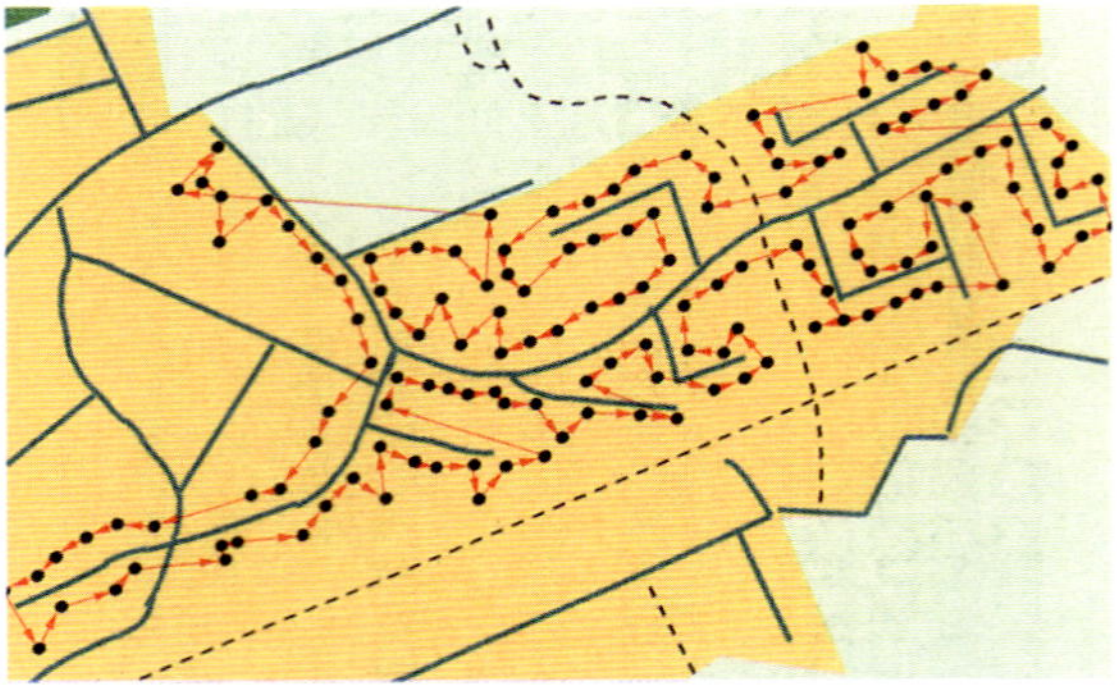

図 3.1　フォーブルーガー＝コンタクト社の配達のための TSP 巡回路。提供：Thomas Isrealsen

図 3.2　アトランタ地区についての空間充填曲線。画像提供：John Bartholdi

かくした極限と考えることができる〕の助けを借りて見つけられる。この曲線の目をどんどん細かくすると、そのうち都市にあるどの点をも含むことになり、届け先の位置がその曲線上に現れる順番をたどることによって200か所を通る巡回路がヒューリスティックに得られる。

巡回路を見つける方法が単純なので、利用者が新たに加わったり既存の利用者が脱会したりするごとに、事業の管理者が自分で容易に巡回路を更新することができた。手順は次のように進む。巡回路中の点の位置は空間充填曲線上での相対的な位置〔順番〕θのみで決まる。ジョージア工大チームは、アトランタの標準的な地図から得た細かい格子（x, y）の位置について、θの値をあらかじめ計算した。現に利用している人のリストは2種類のインデックスカードに蓄えられ、一方にはアルファベット順で、もう一方には巡回路順で、つまりθの値が増えて行く順で蓄えられた。脱退した利用者を除くには、その利用者の2枚のカードを単純に除くだけでよい。新しい利用者を加えるには、このマップを使って利用者の位置（x, y）の座標を決め、表を使って対応するθを参照し、θを使って新規利用者のカードを配達順にはめ込む。TSPを実用に応用するための、巧妙なローテク解だ。

農地、油井、ワタリガニ

1930年代のマハラノビスによる農地調査は、TSPを遠隔地の監督業務を計画するのに使った初期の例だった。この種の実施細目作成への応用は他にも多くの状況で生じる。たとえばウィリアム・プリーブランクは、製油会社がTSPソフトウェアを使ってナイジェリアの沖合にある47か所の油井を回るためのルートを計画したことを伝えている。海岸にある基地からヘリで飛んで海上油田を回るという具体的な問題例だ。また、メリーランド大学のグループは、チェサピーク湾のおよそ200か所の観測所を船で回る行程を作成するという問題をモデル化した。この船旅の目的は、湾内のワタリガニの個体数を調査することであり、研究者はすばやく巡回を終えてすべての観測地を頻繁に観察できるようにしたかったのだが、それがなかなかできず、TSPに目を向けることになった。

新刊キャンペーン旅行

小説『ヴィシュヌの死』〔和田穹男訳、めるくまーる社〕を書き、数学の教授でもあるマニル・スーリーは、『SIAMニューズ』誌〔SIAM＝アメリカの「工業応用数学会」〕に次のような感想を寄せている。★3

最初の全国新刊キャンペーン旅行は、2001年1月24日に始まって、3週間で13都市を回る。回る都市の一覧を版元がくれたとき、私はあっと思った。私は実際に生きた巡回セールスマン問題になろうとしているのだ。私はその興奮をキャンペーンを担当する部門に伝え、そのことの数学的な意味や、もしかすると最適解が出せるかもしれないことなどを説明しようとした。先方は私の熱意に困惑し、私どもにも旅程の計画には経験がありますし、数学の支援が必要になったらあらためてご相談しますと断言した。今のところ、問い合わせはない。

スーリーの版元にその気がなかったとしても、キャンペーン旅行はTSPにはぴったりの舞台だ。

遠回りクラブ

エクストラ・マイラー・クラブ〔できるだけ長い距離を旅したい人々の会〕のモットーは、「2点間の最短距離はつまらないから」だ。それでも会員は、全米に３１００以上ある郡〔州の下の行政単位〕すべてを回ることを目指し、その巡回路を計画するのは大好きだ。これは厳密にはＴＳＰではない。郡境のどこかを通過すれば十分という設定だからだ。もっとも、中には郡庁のある都市をすべて回りたいという会員もいる。『ウォールストリート・ジャーナル』誌は、ある会員が、北米にあるマクドナルド1万３０００店舗以上のそれぞれで、ビッグマックを1個ずつ食べると宣言したことを報じた。[★4] これもＴＳＰのすばらしい例だが、このクラブのウェブサイトは、この会員が「今は胃の負担がもう少し軽い目標を目指している」と伝えている。

鉄ケツ・ラリー

エクストラ・マイラーはふつう自動車で移動するが、３万５０００人の会員を擁する逞しい鉄の尻《アイアン・バット》連盟が選ぶ乗り物はバイクだ。ハードな課題がいくつもあるが、その一つが「10日で48州」という乗り方で、バイクに乗ってアメリカ本土の48州をすべて回らなければならない。どんなルートをとってもかまわないが、各州を通ったことを証明する何らかの印刷された証拠資料、たとえばガソリンスタンドのレシートなどを取ってこなければならない。モーラ・ゲーテンスビーというライダーが、２００９年2月、ダンツィク＝ファルカーソン＝ジョンソンによるＴＳＰ巡回路の都市の場所について、問い合わせの電子メールを送ってきた。

> 私たちはたいてい、すでにあるルートを選び、それを何とか手直ししようとするのですが、数学にこの問題があるということを本で読んでから、私はダンツィクのルートを基本ルートにして、それ

からダンツィクの設定をいくつか変えることで、できれば距離を減らすことを試みたいと思っています。ダンツィクのルートが長すぎなければ、歴史的意味もあるので、その通りに乗ってみたいと思います。ときには最短距離が「最善」のルートではないこともあり、巨人たちが通った後をたどったほうが詩情があります。

これは確かに3人の最適解の立派な使い方だ。

ゲーテンスピーは、「10日で48州」で知られている最短距離は6967マイル〔約1万1212キロ〕だと書いている。今日のTSPソルバーからすれば48都市というのなら易しいが、各州のどこに寄るかで可能性がたくさんあるとなると問題はややこしくなる。各州で必ず有名なガソリンスタンドのリストにある一つを訪れなければならないというような、定まった制約条件をつけて最適ルートを求めるというのは興味深い課題になるだろう。

飛行時間

スピード記録となると、ロン・シュレクがRV‐8型機のミス・イジー号を使って回った記録を破るのは難しい。シュレクは2007年、自分のいるノースカロライナ州にある109か所の公設空港すべてを1日で回ることを思いついた。シュレクはコンコルドから得られる最適巡回路を少し修正して、照明つきの何か所かの空港に日の出前に着けるようにした。実際の巡回は、遅れを避けるために、7月4日のアメリカの国民の祝日〔独立記念日〕に行なわれた。シュレクの全飛行距離は1991マイル〔約3204キロ〕で、これを17時間で回った。着陸と離陸の平均間隔はわずか9分半ということになる。着陸と言っても、車輪

図 3.3　飛行中のミス・イジー号。写真提供：Ron Schreck

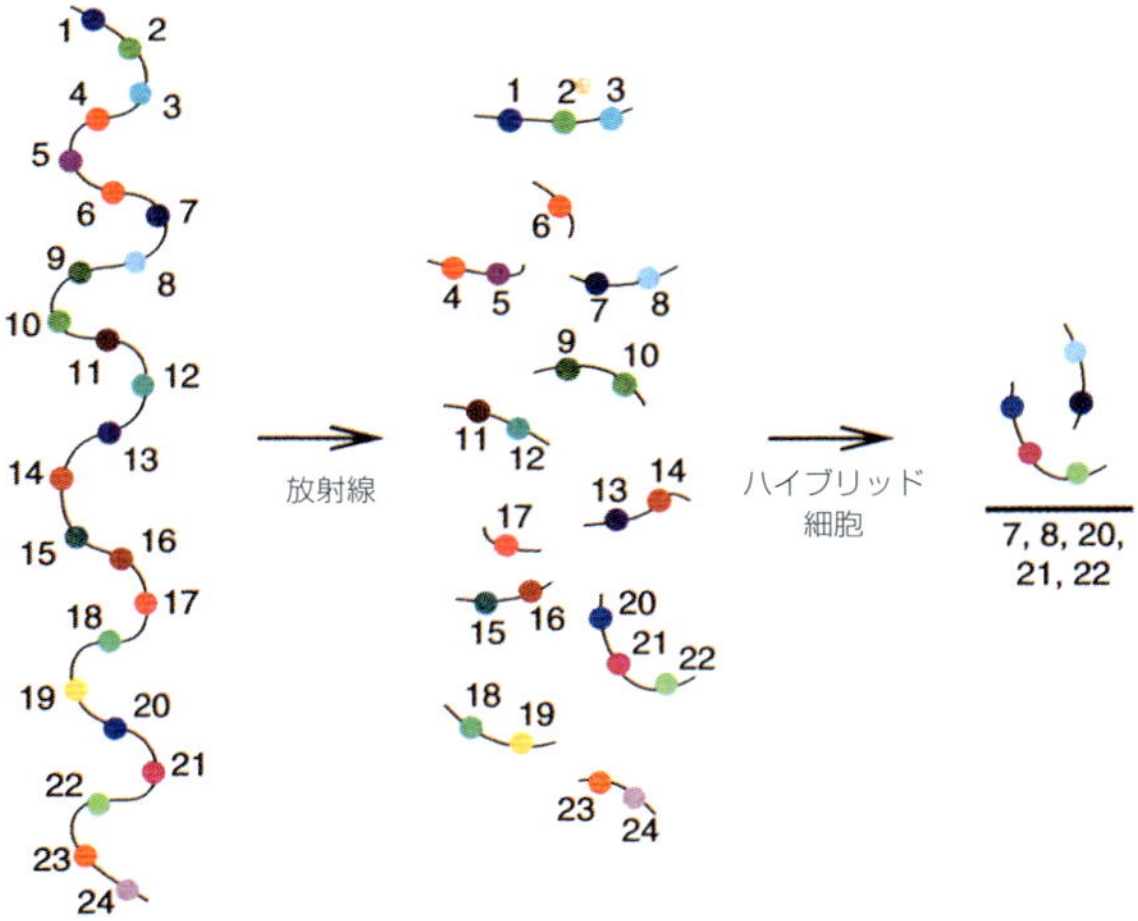

図 3.4　放射線ハイブリッド地図作成。

を接地させてすぐまた飛び立つ場合がほとんどだった。

遺伝子地図

人や乗り物の動きから目を転じると、TSPを元にした驚きの使い方が見つかる。そうしたものの中でも興味深い使い方が遺伝子研究に出てくる。この分野では、最近10年の焦点は遺伝子地図の目印として使われるマーカーの正確な位置だった。

遺伝子地図は染色体ごとにマーカーの並びがあって、隣り合うマーカー間の距離も推定されている。この地図のマーカーは、ゲノムの中で一度だけ現れ、実験室の作業で確実に検出できるある幅のDNAだ。この一つに決まる区間が識別できるおかげで、研究者はそれを使ってできた物理的地図を、いろいろな実験室どうしで検証、比較、結合できるようになる。マーカーがゲノム上で現れる順番について正確な情報を得ることはとくに有効で、そこにTSPの出番が生じる。

マーカーの相対的位置について実験データを得るための主な技法の一つは、放射線ハイブリッド（RH）地図作成法《マッピング》と呼ばれる。この作業は、ゲノムに高レベルのX線を当ててゲノムを切断し、断片にする。その断片がネズミから取られた遺伝子物質と組み合わされ、マーカーがあるかどうかを分析するためのハイブリッド細胞の系統を作る。図3・4には、2段階の単純な図解が示されている。

RHマッピングの中心的な主題は、どの二つ一組のマーカーが細胞の系統に一緒に現れるかを分析すればその位置情報が集められるということだ。二つのマーカーAとBがゲノム上で近いところにあれば、放射線を当てられたときに別々の断片になる可能性は低い。つまりこの場合、ある細胞の系統にAがあるならBもある可能性が高い。他方、AとBがゲノム上で遠く離れていたら、Aだけがある細胞の系統あるいはBだけがある細胞の系統ができ、AもBもある細胞の系統はめったに得られないことが予想される。この位置に関する推理は、二つのマーカー間の実験的に求められる距離という概念にまとめることができる。こ

この距離を使うと、ゲノムの並びを見つけるという問題は、TSPをモデルにすることができる。実際、ゲノムの並びは集合の中のそれぞれのマーカーを通って移動する経路と見ることができる。毎度おなじみ、そのようなハミルトン経路は、余分の都市を加えて経路の両端をつなげるようにすると、簡単に巡回路に変換される。

アメリカ国立衛生研究所（NIH）の、リチャ・アガーワラとアレハンドロ・シェーファーらのグループは、エラーの多いデータ（実験室ではあたりまえにあること）を扱うための手順など、実践的な場面でこうしたゲノムTSP問題を処理するための方法とソフトウェアを開発している。★5 このNIHのソフトは、最適巡回路を見つけられるようにするためにコンコルドを使い、ヒト、サル、ウマ、イヌ、ネコ、マウス、ラット、ウシ、ヒツジ、バッファローの遺伝子地図作成など、いくつもの重要な研究で採用されている。

望遠鏡、X線、レーザーのねらいをつける

TSPと言えば、私たちはふつう、離れた場所へ物理的に行くことを必要とする応用のことを考えるが、現地へ実際に行かずに離れたところから観測できるときにもこの問題は生じる。現地が惑星や恒星や銀河で、観測が何らかの望遠鏡で行なわれるものであるとき、現実的な例となる。

観測装置を回転させて観測のための位置に着かせることを「転回《スルーイング》」と言う。大型の望遠鏡の場合、スルー

イング作業は複雑で時間もかかり、コンピュータ制御のモーターで処理される。この状況なら、1回の観測で複数の対象に望遠鏡を向けるときのスルーイング時間合計が最小になるようにするTSP巡回路を、予定を立てる作業全体の一部として実装できる。撮影される対象がTSPの各都市に相当し、移動コストは対象から対象へのスルーイングにかかると推定される時間となる。

ショーン・カールソンは、『サイエンティフィック・アメリカン』誌の記事で、壊れやすい古い望遠鏡で一晩におよそ200の銀河を撮影する予定を立てるときに、TSPのヒューリスティック・アルゴリズムが役に立つことを述べている。よくできたTSP巡回路の必要性について、カールソンは次のように書いた。「地平線から地平線へと大きく振る運転は、40年前に作られた望遠鏡の駆動装置に衝撃を与えるので、弱った老兵を動かす量はできるだけ少なくすることが不可欠だ」[★6]。現代の望遠鏡の設置状態はもちろん弱ってはいないが、費用のかかる装置を効率的に運用するには、TSPのよくできた解が欠かせない。

惑星探し

TSPの興味深い例が、NASAによる宇宙望遠鏡用の計画作業で考えられている。ジェット推進研究所のマーティン・リューは、この研究を「巡回惑星捜索問題」と呼んでいる。主たる目標が近くの恒星を公転する地球型惑星の発見だからだ。

地上の望遠鏡の場合と同様、望遠鏡で行なわれる観測の順番がTSPを使って決定される。しかし宇宙望遠鏡の場合、観測順が決められるのは、毎晩ではなく、打ち上げよりずっと前のことだ。このようにあらかじめ決めておくのは、スルーイング動作にも大量の燃料が必要であることと、それぞれの星を調べるのに必要な時間が長いことによる。マーティン・リューは、3年間の任務でおよそ50の恒星が観測される

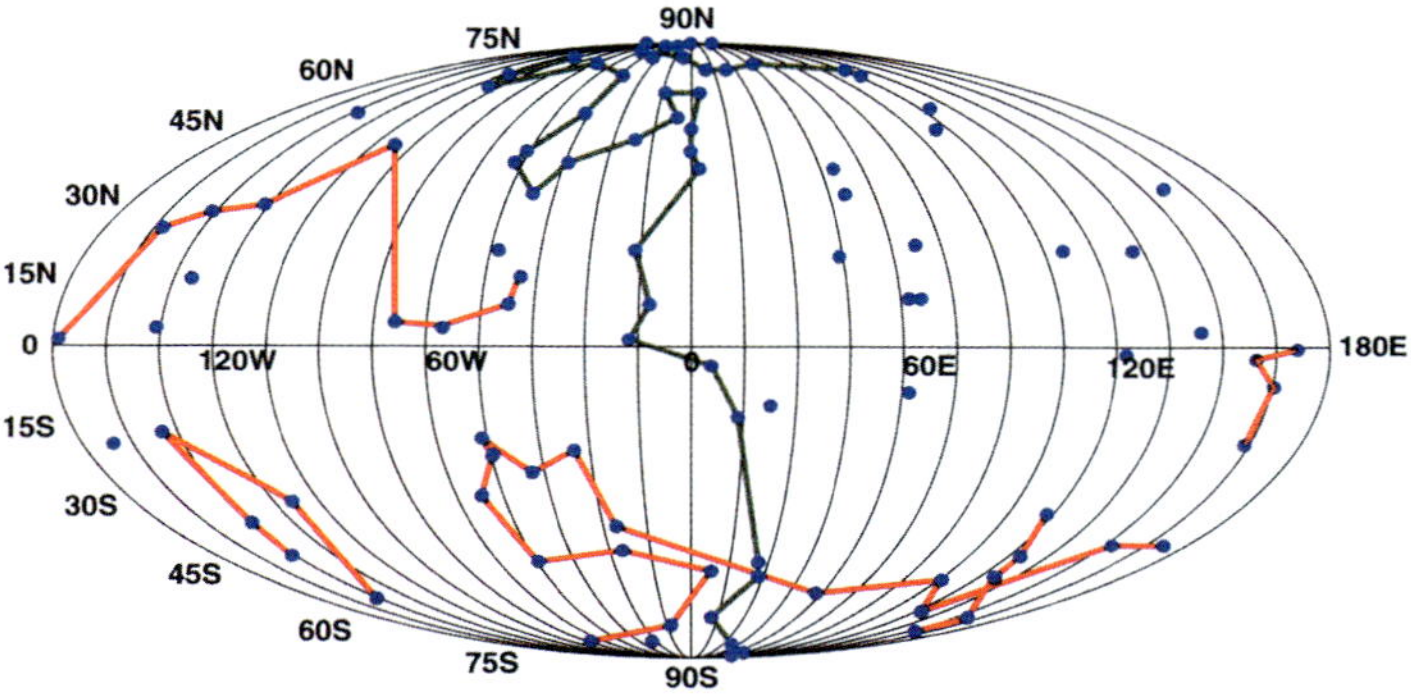

図 3.5　遮光器 2 台の配置で 80 の恒星を調べる。E. Kolemen and N. J. Kasdin による。

図 3.6　レーザーで描かれたクリスタル画像。

と見積もっている。

地球型惑星かもしれない天体を観測しようとするときに難しいのは、恒星から惑星に反射しないで直接に届く光で、ねらっている惑星の像が覆い隠されてしまうことだ。そこで解決策として、宇宙望遠鏡を、5万キロから10万キロ離れたところに設置した大型の遮光器と一体で使うことが提案されている。プリンストン大学のロバート・ヴァンダーベイは、これを望遠鏡の前で巨大な親指を構えて星の光を遮断すると表現している。望遠鏡は定まった軌道にとどまるが、遮光器は位置を変え、観測に備える。

遮光器による望遠鏡の観測順の細かい研究は、プリンストン大学のエゲマン・コールマンとジェレミー・カスディンによって行なわれた[★7]。2人は一連の最適化モデルを使い、遮光器を動かして隠す星を変えるときに要する燃料の量を推定する。図3・5の図は、1台の望遠鏡を2台の遮光器とともに動かして観測対象を変えるときの、2人が出した答えを表している。色つきの経路は2台の遮光器がたどる巡回路を表す。図中の他から切り離されているように見える部分経路は、実は球面の反対側でつながっている。このテストでは、答えはNASAの標的リストにある上位100個の候補の恒星のうち80個を選び出している。

X線結晶学

地上の望遠鏡でのTSPは、ロバート・ブランドとデーヴィッド・シャルクロスによる別の領域での研究に似ている[★8]。ブランドとシャルクロスは1980年代に、コーネル大学のチームと共同で、TSPを使ってX線結晶学で使う回折計を適切な位置へ動かした。この場合の移動コストは、コンピュータ制御されるモーターが試料の結晶の姿勢を変え、X線装置のねらいをつけるまでの時間の見積もりとなる。実験は結晶1個あたり3万回にも及ぶ観測になることもある。ブランドとシャルクロスはTSPを補助にして、全スルーイング時間を46パーセントも改善したことを伝えている。

クリスタル・アート用レーザー

製造現場でレーザーパルスを使おうとすれば、これまたこの種の「ねらう」ＴＳＰの出番となる。好例が図３・６に掲げたプレジション・レーザー・アート（ＰＬＡ）社のマーク・ディケンズが作ったpla85900のような、透明な立体のクリスタルの中に、モデルやアート作品を焼きつけて作る場合だ。レーザービームの焦点は、結晶中に指定された3次元で指定された位置にひびを作り、これが透明な材料の中に見える小さな点となる。生産時間を最小にすべく、レーザーを点から点へと導くところがＴＳＰとなる。ディケンズは、細かい像を高品質で再生するのに必要な大規模な点の集合を扱うために、コンコルドのヒューリスティックな方法を採用している。この応用は、産業でのＴＳＰで過去最大の例を生み出したという名誉ある地位を保持していて、場合によっては１００万都市相当を超える。

産業用機械の誘導

現代の製造業では、穿孔や部品の取りつけなどの反復作業を行なうために機械が採用されることが多い。これはＴＳＰの応用例としてはよくある場面だ。

回路基板の穿孔

ごくふつうの電子装置についている回路プリント基板は、コンピュータのチップを載せたり、基盤間の接続をしたりするための穴がたくさんあいていることが多い。穴は自動穿孔機械であけられる。機械は指定された場所から場所へと移動して次々と穿孔する。典型的なTSPの応用例となるのは、生産工程のあいだに穿孔用ドリルのヘッドが移動する時間を最小にするところだ。ゲルハルト・ライネルトによるTSPLIBというテスト集には、図3・7に示した基板を元にした具体的問題など、このタイプの例がいくつか入っている。

TSPアルゴリズムを利用することで、基板生産ラインでは全体としての処理量がおよそ10パーセント改善された。★9 この分野の典型的な問題は、数百都市相当から数千都市相当の大きさの範囲にある。

回路プリント基板のはんだづけ

ドイツの電子工学者、ヴラディーミル・ニッケルは、回路基板ができた後の盤面に部品をはんだづけする段階にコンコルドを採用した。はんだのりディスペンサーを備え、コンピュータ・デジタル制御（CNC）された装置を使い、特定の位置にはんだをプリントする。この装置は図3・8の写真に掲げられている。作られる基板には256か所のはんだづけの場所があり、TSPの解が、ディスペンサーが全地点を回る最短の道を教えてくれる。

真鍮の型彫り加工

チョコレートの箱にあるような隆起した像をプリントするときには真鍮製の型が使われる。型はかつては手で作られたが、今では高性能CNCフライス盤で型を彫る。CNC装置が文字や図案要素を彫り終えると、スピンドルが上げられて、装置は次の文字や図案要素へと移動する。そこにはさらに変動する部分

図 3.7　441 か所に穴がある回路プリント基板。写真提供：Martin Grötschel

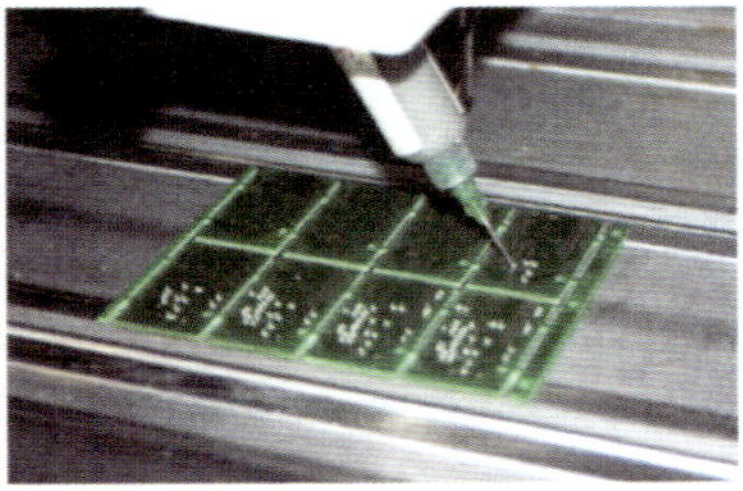

図 3.8　回路プリント基板にはんだを乗せる。提供：Wladimir Nickel

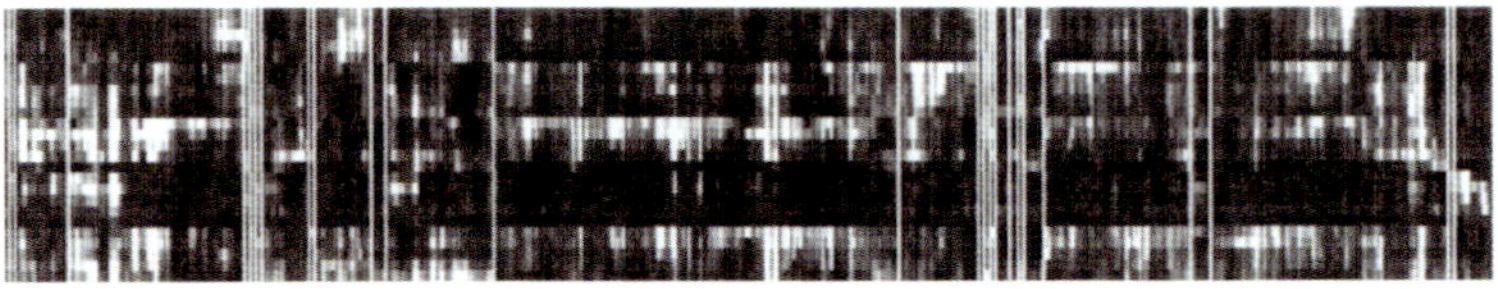

図 3.9　遺伝子発現データ。画像提供：Sharlee Climer and Weixiong Zhang

がある。彫られる要素が単独の点ではなく、機械が要素上のどの位置にでも誘導できることで生じる変動だ。CNCによる型彫りを行なうバルトス・ヴッケは、2008年、型に相当量の文字があるとき、あるいは多数の点による抽象的図形があるときには、TSPを応用することで作業時間は半分に減ると書いている。

特注コンピュータ・チップ

物理的にはずっと小さくなるが、それでも同類の応用が1980年代の半ば、ベル研究所での研究から生まれた。ベル研の研究者たちは特注のコンピュータ・チップを手早く生産するための手法を開発したのだ。この手順は、論理ゲートと呼ばれる単純な部品のネットワークを備えた元になるチップから始まる。それからこのネットワークがレーザーで切り分けられ、指定された機能を実行できるような個別のゲート群からなるチップができる。この場合には、切り離すべき位置をレーザーに回らせるためにTSPが指針となる。ジョン・ベントリーとデーヴィッド・ジョンソンは、TSP用の高速なヒューリスティック・アルゴリズムを提供し、それによって、スルーイング時間が50パーセント以上下がるのもあたりまえの、生産工程の大幅なスピードアップをもたらした。

この方面での応用は、図1・7に掲げた8万5900か所のTSPという、今のところ最高記録が出た場所という名誉ある地位を保持している。

シリコンウェハーの洗浄

コンピュータ・チップ生産では、その前から別のTSPの応用例が生じていた。標準的なチップは、大きな円形のシリコンウェハーに刻み込まれるが、このウェハーからはあらゆる不純物を取り除かなければならない。ナノ製造企業のアプライド・マテリアルズ社は、ウェハー上の瑕《きず》をきれいにする技術を保有していて、コンコルドを使って、その装置を瑕から瑕へと誘導した。

データ整理

情報を似たような特性のいくつかの要素からなるグループにまとめるのは、データからパターンを抽出するデータマイニングという処理の分野では基本的な作業だ。そのような作業でＴＳＰが採用されてきたのは、二つ一組のデータ点のあいだの類似度を表す優れた尺度がある場合だ。類似を表す数値を移動コストとして使うと、最大コストのハミルトン経路は、似たような点を互いに近いところに置く（密接に関係する点は類似度が高いのだから）。そうして経路の中の区間はクラスターの候補として使われる。最後に区間に分けるのはふつう手作業で行ない、並びの中の自然な切れ目を選ぶ[★10]。

その2段階法に代わるすっきりとした方法が、シャーリー・クライマーとチャン・ウェイシン〔章偉雄〕によって提起された[★11]。この方式では、ＴＳＰを作るとき、ダミーが1か所ではなく$k+1$か所加えられる。ダミー都市それぞれには、他の都市へ行く移動コストとして0が割り当てられる。追加の都市は、k個のクラスターに分ける切れ目として使える。よくできた巡回路は、クラスター間の大きな移動コストの代わりに、コストがゼロのダミー都市への接続を使うからだ。

クライマーとチャンは、ＴＳＰ＋k法を遺伝子発現データをクラスター化する道具として使い、コンコルドを採用して最適巡回路を計算し、kを変動させて、クラスターの数え方を変えた影響を調べた。図3・

9の画像は、2人のソフトウェアから得られた。この画像に示されているデータセットは、5種類の環境条件に置かれた*Arabidopsis*〔シロイヌナズナ〕という植物の、499個の遺伝子からなる。グレーの明暗は遺伝子の発現値を表す。縦に伸びる白い線でクラスターが示される。

音楽による巡回路

TSPは、コンピュータでコード化された音楽の厖大な集合を読み取るためにも使われている。エリアス・パンパルクと後藤真孝は、日本の産業技術総合研究所での研究で、人が自分の音楽上の趣味に合いそうな新しいアーティストを発見するのを助けてくれる、ミュージックレインボーというシステムを生み出した。パンパルクと後藤は、558組のアーティストの1万5336曲の集合を選び、この集合にある曲のオーディオ特性を比較計算して求めた、アーティストそれぞれどうしの類似度を考案した。似たようなアーティストどうしが近くにくるようにアーティストを円環状に並べるところにTSPが用いられた。この応用例ではアーティストが都市に相当し、移動コストは類似度に相当する。

円環状に並べることによって、音楽の集合を、コンピュータ画面にアーティスト情報を表示しながら、つまみを回して調べていくことができる。アーティストにはいろいろな特徴が付与され、それがロックとかジャズとかの大分類に対応する同心円の色の輪の集合を通じて表示される。ミュージックレインボーの優れた特色は、特徴に関する情報がすべてウェブページの検索を通じて自動的に得られて、このシステムがどんな音楽集合についても簡単に利用できるところだ。

エリアス・パンパルクは音楽関係でもう一つのTSPの応用研究にかかわった。こちらはオーストリアのリンツ大学にいるティム・ポーレやゲアハルト・ヴィドマーとの共同による。こちらのアイデアは、楽

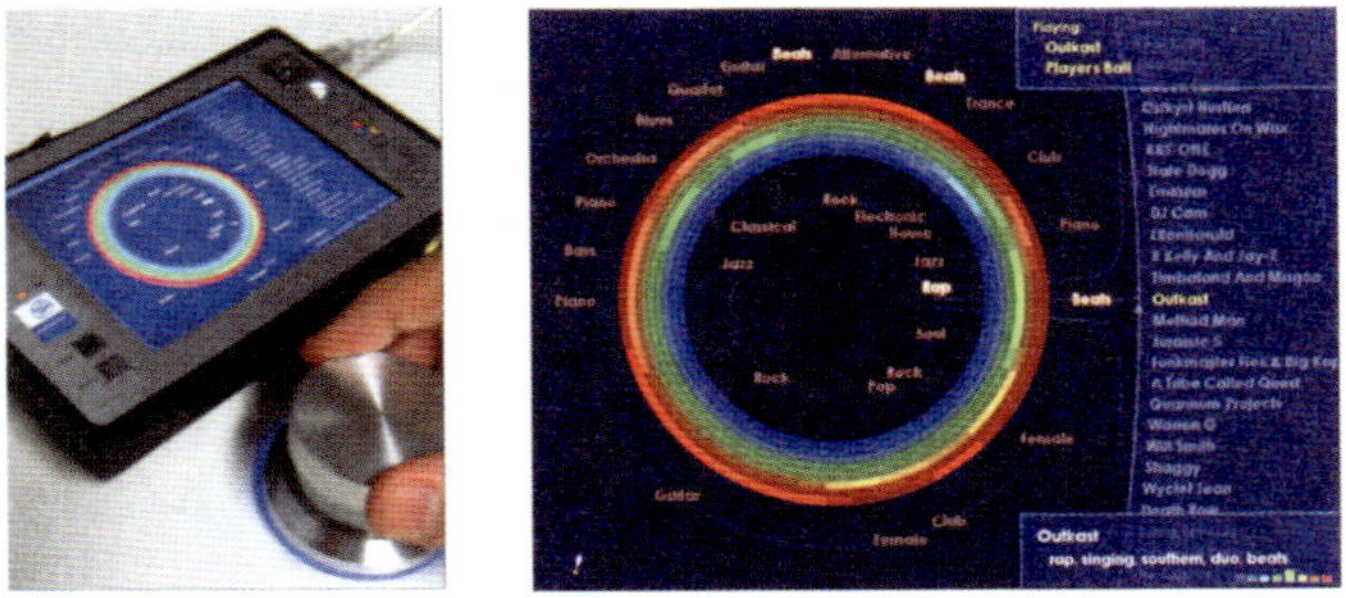

図 3.10　ミュージックレインボー装置。提供：Elias Pampalk

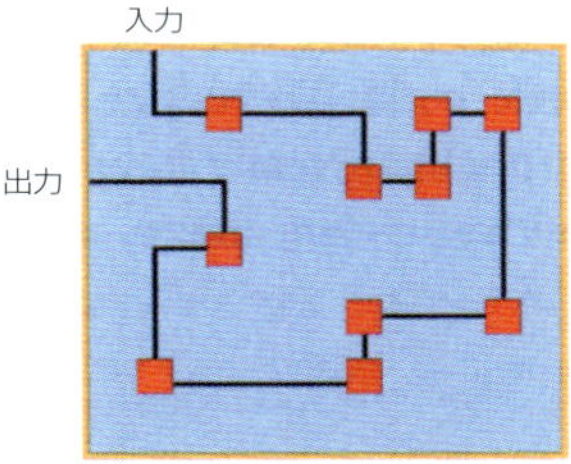

図 3.11　スキャンチェーン。

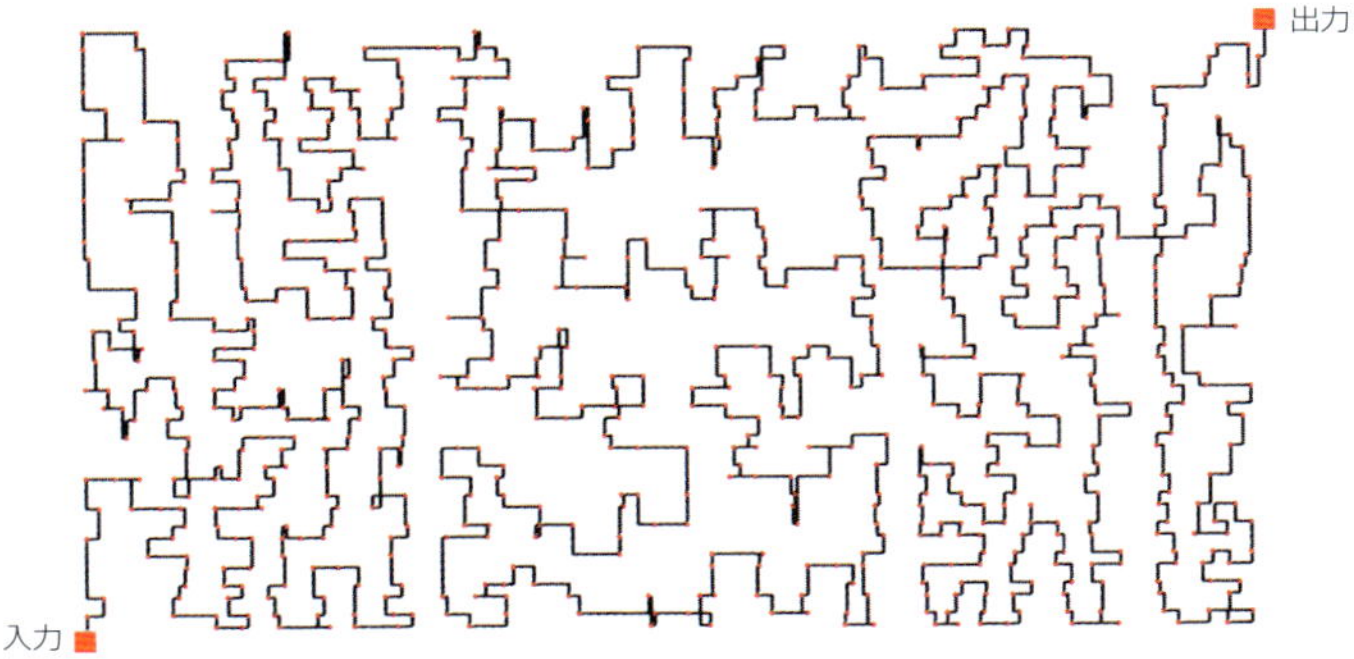

図 3.12　764 都市相当のスキャンチェーン TSP。

曲の集合を円形のリストにまとめることで、それによって似たような曲が近くに集まることになる。このような配置にすることで、使用者がホイールを回してそのときの気分に合った曲を選べる。プレイヤーがそれをたどって似たような曲を並べる。この「トラベラーズ・サウンド・プレイヤー」のデモのときには、3人は音色の類似を使って2曲間の距離を測定した。テスト用のデータには3000曲以上が入っていて、TSPは、円の並び順にしたときの総距離を最小にするために用いられた。

アメリカのほうで言えば、ニューヨーク大学のドリュー・クローズが、個人の作曲を支援する道具としてTSPを採用している。音楽でのなめらかな推移はコンジャンクトなメロディと呼ばれ、それが心地よい音と関係している。クローズの処理では、コンコルドを使ってあるコードから次のコードへの推移が最小になる配置を組み立てる。都市はコードの集合で、移動コストは対応する音の半音単位で表した隔たりの合計と定義される。

テレビゲームを速くする

現代のテレビゲームは、大量のデータを使って画面のオブジェクトに木や金属といった物理的素材の外見を与える。この画面データの基本要素はテクスチャーと呼ばれ、煉瓦から錆にまでわたる無数のテクスチャーのライブラリが用意されている。ゲームでのどんな場面も、表示されるオブジェクトに形を与えるために特定のテクスチャーのセットを必要とするが、難しいのは、そのテクスチャーデータをできるだけ速くモニタに映し出して、場面から場面の推移をなめらかにすることだ。そこでTSPが役に立つ。

DVD上のデータにアクセスする場合の基本特性は、読み取ろうとするデータが連続的に収録されているほうが、ランダムな位置のデータにアクセスするよりずっと速いということだ。するとディスク上でのテクスチャーデータの配置は、ゲームの場面を描き出すのに必要な時間に大きな影響を及ぼす可能性がある。ゲームで用いられるテクスチャーのセットを使う順に配置するのが望ましいが、そうなると、テクスチャーをディスク上で重複して配置することになり、それでは必要な容量がとほうもなく大きくなって、ふつうは無理だ。その代替として、ゲームで必要とするテクスチャーのセットがディスク上の複数の場所に置かれていても、途切れる回数ができるだけ少なくなるような配置を選ぶということが考えられる。あるテクスチャーのセットがk個の区間に分かれているなら、それは配置に$k-1$個の分断部分をもたらす。これは、遺伝子地図に応用した場合に使われるのと同じ方式で、テクスチャーのセットが細胞の系統に対応する。このTSP状況では、都市はテクスチャーで、二つのテクスチャー間の移動コストは、そのテクスチャーの一つは含んでいるが、それ以外は含まない集合の数となる。ゲノムの問題のときと同じくこの用途でも、巡回路ではなくハミルトン経路が求められるので、おなじみの、都市を一つ余分に加えることを通じて処理される。

この応用のしかたは、デジタル・エクストリームズ社というカナダの企業にいるグレン・マイナーによって記述された。デジタル・エクストリームズ社は、テクスチャーの配置を決めるためにコンコルドのプログラムで実験しており、TSPを使うことで無視できない改善があったことを伝えている。

マイクロプロセッサの検査

コンピュータ技術会社NVIDIAが最近、同社のグラフィック・プロセッサをテストするのに使うチップ上の回路を、コンコルドを使って最適化したという。これは、製造後の検査が生産工程の中での重大な局面となる現代のコンピュータ・チップの設計では、あたりまえのＴＳＰの使い方になっている。

そのような検査をしやすくしようと、１９８０年代、図３・11に描かれているような、チップの端で入力や出力の接続部がある経路をなすコンピュータ・チップの中で各素子、つまりスキャンポイントをつなぐためのスキャンチェーンが導入された。スキャンチェーンは、テストデータを入力端子からスキャンポイントへロードして、チップが一連の検査用の演算を行なうと、出力端子でデータが読み取られ、評価されるようにする。

ＴＳＰが使われるのは、スキャンポイントの並びを、つながった長さができるだけ短くなるようにするためだ。全長を最小にすれば、チップ上の貴重な配線スペースを節約し、信号が速く送れるようにして検査段階での時間を節約できるなど、いくつかの目標を達成する助けになる。

チップの製造技術では、たいていの場合、接続は上下方向と左右方向だけが可能で、スキャンチェーンＴＳＰの２点間の距離は、マンハッタンの街路を歩くように上下・左右いずれかの方向のみに進む経路を用いて測られる。７６４地点を回るスキャンチェーンの最適経路図が、図３・12に示してある。この例は、サン・マイクロシステムズ社のマイケル・ジェーコブズとアンドレ・ローエが出したもので、コンコルドのプログラムを使って解かれた。現代のコンピュータ・チップは、検査に必要な時間を減らすために、ふつう複数のスキャンチェーンをもっていて、７６４地点の例は、与えられたチップにある25本のチェーンのうちの一つだった。

工程管理

ドイツの企業、ベーヴェ・カードテック社は、クレジットカードやIDカードなどのスマートカード製造を管理するためのハードやソフトの製品を販売している。顧客はふつう、同じハードウェア上で何種類ものカードを生産しており、そのため生産品目ごとに、印刷用リボンの色を換えたり、しかるべきブランクのカードを挿入したりなど、再設定の手順が必要となる。異なる作業間の準備時間は無視できず、日産量全体を減らす。ベーヴェ・カードテック社のソフトウェアは、この問題を処理するためにTSPを用い、生産する品目を、準備時間合計が最小になる順番に並べる。都市は各品目であり、機械が品目iを完成してから品目j用に機械を再設定するのにかかる時間が品目iと品目jのあいだの移動コストとなる。同社は、コンコルドで得られた巡回路を用いると、よくある事例で設定時間合計が65パーセントも削減され、全体の生産速度が相当に稼げると伝えている。

この種の工程管理への応用が最初に述べられたのは、1945年に行なわれたメリル・フラッドの講演でのことだった。ふつう、品目iから品目jに移る設定時間は、逆に品目jから品目iに戻る時間とは違う。TSPは巡回路のコストが移動の方向に左右される非対称な形態をとることになる。

まだまだある

これまで述べてきた応用分野は、巡回セールスマン問題が及ぶ範囲を網羅したものでは決してない。実際、応用数学の世界では次々と、このモデルの新しい興味深い用途が登場している。これまでに伝えられている成果のあった試みには、次のようなものがある。★12

・自然公園でのハイキングコースの計画
・壁紙の無駄を最小限にする
・長方形の倉庫から商品を取ってくる
・ガラス工場でのカッティング・パターン
・汎用ＤＮＡリンカーの構成
・望遠鏡アレイをつなぐための溝掘りコストの見積もり
・進化による変化の問題研究
・既知の部分配列のライブラリからの遺伝子地図組立て
・地球物理学的な地震データ収集
・０と１が並んだ大規模データセットの圧縮

実際のセールスマンが自分の出張旅行を計画することからすれば、ずいぶん遠くまで来たものだ。

第4章　巡回路探し

私たちが説いているのは、私たちのプログラムが絶対確実ということではなく、計算量的に許容される計算時間で良好な答えを出すということである。

——ロバート・カーグとジェラルド・トムソン、1964年★1

ロードに出るセールスマンは、TSPが解けないと言われても、すごいとは思わないだろう。それでも車を走らせ、顧客を回るという仕事をこなしていく。この実践的な指向が問題に対する別の攻略法の根拠となる。もうこれ以上ない最善の解を求めるという考えは捨てて、できるだけ早く最善に近いルートを出すことに集中しようというわけだ。そのような見方が、セールスマンを夕食までに帰れるようにするために、創造的なアイデアの扉をいろいろと開くことになる。実際、焼きなまし法、遺伝子アルゴリズム、局所探索法など、この分野のTSP研究で開発され、採用された手法のいくつかが、計算科学で力を発揮している。巡回路探しは、大きな集団から良い答えを選ぶことをねらう方法をテストするための砂場のような役割をする。それはTSP研究の遊び場だが、その遊び場で数々の分野の重大な帰結が導かれる。

48州問題

1940年代に立ちはだかっていた課題は、ワシントンDCから始まって合衆国本土の48州を1回ずつ通ってまたワシントンに戻ってくるセールスマンのルートを決めることだった。ジュリア・ロビンソンはこの問題を、セールスマンは各州の州都を通るものと限定したが、問題を完全に特定するために移動距離のテーブルを書き出すという手順を踏んだようには見えない。おそらく、それほど大規模なTSPの具体的問題に答えを出すのは、とても手が届く範囲にあるようには見えなかったからだろう。

ダンツィク、ファルカーソン、ジョンソンの3人組がこの問題の解きやすさについて抱いた見解は明らかに違っていて、標準的な移動距離のセットがまだ得られていない中で、一歩進んで独自のデータを生み出した。3人は図4・1に示したまったく別の都市を選んだ。全州を通るが、州都はわずか20都市だけだった。そういう逸脱はあっても、その選択に不可解なところは何もない。「この特定の集合を選んだ理由は、ほとんどの道路距離が地図帳から簡単に得られたからだった」[★2]。なるほど。ただそれだけの選択ながら、これで3人はTSP計算でたちまち優位に立った。3人が参照した標準的なランド・マクナリー地図帳では、ワシントンからボストンまで車で移動する最短距離では、その途中に先のセールスマンのリストにある都市が他に7都市入る。ダンツィクらは少々ギャンブルをして、北東部のこの7都市を外すことにした。こんな推論をしたのだ。残った42都市を通る最適巡回路がワシントンからボストンを直結したものを含んでいたら、ランドのチームは元の問題を、ボルティモア、ウィルミントン、フィラデルフィア、ニューアーク、ニューヨーク、ハートフォード、プロヴィデンスでは車のウィンドウを下げて手を振って通過すれば

図 4.1 48 州問題の都市。

図 4.2 ドイツを回るピンと糸による巡回路。提供：Konrad-Zuse-Zentrum für Informationstechnik Berlin

解くことができるだろう。逆に、42都市の巡回路は他のルートでワシントンに戻るかもしれないが、そのときは製図板に戻ることになる。

　地図を見れば推理できるように、最適巡回路では確かにワシントン‐ボストンがつながり、したがってダンツィクらは都市数を減らしたもので考えてもよかった。今日、事態はそれほど都合よくはいかないことは言っておくべきだろう。グーグル・マップを使うと、ワシントンとボストンを直結した距離は451マイルだが、残った7都市を回ると距離は491マイルになる。しかし距離短縮の大部分は、州間高速道路84号線を使ってコネチカット州を抜けてマサチューセッツ州へ入ることから得られ（ハートフォードからボストンへ、途中のプロヴィデンスを通らずに行くことになる）、この区間が最初に開通したのは1967年だった。

　ダンツィクらが使ったランド・マクナリー地図から得られるデータは対称的で、得られる距離は移動の方向によらず同じになる（本章では、移動コストは対称的と仮定しておくことにする）[★3]。ダンツィクらはこの値に、それぞれの数から10を引き、さらに17で割って結果をいちばん近い整数に丸めるという調整を加えた。「とくにこの変形を選んだのは、元の表のd_{ij}を256より小さくするためで、そうすると距離表を2進数で表したとき、使うメモリを圧縮できる。ただ、それで便利になることはなかった」[★4]。論文には調整した距離の表全体が掲載されていて、解かれた問題を正確に示している。

ピンと糸

　ダンツィクらのデータは、問題の本来の幾何学的状況を少し変形しているが、それでもユークリッド的、つまり直線距離が用いられる形にしたものは、可能性のある巡回路を比較する有効なツールになりうる。実際、このチームが用いた巡回路を見つける手法は、全面的に直線近似に依拠している。

ダンツィクらの論文では、そもそもＵＳＡツアーの巡回路がどう得られたかについてはまったくヒントが与えられていないが、ダンツィクはその後の講演で、物理的な仕掛けが使われたことを明らかにした。チームは問題を木製の模型にして49地点にピンを刺したものを使い、出発地に糸を結びつけておいて、糸をピンに巻きつけながら巡回路をたどった。ダンツィクはこれを、問題を手作業で扱うには優れた補助と述べていて、ぴんと張った糸は、ありうるルートの長さを手早く測り、良さそうな部分経路のつなげ方を特定する。この模型はいかなる意味でも解くためのアルゴリズムを教えてはくれないが、ダンツィクらはその助けによって、後に49都市を通る最適ルートであることがわかる巡回路を何とか特定できた。その答えは、論文に示された表の尺度では６９９単位と測定された。これを地図の距離に戻すと、合衆国を１万２３４５マイル〔約1万９８６７キロ〕で回る巡回路となる。

成長する樹木と巡回路

まっさらな紙、あるいは木製の模型を出してきて、そこにうまい巡回路を敷こうとすると、少なからず新鮮な気持ちになる。出発点を選び、通る地点を次々と加える、あるいは見方を変えれば道路の区間を次々と加えて、道筋を大きくしたくなる。糸を都市から都市へどう引くかについては、ダンツィクらは直観に頼ったが、いくつかの単純なアルゴリズムを使っても、この作業はそこそこうまく行なえる。

最近傍法

何かの巡回路を構成したい場合、いちばん単純な考え方は、まだ行っていない地点のうち最も近いところへ必ず行くとすることだ。この「最近傍法」アルゴリズムはわかりやすいが、それでありうる最短の解が見つかることはまずない。

図4・3の図解は、合衆国の42都市版の問題で実地に最近傍法を用いるところを示している。距離はダンツィクらが提供したものを使った。巡回路は南西部のフェニックスから始まり、南部地方全体に急速に広がる。大半の段階でうまくいっているように見えるが、太平洋側の北西部まで行くと、東海岸まで戻り、前半でその辺りを通ったときに飛ばした都市を選ぶ以外には、行き先がなくなってしまう。この結果はこのアルゴリズムにはよくあることで、都市から都市へ進むとき、先々を見ないことで窮地に追い込まれる。ダンツィクらの解の長さは699単位だったが、図4・3では、最終的な巡回路の長さは1033単位になってしまう。

逆に、あまのじゃくな人なら、最近傍法をとると最適解と比べて想像しうるかぎりひどい巡回路を出すようなTSPの問題例を簡単に作れる。注目すべき点は、このアルゴリズムだと、行程の最後には出発点に戻るために、移動コストがどれほどあろうと長い距離をとらざるをえなくなるところだ。つまり、最後のモントピーリアからフェニックスまでの移動コストが100万増えたとしても、最近傍法は同じ巡回路を選ばざるをえず、今度の総計は、最適解は699だというのに、100万1013ということになる。

こんな意地悪な修正をしてもTSPの具体例としてはまっとうなものだが、道路型の問題に見られる移動距離とはかけ離れている。実際には、妥当な例であれば、三角不等式を満たす。三つの都市A、B、Cについては、AからBまでのコストにBからCまでのコストを足したものは、AからCへ直接行ったときのコストより小さくなることはありえない。この条件があると、先の意地悪な例は排除される。実は、三角不等式と、例のごとくに移動コストの対称性を条件にすれば、最近傍法は、n都市TSPについて、最

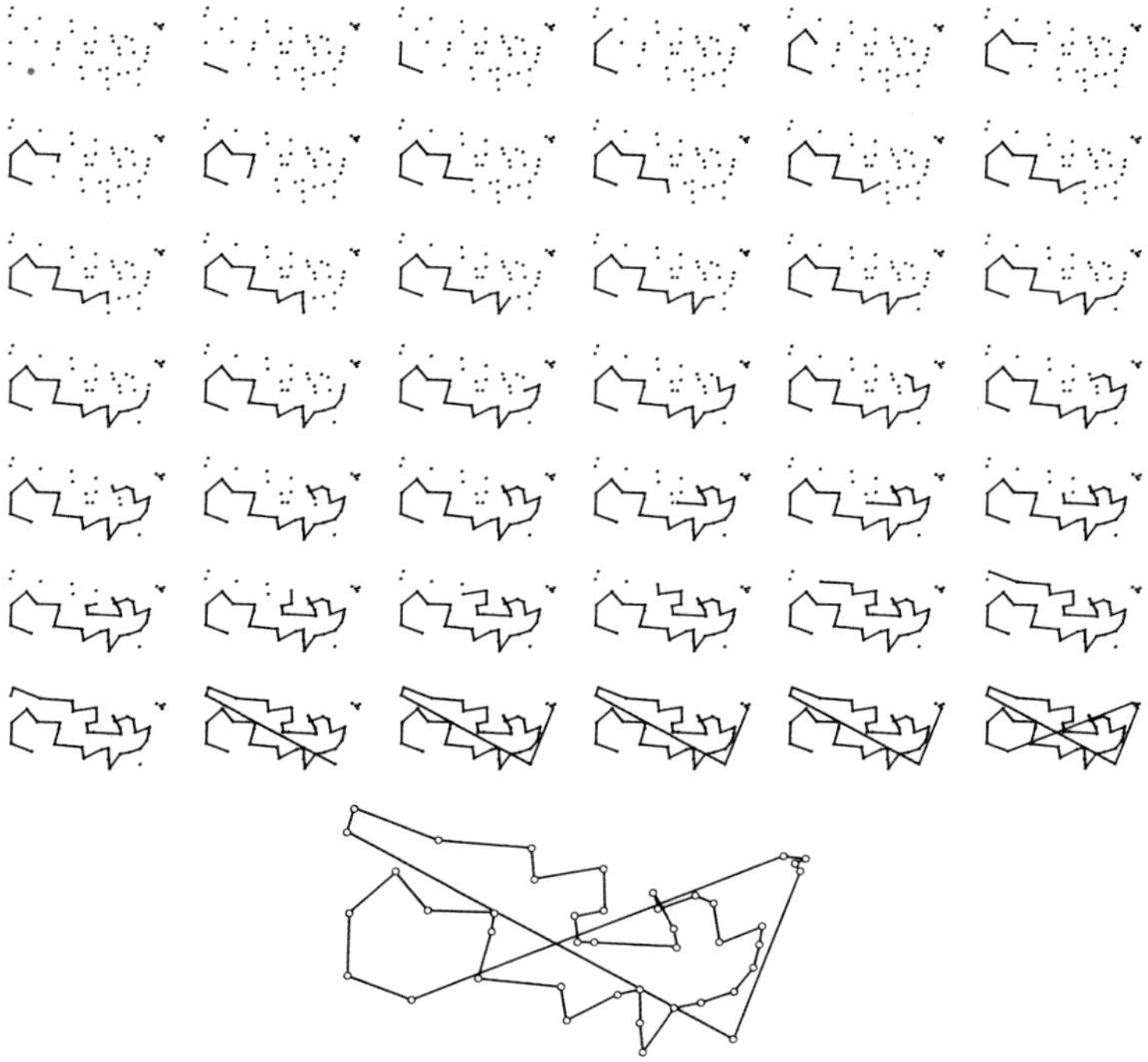

図 4.3　最近傍法の巡回路。

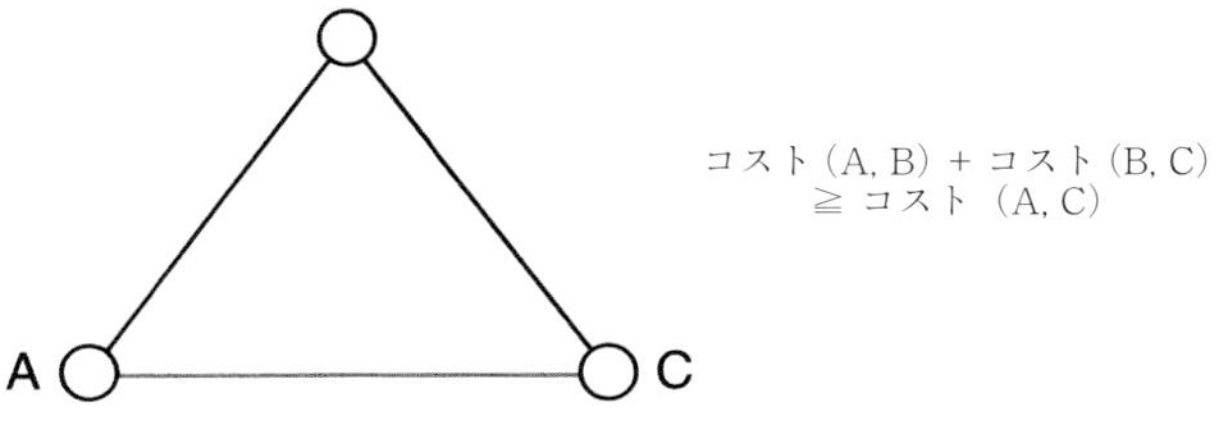

図 4.4　三角不等式。

悪でも最適巡回路のコストの $1+\log(n)/2$ 倍より大きくはならないことが示せる。★5 つまり、50都市の最近傍法の巡回路は最適ルートの4倍は超えず、100万都市の巡回路は最適解の11倍を超えることはない。自分の出張計画でこのアルゴリズムに頼っているときはあまり慰めにはならないかもしれないが、すぐにもっと良い保証がつく方法も出てくる。

貪欲法

最近傍法は、うねうねとくねって最終的にすべての都市に寄る1本の道筋を育てる。この方法は貪欲な方法で、経路を各段階でありうる最短になるように延ばしていく。しかし「貪欲法」という名は、同時にいくつもの部分経路を、使える最短の道路区間が見つかれば、それを加えて育てるという、別のアルゴリズム用にとっておかれている。このアルゴリズムを合衆国の問題で運用したものが、図4・5に描かれている。部分経路が地図の全体で育ち、最終的に一つにつながって巡回路になる。

貪欲法のようなTSPの解き方を解説するときには、グラフ理論の用語を使うと便利になる。各都市がグラフの頂点で、都市間の道路区間が辺というわけだ。巡回路はハミルトン閉路で、セールスマンがたどる道路区間に対応する辺を集めて構成される。

貪欲法は短い順に辺を検討し、辺を解に加えるのは、それが二つの部分経路をつないで長い部分経路にする場合に限る。アルゴリズムの進展は、最初は気まぐれに見える。合衆国の例では、最初の20ほどの辺は確かに短い。難しいところは手順の後のほう、最終的な接続をするためにいくつか長い辺を受け入れざるをえなくなるときに生じ、それで長さは995単位にまで上昇する。

大規模なテスト例では、貪欲法はほぼつねに最近傍法より有意に成績が上回る。たとえば、都市をランダムに正方形の中に配置して、直線距離で移動距離を考えると、貪欲法は必ず最適値よりも1・15倍以下の長さの巡回路を出すが、最近傍法は最適値の1・25倍までの範囲になる。残念ながら、これは実地に試した結果を見ただけのことだ。これ以上は悪くならないという保証に関しては、貪欲法は、三角不等式を満たす例について、1/2+log(n)/2 倍よりひどくはならないことがわかっている。つまり、最近傍法の最低限よりほんの少し良いというだけだ。

部分的な巡回路に都市を挿入する

1954年にすぐ出てきた問題は、ダンツィクらの成功が、ピンと糸のモデルが最適巡回路をもたらすという、その後の研究ではあてにできないことにどの程度依存しているかを明らかにすることだった。これに応じて、ランドの若い准研究員、ジョン・ローバッカーが、翌年の夏、いくつかのテストを手にして舞台に飛び込んできて、9都市の例をいくつか、ランダムな巡回路で始めて、ダンツィクらの方法で解いた。そこで調べられた小規模の例はあまり説得力はなかったが、ローバッカーは大規模なデータセットを相手にするときに自動化できそうな一般的な巡回路発見法も述べていた。[★6]

この実験と関連して、A・W・ボルディレフは近似手順を提起した。その利点は、これが本来的に単純で、それが適用される速さにある。この近似法を49地点の問題に適用すると、最適解の699単位に対して851単位の巡回路を出し、誤差は20パーセントとなった。

みそは少数の都市を通る部分巡回路から始め、それをゴムバンドのように延ばして、次々と都市を加えて

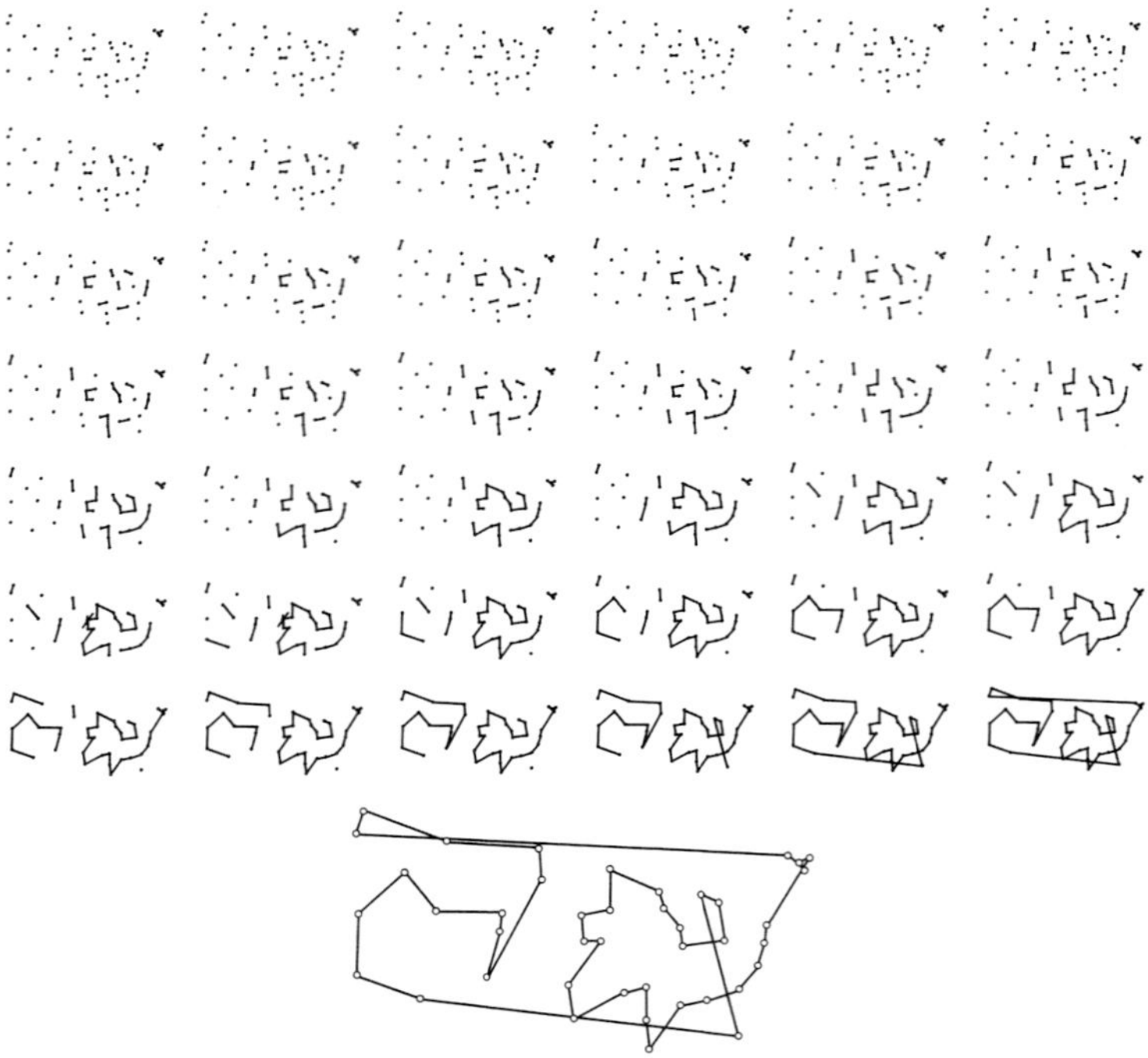

図 4.5　貪欲法の巡回路。

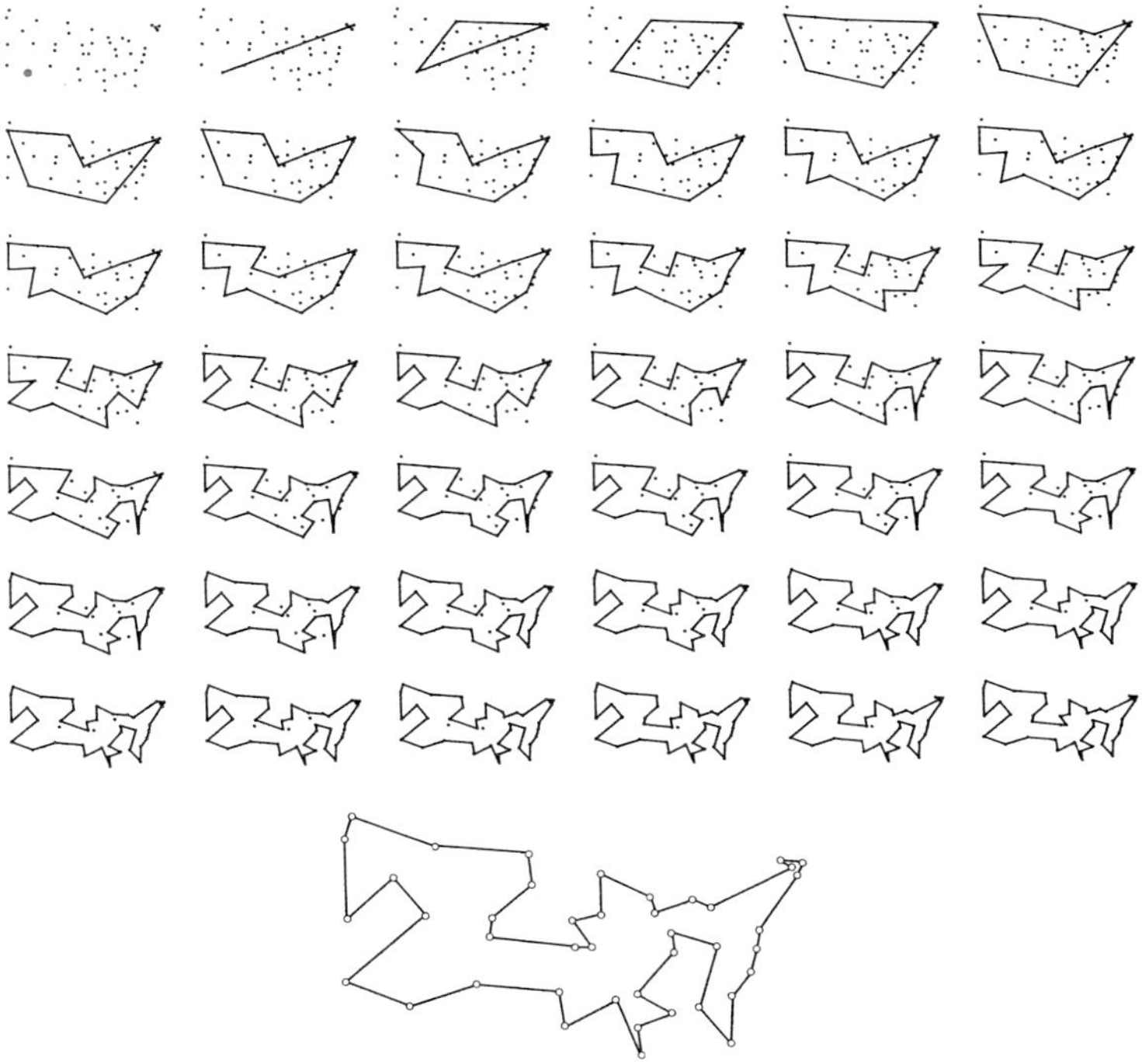

図 4.6　最遠方挿入巡回路。

いくところだ。

ボルディレフ／ローバッカー法は、「挿入法」と呼ばれる一群の方法を示唆している。このアルゴリズムには、部分巡回路を大きくするために加える都市を選ぶための規則によって、最小コスト、最近傍、最遠方、無作為といったいろいろな風味のものがある。これらの方法のそれぞれで、新しい都市が部分巡回路の長さの増大が最小になるような場所に挿入される。

ローバッカーは最小コスト挿入について述べ、それをテストした。この場合、部分巡回路をできるだけ短いままにするように各都市が選ばれる。最近傍挿入は、現に部分巡回路にあるどの都市へも最短の距離となる都市を選ぶ。最遠方挿入は、部分巡回路にある都市からいちばん遠い都市を選び、無作為挿入は、次の都市を、まだ部分巡回路に入っていない都市から無作為に選ぶ。

これらのアルゴリズムで私が気に入っているのは最遠方挿入で、これは早い段階での全体の形が良く、最後の都市が加えられると細部が完成する。図4·6に示した、フェニックスから始まる合衆国問題でのこの変種の成長過程は、ニューオリンズ、ミネアポリスと広がり、第5段階では東西2か所のポートランドが入り、巡回路を徐々に築いて全体の長さは778単位になる。

最小コスト挿入と最近傍挿入が生み出す巡回路は、どちらも三角不等式が成り立つときには最適解よりも2倍を超えて悪くはならないことが示されている。[★7] これはなかなか好成績だが、最遠方挿入は、実際に使われる変種としては一般にいちばん成績が良いのだが、保証は $\log(n)$ にしかならない。

数学世界の樹木

最近傍法と貪欲法は、最初の選択は良さそうに見えるが、がっかりする巡回路に終わるのが常だ。セールスマンのルート選びでは、貪欲は引き合わない。意外なことに、貪欲法は、一群の都市をつなぐための最小コストとなる道路の集合を選ぶという関連問題には、最適解を生み出すことが保証される。図4・7に、合衆国のデータセットについて、そのような最小コストの構造を示した。これは長さ591単位で、したがって最適巡回路よりもかなり短い。

私の学問上の玄祖父のさらに曾祖父アーサー・ケイリーは、図4・7にあるようなグラフを調べた。念のために言うと、この構造は接続されているが回路ではない。ケイリーはそのようなグラフに健康的な名前、「樹木《ツリー》」を用いた。ケイリーが書く数学の文章にはきれいな植物学の風味があり、頂点は「結節《ノット》」と呼ばれる。「N個のノットがあるツリーで、任意のノットを好きなように根《ルート》として選ぶと、ツリーはこのルートから生えているように見え、このツリーは『ルート・ツリー』と呼ばれる」★8。ここでは、根から生やすのではなく、この構造を使ってTSPの解をこしらえる。やはり最適巡回路の長さの2倍は超えないことが保証されている。ついでながらツリーは、映画『グッド・ウィル・ハンティング』でマット・デイモンが演じた人物によって解かれたミステリアスな数学の問題のテーマだった。図4・8に示した場面でデイモンが書き込んでいるのは、n個の頂点があるツリーの数を表すケイリーの公式で、それとともに小さいnの場合の例がついている。

もう接続問題の最適解は確かにツリーになると納得していただけたのではないだろうか。要するに、ネットワークを構築するときは、最後の辺の両端はすでに接続されているのだから、決してぐるりと一周することはない。この場合の貪欲法は、最短優先順に機能し、解に辺を加えるのは、その端からもう一つの端へ、それまでに選ばれている辺を使って移動することができないときのみになる。このアルゴリズムは、接続された素子をどんどん広げて、都市の集合全体に広がるツリーを生む。この単純な方法で、必ず最小

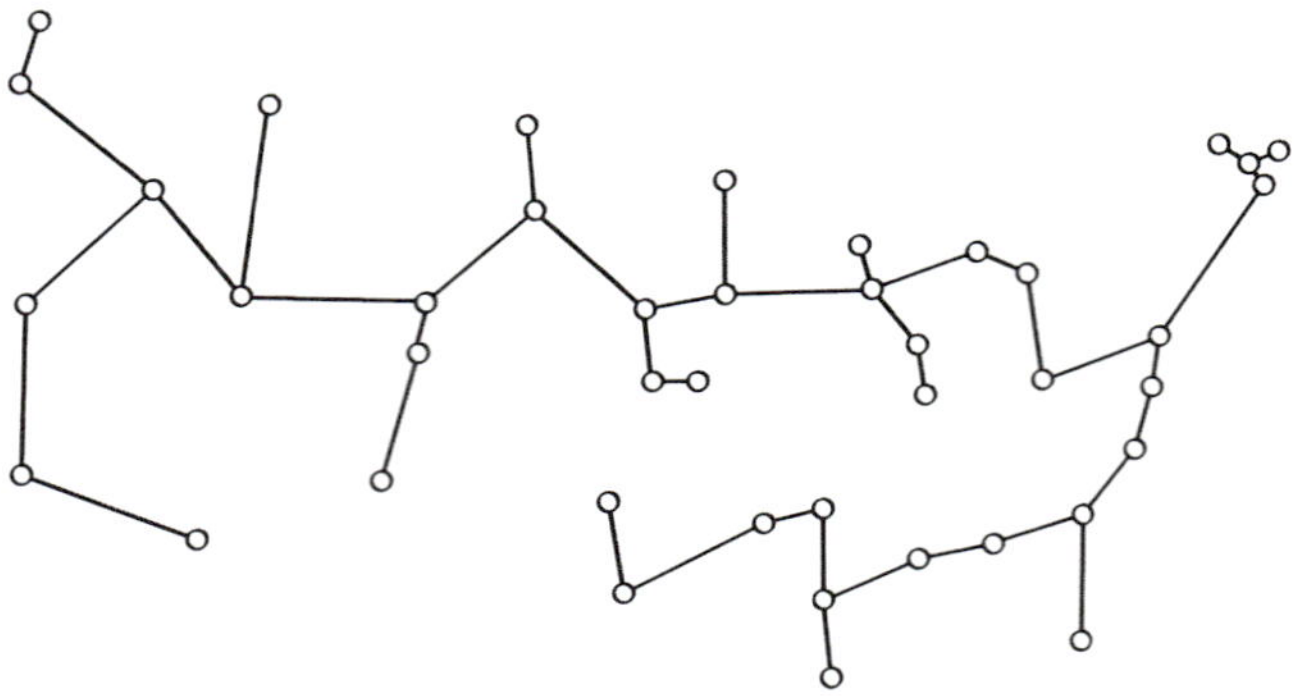

図 4.7　最適ツリー。

図 4.8　『グッド・ウィル・ハンティング』のマット・デイモン。Copyright Miramax Films

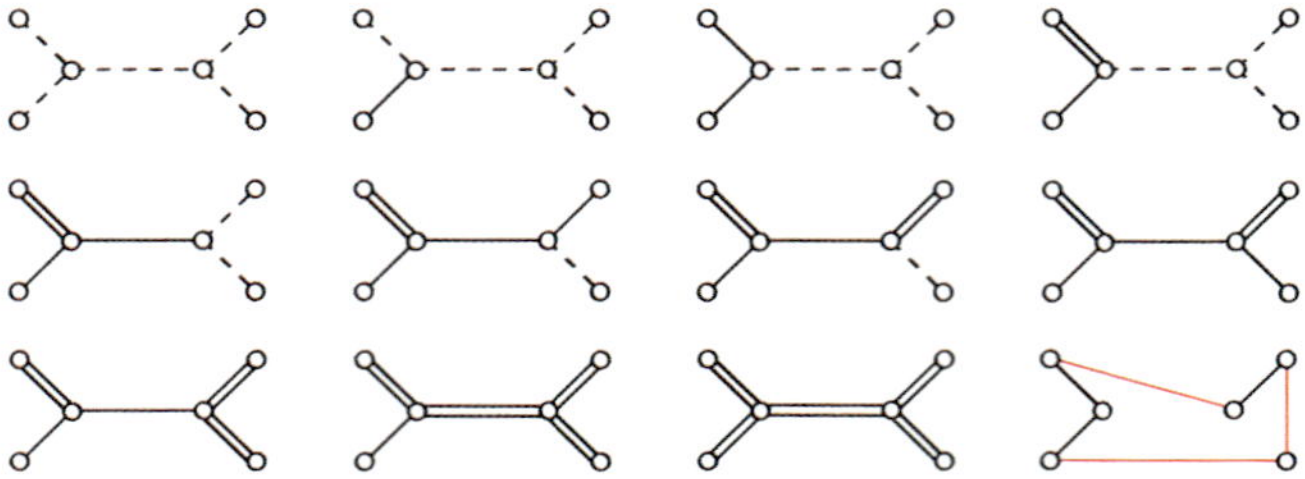

図 4.9　ツリーに沿って歩いて巡回路を構築する。

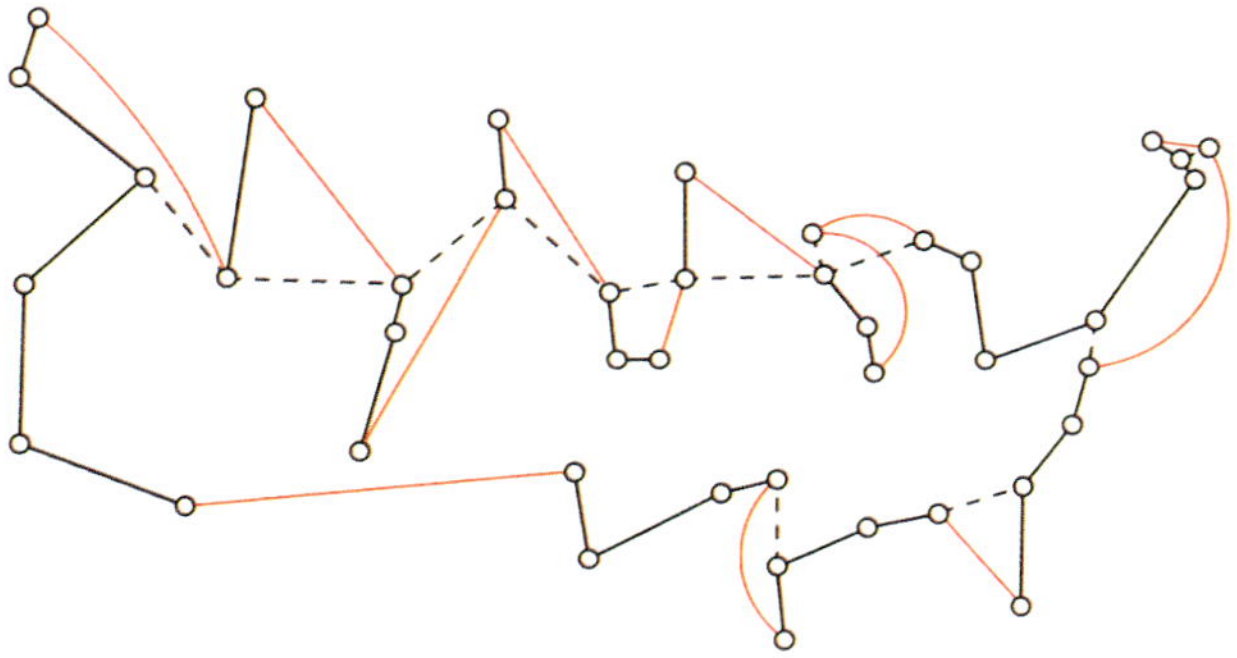

図 4.10　最適ツリーからできた巡回路。

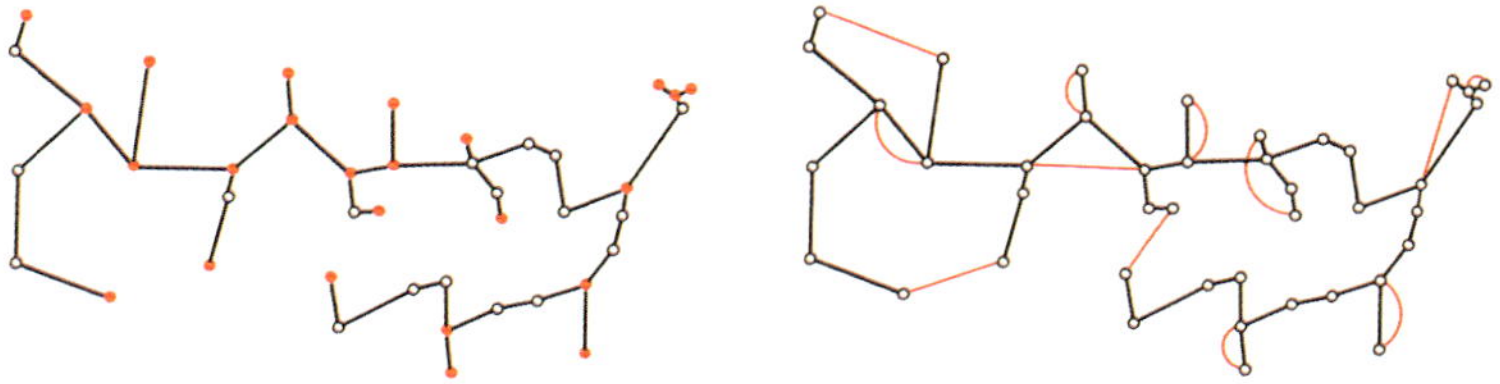

図 4.11　奇数頂点の最小コスト完全マッチング。

図 4.12　ニコス・クリストフィデス、1976 年。

コストの広がるツリーができることは特筆すべきことで、証明もそれほど難しくない。★9

ツリーは巡回路ではないが、都市から都市へ移動する手段は与えている。これを配列する一つの方法は次のようになる。新しい都市に達するたびに、それが未探検のツリーの辺の端かどうかを調べ、そういう端であればその辺を選び、それに沿って別の都市に達する。逆に、新しい都市で出会うツリーの辺のそれぞれをすでに通っているなら、未探検の辺が出会う都市に達するまで後戻りする。そのような道は、ツリーの「深さ優先探索」トラバーサルと呼ばれる（「トラバーサル」は新たな構造へ（境界をまたいで）アクセスすること）。それは最終的にすべての都市に達し、最初の地点に戻ってくる。

6都市のツリーでの深さ優先探索の運用を、図4・9に図解した。二重になった辺は後戻りした辺だ。手順が終わるとそれぞれの辺を2回ずつ通っていて、行程のコストはツリーの2倍のコストになることに注目しよう。これは良い話だ。最適ツリーのコストは最適巡回路のコストより多いことはありえないからだ。今度は、トラバーサルから巡回路を得るために、逆向きの段階は単純に飛ばす。こうした近道は図4・9の最後の図に赤で示した。

合衆国問題にこのアルゴリズムを応用すると、図4・10に示されているような長さ823単位の巡回路ができた。この場合の深さ優先探索トラバーサルはフェニックスから始まる。ツリーの辺に探索すべき選択肢が複数あるときは、必ず最小数の都市が取り上げられるサブツリーにつながる辺が取られた。

クリストフィデスのアルゴリズム

ツリーを育ててセールスマンを案内するというのは良いアイデアだが、その威力を認識しきるには、一歩引いてレオンハルト・オイラーの視点から見てみる必要がある。ツリーの深さ優先探索トラバーサルは、実はツリーの辺を二重にすることで得られるグラフをオイラー的に歩くことだ。二重化の段階によって、グラフの各頂点で偶数本の辺が出会うことが確実になる。ケーニヒスベルクの橋が残念ながら反していた条件だった。

頂点がツリーの奇数本の辺の端となる場合を奇数頂点と呼ぶことにして、ツリーを二重にするのではなく、すべての奇数頂点に一度だけぶつかる辺を加えることもできる。その結果得られるグラフには奇数頂点はなく、飛ばして巡回路にしてしまえるオイラー小道が可能になる。

この考え方を図解するために、図4・11に合衆国ツリーの26個の奇数頂点と、そのそれぞれの頂点と1回だけ出会う赤で示された13本の辺の集合を示す。そのような辺の集合は「完全マッチング」と呼ばれ、ジャック・エドモンズは、多項式時間で最小コストの完全マッチングを計算する方法を明らかにした。エドモンズの成果は、第6章で論じる最適化の分野での一里塚となる。当面、これはまさしく必要なことであるとだけ言っておこう。後で論じるように、そのような最適マッチングのコストは最適巡回路のコストのせいぜい半分でよいからだ。ツリーにマッチングを加え、結果得られるグラフについてオイラー小道で近道のほうをたどって行くと、TSPの最適解コストの1・5倍以下の時間コストとなる巡回路を得る。これは保証される成績としては立派なもので、実地の問題では、このアルゴリズムはもっと良い解さえ出すのがふつうだ。合衆国の問題での動作を図4・13に示す。最終的に長さ759単位の巡回路ができる。

そこで、最適マッチング一般のコストを見積もるために、まず、TSP巡回路を歩いて回ると奇数頂点から奇数頂点へと移ることになり、そのあいだの偶数頂点は少ないことに注目しよう。偶数頂点を飛ばすことで奇数頂点だけを巡回することになり、そのような巡回路は二つの完全マッチングの結合で、第1の辺か第2の辺かいずれかから始めて一つおきに辺をとる。二つのマッチングのうち一方は必ず巡回路のコ

図 4.13　クリストフィデス巡回路。

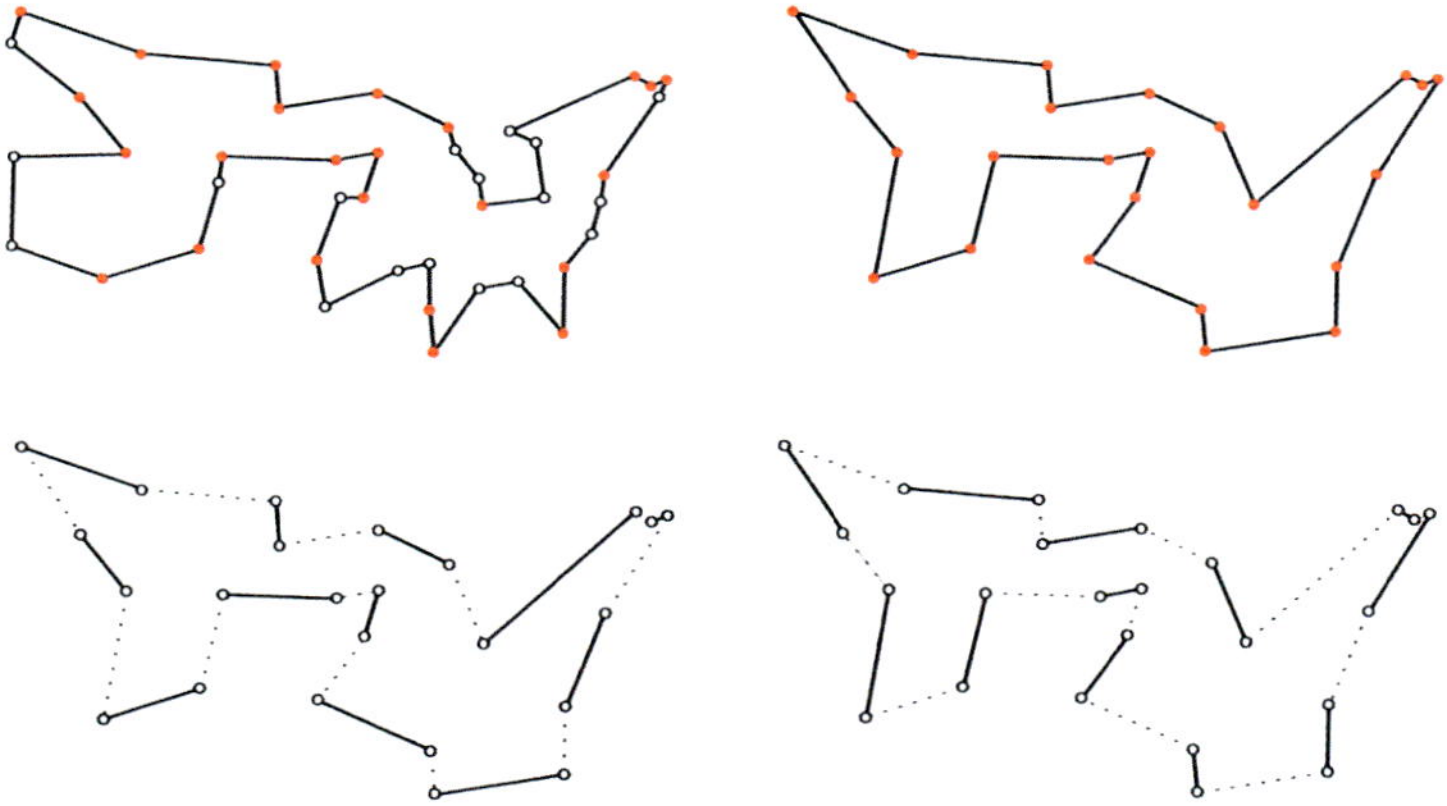

図 4.14 最適 42 都市巡回路からの二つの完全マッチング。

ストの半分以下になり、エドモンズの最適マッチングはさらにコストが下がるかもしれない。ほらできた。この三段論法は図4・14に図解されている。合衆国の最適巡回路で始め、それを奇数頂点を通る巡回路にショートカットし、巡回路を二つのマッチングに分割する。

オイラーとエドモンズを組み合わせる全手順は、1976年、ニコス・クリストフィデス〔Christofides クリストファイズとも〕によって接続され、TSPの神殿で名誉ある地位を占めている。[★10] 多項式時間アルゴリズムで、悪くてもここまでという保証がクリストフィデスの方法より良くなるものは知られていない。

新しいアイデア?

巡回路を一つずつ並べていく純粋さは人々やアイデアをTSPに引き寄せるものだ。確かに問題の複雑さについてなまの体験を得るのにはちょうど良いところだ。

問題をねらい撃とうと思うなら、クリストフィデスの成績保証を向上させようというのは、ねらいやすい標的だ。それでも注意しておかなければならない。最適の1・5倍という記録を破るのは、第9章で論じるとおり、難しいかもしれない。他方、現にある巡回路成長アルゴリズムについての実践的な競争で好成績をあげている新しい方法を目にしても、意外なことはないだろう。TSPファンや研究者は、ここですでに述べた有名な方法の他にも数々の別案を唱えている。クラスタリング手法や分割法や空間充填曲線などだ。今までのところ、そうした巡回路成長アルゴリズムのいずれも、次節で取り上げる巡回路改善手法を実際に行なわれる計算で破ることはできていないが、新しいアイデアがあれば、きっと最適巡回路とのギャップを狭めることができるだろう。

待っているあいだの変化

図4・15に示したしゃれた合衆国巡回路の絵は、『ディスカバー』誌1985年4月号のマーティン・ガードナーによるTSPの記事についていたものだ。人気のある雑誌と高名なパズラーとの組合せはセールスマン問題に相当の関心を引き寄せたが、読者に困惑も巻き起こした。絵をよくよく見ると、騒動の元が明らかになる。都市を通るルートには明らかに近道があるのだ。

記事が出た直後、IBMの数学者エリス・ジョンソンと電話で話したとき、ガードナーは巡回路は確かにダンツィクらの論文から得たものだと述べた。問題は巡回路にあったのではなく、先走って都市の位置を48の州都に移した熱心すぎる編集者にあった。『ディスカバー』誌のキャプションはこうなっている。「巡回セールスマン問題は、数学でも長年解かれていない問題の一つ。ここに示したのがセールスマン――あるいはセールスパーソン――が48州の州都を回る最短ルート」。残念でした。1954年にダンツィクらが便宜を図って選んだものが、ガードナーの発表したものに大急ぎで訂正を出させることになった。そのためジョンソンと電話で話すことになり、ジョンソンはガードナーをTSP界のスター、マンフレッド・パドバーグに導いた。

パドバーグなら確かに48州都問題を解くことができただろうが、ガードナーはパドバーグのところにはたどりつけなかったようだ。結局、新しい巡回路をもって登場したのはベル研究所のシェン・リンで、元の記事の4か月後に『ディスカバー』誌に掲載された。リンは厳密解の手順を得ていなかったが、巡回路を改善する方法の達人だった。

同誌は、今回は巡回路について解説することに慎重だった。「リンは正しいのだろうか。本人はそう思っ

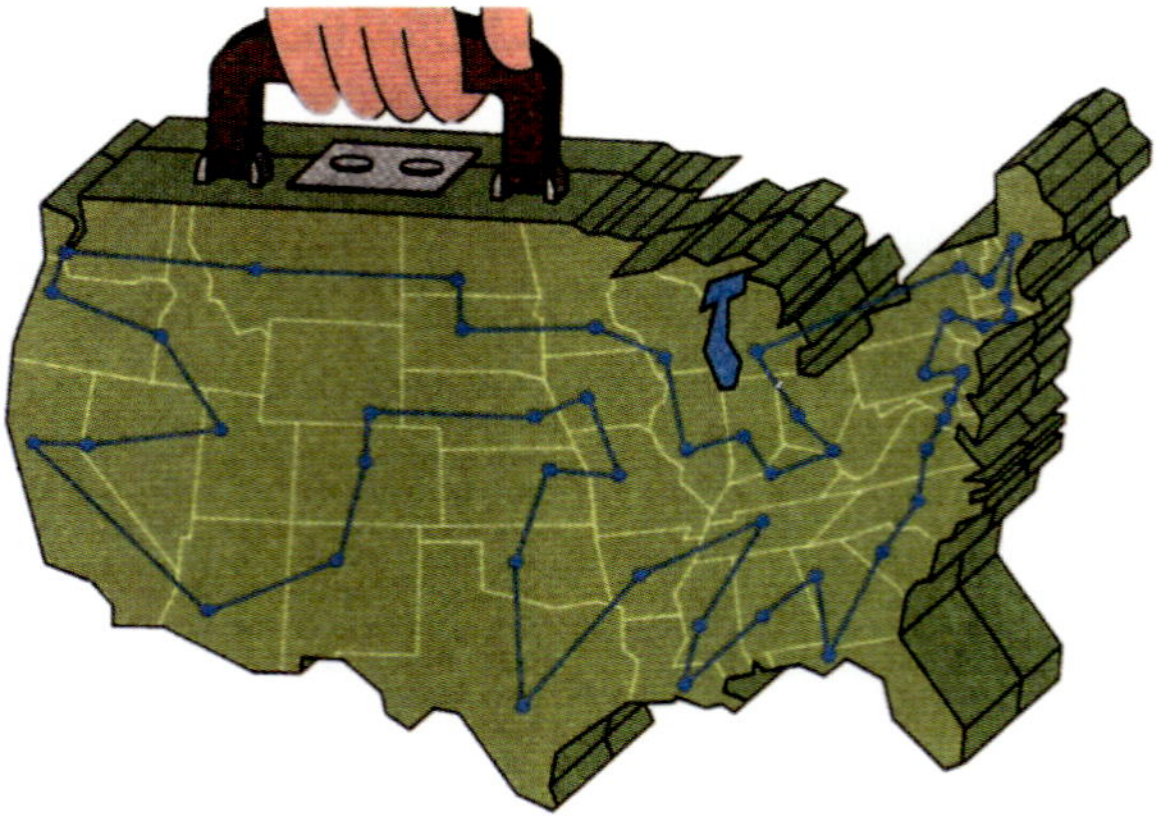

図 4.15　合衆国巡回路。イラスト：Nina Wallace, *Discover*, April 1985, p.87.

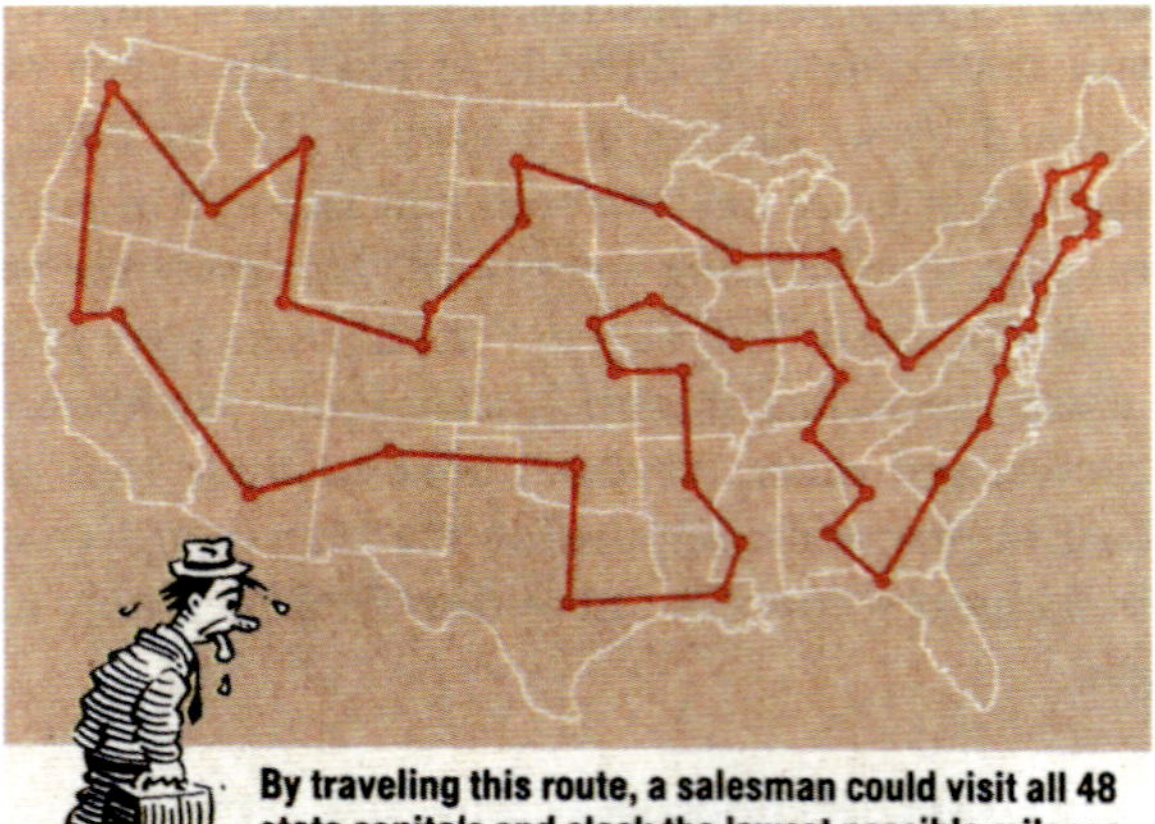
By traveling this route, a salesman could visit all 48
state capitals and clock the lowest possible mileage.

このルートを進めば、セールスマンはありうるなかで最短の距離で 48 の州都をすべて訪れることができるだろう。

図 4.16　合衆国の最適巡回路。イラスト：Ron Barrett, *Discover*, July 1985, p.16.

図 4.17　シェン・リン、1985 年。写真提供：David Johnson

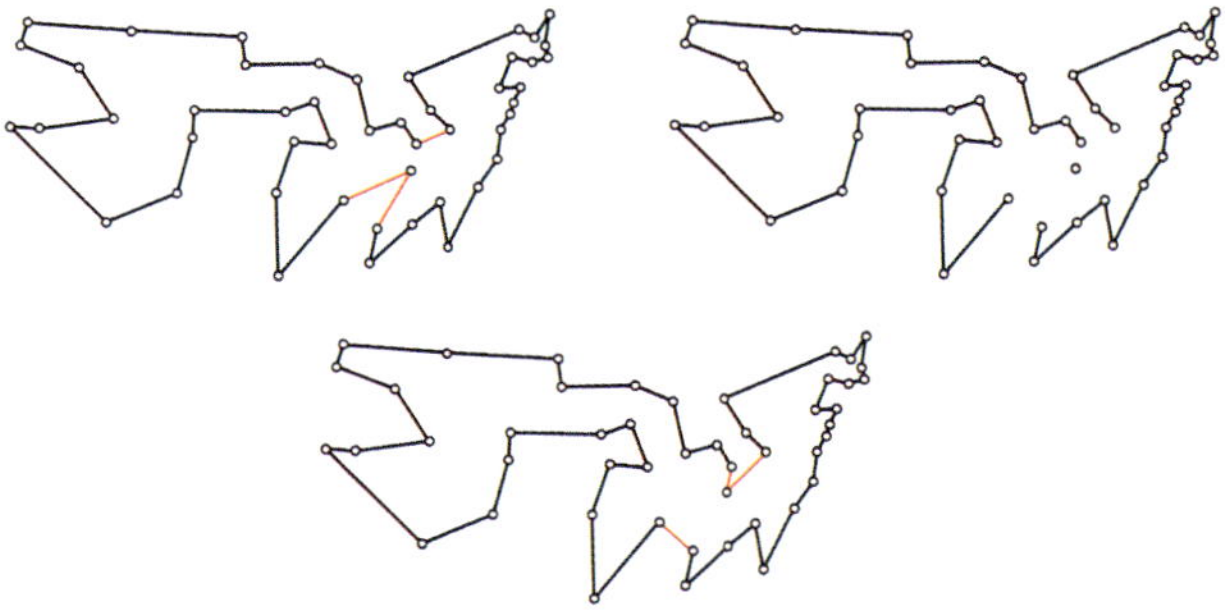

図 4.18　『ディスカバー』誌の巡回路を3オプトの手で改善する。

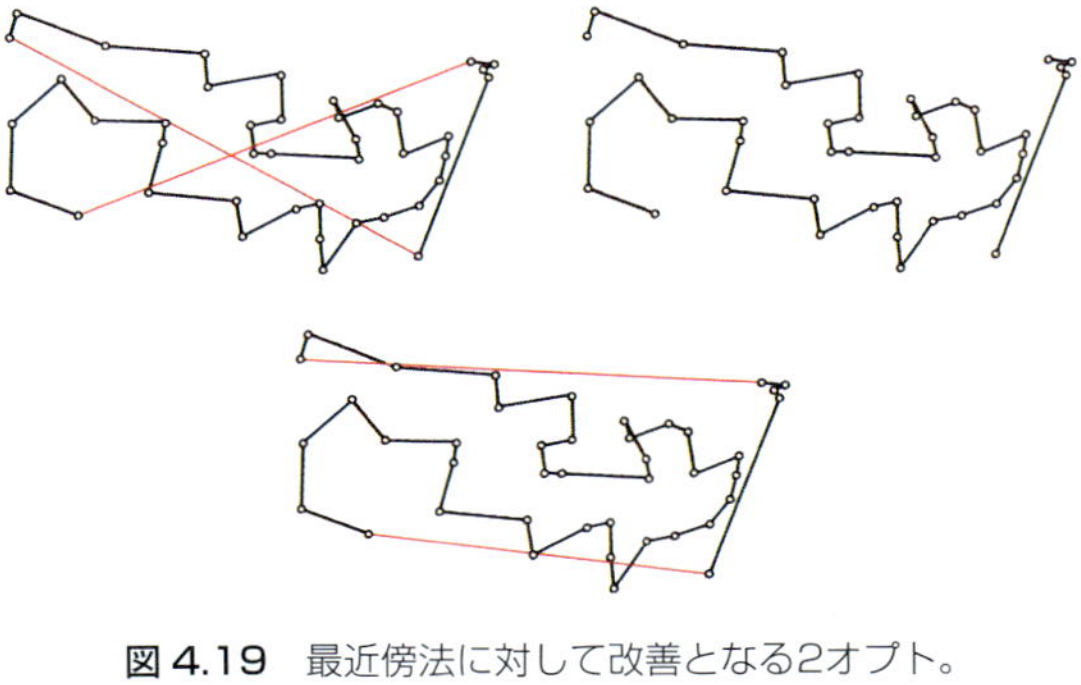

図 4.19　最近傍法に対して改善となる2オプト。

ている。リンは自分の結果を確信していて、州都間についてここで使われた距離を使って、1万628マイルよりも短いセールスマンの巡回路を見つけられたら、ポケットマネーで100ドルの賞金を出すと言っている」。編集部はリンの出題に応じようという人には距離の表を送っているが、まだ賞金はリンの手許にある。その巡回路は確かに最適なのだ。

辺の切替え

リンが唱える巡回路改善方法は、まさしくその名の通りのものだ。入力として巡回路を取り込み、欠陥を探し、可能であれば修正する。たとえば、最初の『ディスカバー』誌の巡回路ではテネシー州に食い込むとげがあり、その部分に何かおかしいことがあることをうかがわせていて、図4・18に概略を記した手順がその修正のしかたを明らかにする。まず、とげの部分の2本の辺を削除し、すぐ北にあるもう1本の辺を削除し、巡回路を三つの部分に切り分ける。そのうちの一つは孤立したテネシー州の州都となる。三つの部分は、赤で示した新しい3本の辺でつながれる。新しい3本の辺をつなぐと、削除された3本の辺よりもずっと短いので、この3切替え《オプト》の手は巡回路を改善する。

リンの『ディスカバー』誌のための計算は、巡回路を改善するための徹底的な探索をしており、巡回路の2本の辺が除かれ、もっと短い2本の辺で結び直される2オプト、さらに3オプトなど、もっと多くのものも調べられている。リンがこの問題にかけたアイデアを調べるために、合衆国の42都市の例を最初に試みたときに構成した最近傍法の巡回路に戻ろう。これも立派な改善対象候補だ。

TSPに関するたぶん最古の定理は、ユークリッド的な問題では、最適巡回路は決して交差しないというものだ。これを証明する方法は、2オプトの手による。交差する2本の辺を組み替えると、必ず巡回路は短くなる。この種のものとしてわかりやすい手を図４・19に示した。この交換は31単位を節約し、巡回路の総コストを９８２単位にまで落とす。それに交換はさらにいくつもできる。

改善となる２オプトの手を繰り返し行なうことによって（全部で27回分ある）、図４・20に示した７５８単位の巡回路に達する。ここまで来ると、２本の辺だけではこれ以上改善する手は存在しなくなるが、この単純な処理でも、欠陥だらけの最近傍法の巡回路を、最適セールスマン巡回路から８パーセント以内の差の巡回路にまで持ってこられる。

リン＝カーニハン

さらにがんばると、今度はありうる３オプトの手をすべて検討して、さらなる改善につながらないか調べることができる。それから４オプト、５オプト、さらにもっとと増やしていける。３オプトでうまくいくことは、確かにリンが１９６０年代半ば報告していたが、kオプトの手を直接に探すとなると、kが２や３よりもずっと大きい場合、計算機への負荷のせいで、この処理は非実用的とされた。それでも、リンと計算機学の先駆者ブライアン・カーニハンは、見事に構成されたアルゴリズムでこれをなしとげた。[★11] ２人の仕事は、ＴＳＰ研究の中でも大きな成果の一つとなっている。

リン＝カーニハン法は手が込んでいるが、要領は図４・22に描かれた概略から会得できる。この図では、最初の巡回路が円で表されている。それで手順はたどりやすくなるが、この略図での辺の長さは移動コストを表してはいないことに気をつけておこう。

探索は基点となる都市を選び、選ばれた都市にぶつかる巡回路上の辺、選ばれた辺の反対側の端と当たるが巡回路上にはない辺を決めるところから始まる。これは(2)の図にある赤の都市、赤の辺、青の辺で示

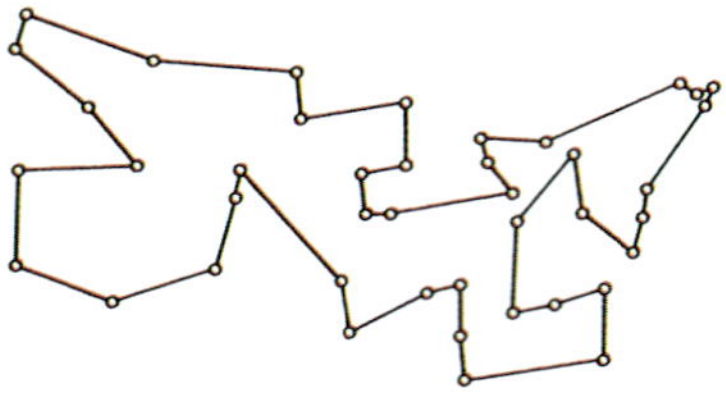

図 4.20　2オプトではこれ以上改善できない巡回路。

I THINK WE'VE GOT IT, Shen Lin, left, seems to be saying to Brian Kernighan. The MH math and computer experts devised a new, efficient solution to the "Traveling Salesman" problem.

できたと思うよ。シェン・リン（左）はブライアン・カーニハンにそう言っているように見える。マレーヒルの数学と計算機の専門家は、「巡回セールスマン」問題に対する新たな効率的解法を考案した。

図 4.21　シェン・リンとブライアン・カーニハン。*Bell Labs News*, January 3, 1977. Brian Kernighan 提供。Alcatel-Lucent USA Inc. の許諾により複製。

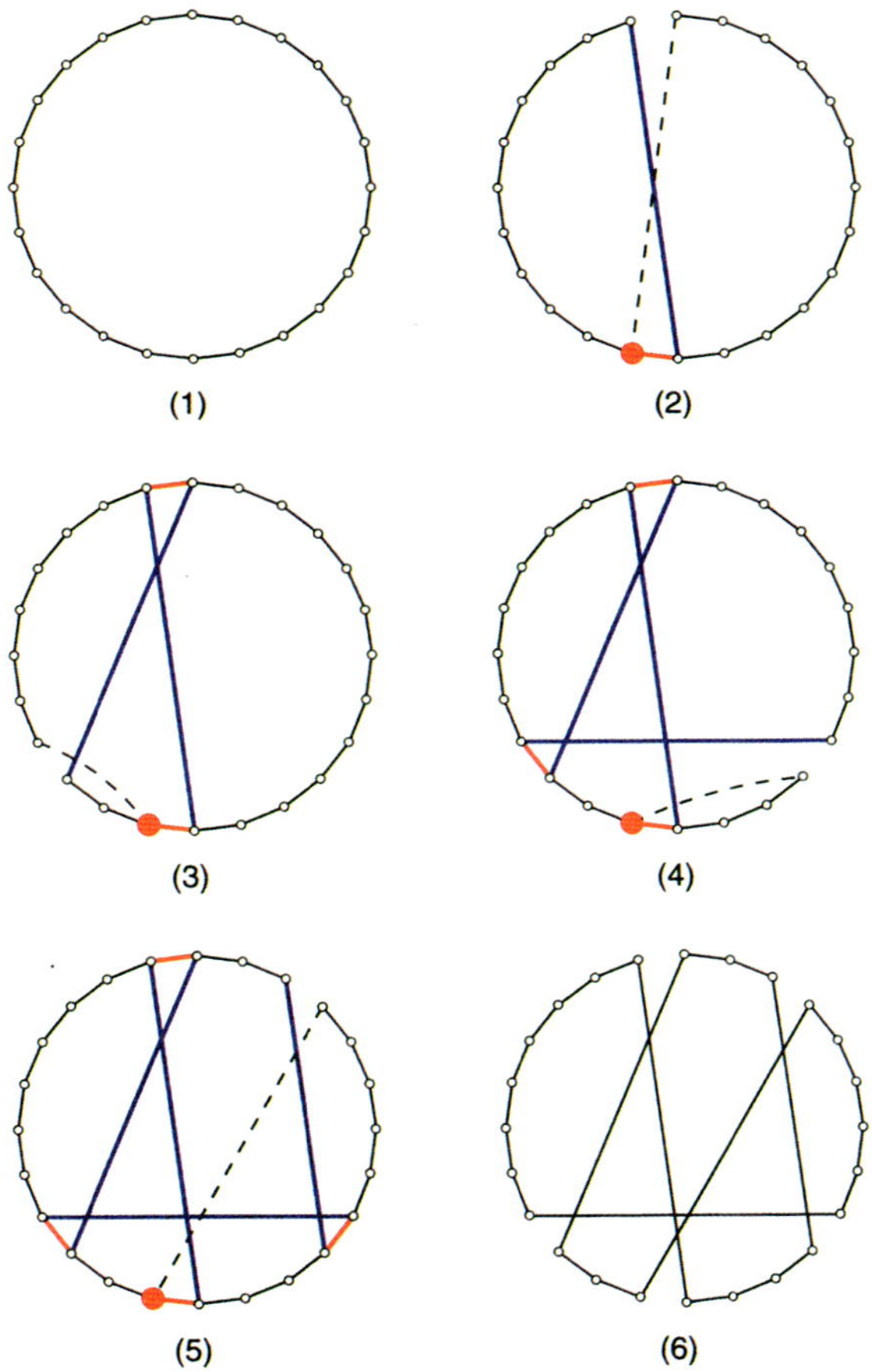

図 4.22 *k* オプトの手を求めるリン＝カーニハン探索。

される。青の辺の移動コストが赤の辺の移動コストよりも少ない場合にのみ、そのような三つ組が取り上げられ、赤を除き青を加えることを考える。第1段階では、このような赤と青の入替えは、青の辺の反対側の端にある適切な巡回路上の辺を取り除き、点線で示した基点都市へ戻る線分を加えることで完成する。この2オプトの手で巡回路が改善されるなら良しとして、どれだけ節約できるかを記録するが、もっと大きく改善する手が見つかることを期待して、さらに探索を続ける。

次の段階は、(3)に記されているもので、巡回路にある第2の辺を赤く塗り（先に取り除こうとしたもの）、基点にまっすぐ戻るルートに代わる青の線を考える。この拡張部分が調べられるのは、青2本の辺を合わせたコストが赤2本のコストより少ない場合に限る。この場合も、青の反対側の端で巡回路にある辺を除き、破線で示した戻る線分を加えることで基点に戻ることができる。これがそれまでで最大の節約になる場合、3オプトの手になりうるものとして記録する。

青のコストの合計が赤のコストの合計より小さくなるあいだ、探索をさらにその先の赤・青の対へと続ける。このラインの最後に到達し、さらに辺の対を加えることができなくなるなら、それ以前の水準で別の青の候補がないか戻る。いずれ、時間切れになるか、取り上げるべき辺が尽きるかで、その手順は終わる。

探索が終わると、最大の節約を生んだ手を取り出し、それを巡回路にあてはめ、新しく改善された解からあらためて始める。改善する手が見つからなければ、最初の巡回路に戻り、新たな基点を選び、あらためて探索を行なう。

赤・青、基点のルートを調べる。また赤・青、基点のルートを調べる。易しいように思えるが、細部には多くの魔物が宿る。幸い、リンとカーニハンは、偉大な計算法の成果をふまえ、探索アルゴリズムを実行し、強化するための、多くのアイデアについて明晰な解説を示した。この40年のあいだリン゠カーニハン法は、２人の最初の論文を道案内にして精密に展開されており、今は１０００万地点以上ある巨大なＴＳＰにも非常に良い巡回路を生み出せるプログラムがある。

合衆国のデータを使うリン゠カーニハンの実行例は図４・23に図解され、２オプトの手を繰り返して得られる巡回路から始まる。このアルゴリズムは、５回の反復で最適解を見つける。各段階で巡回路から除かれる辺は赤で示されている。

リンとカーニハンの独自のコンピュータ・プログラムが、出発点をランダムにとる巡回路を使って、合衆国の例を手早く片づけることは意外ではないはずだ。「１回の試行で最適解を得る確率は、小規模・中規模の問題、たとえば42都市くらいまでなら、１に近い」[★12]。しかし、せいぜい数百地点以下しかない例のために考えられたその基本的な方法は、この数十年のあいだにもっと大規模な例について考えられて成功したＴＳＰのヒューリスティックな方法の大多数にとって、礎石の役を果たしてきた。

注意しておかなければならないことがある。kオプト法の実践面での成績には、残念ながら良い最低保証が伴わないということだ。たとえば、改善をもたらす２オプトの手を次々と行なっても、三角不等式を満たす例について最適巡回路よりも$4\sqrt{n}$倍よりは悪くない解を生み出すことを保証するだけだ[★13]。これはリン゠カーニハンの裏面だが、このアルゴリズムを適用するときには、あまり心配することもない。この他を圧する方法は、実際にはふつう非常に良い解をもたらす。

リン゠カーニハン゠ヘルスガウン――ＬＫＨ

リン゠カーニハンによる実践的な計算の世界での長い優位は、研究者の世界が次々と補強を加えたこと

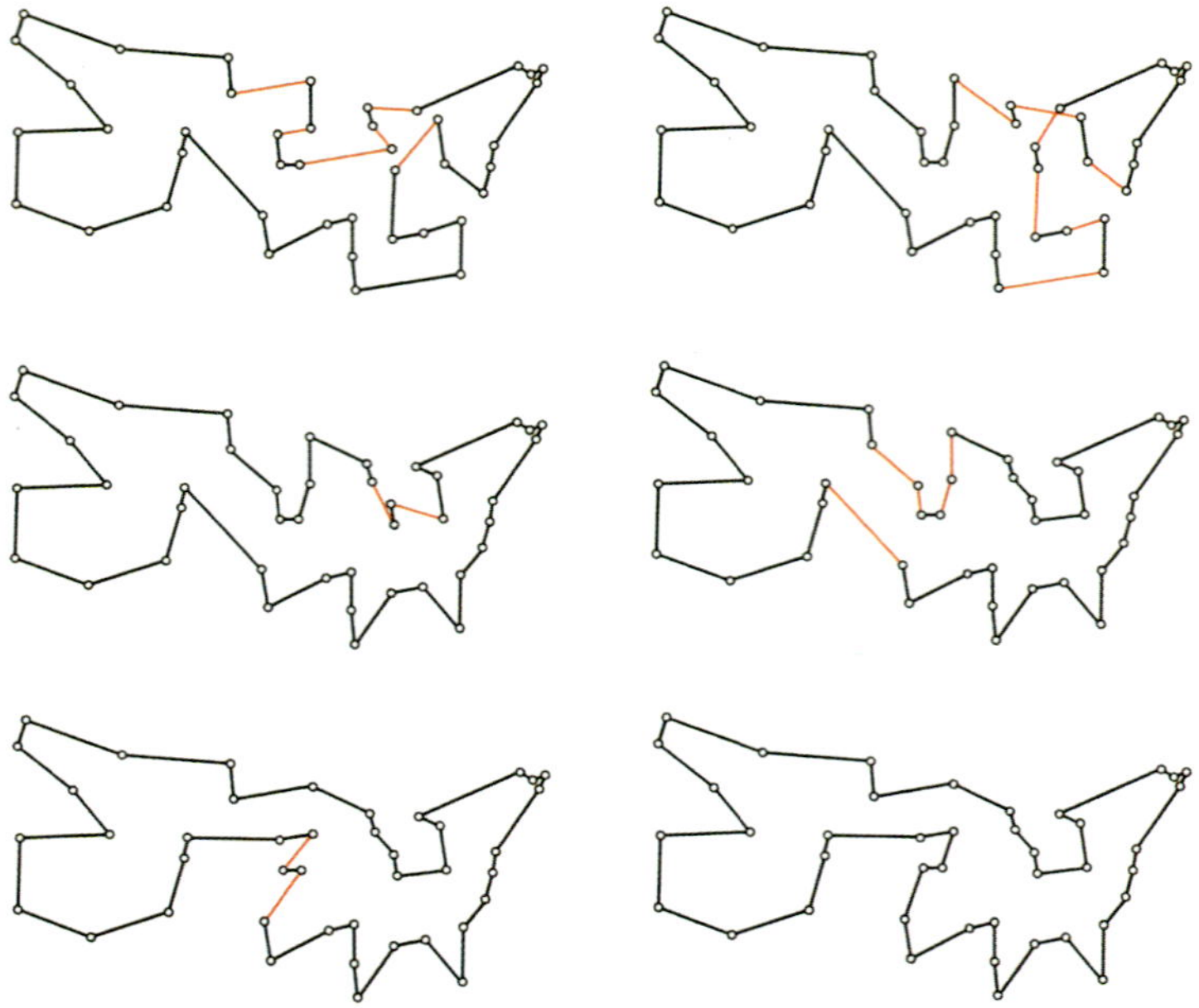

図 4.23　リン＝カーニハン法の5回の繰り返し。

にも助けられた。その大半は元のアイデアに手を加えたものだが、計算機学者のケル・ヘルスガウンは、1998年、爆弾を手に登場した。

ヘルスガウンの主な貢献は、25年間基本的に手つかずだった核となる検索エンジンを作り直したことだった。標準的なリン゠カーニハン法は、まとめると改良されたkオプトができる2オプトの列を探索することと見なせるが、新しい方法は、5オプトの列を探す方法だった。つまりヘルスガウンは、一段一段の赤・青探索を採用するのではなく、一度に赤5本、青5本の10本の辺を考えた。

10本の辺とは。これを見たらまず、「ずいぶん辺の数が多い」と思うはずだ。実際、5本の赤と5本の青のすべての可能性を見るとなると、アルゴリズムは這うような遅さになる。これを回避するためにヘルスガウンは探索を限定して、青は各段階で赤よりもコストが小さくなければならないという条件を無視するなら、一段階ずつの赤・青探索でできる可能性のある赤と青の組だけにした。そのような一度に5オプトで入れ替える列を考えることによって、ヘルスガウン法は標準のアルゴリズムでは単に見つからない改善の手を探ることができる。

LKHは、もろもろの仕掛けと組み合わせた5オプトの手によって、巡回路探しの新しい標準になることができた。「ごくあたりまえの100都市の問題については、最適解は1秒もかからないうちに見つかり、1000都市の問題については、最適解は1分以内に見つかる」[★14]。この実践的な性能の飛躍は、もう熟しきったと考えられていた研究分野のこととしては驚異的だった。

ホットケーキの入替え、ビル・ゲイツ、LKHの大きな歩幅

ヘルスガウンが有名ないくつもの難問に、改善された巡回路を見つけているという知らせが広まると、

どうして実際的な計算で5オプト法をうまく用いることができたかに関していろいろな推測が出てきた。これを理解するには、リンとカーニハンの論文とＬＫＨの発表とのあいだの25年に、標準のアルゴリズムを実行する効率的なコンピュータのプログラムはごくわずかしかなかったことを言っておかなければならない。リン＝カーニハン探索法は、きちんと規定されているが、大きなデータセットで動かせるソフトウェアに変換するのが難しい。

リン＝カーニハンが難しいとなれば、ＬＫＨは不可能に見えるだろう。実は、赤・青の繰り返しで進めることの大きな特色は、各段階で基点への戻り方が1通りのみというところだ。言い換えると、巡回路から2辺を除くと、新しい巡回路を得るために結果として生じる部分経路を接続する方法は一つのみに決まる。他方ＬＫＨは、逐次的な5オプトに出てくる5本の部分経路をつなげるためには、１４８通りの可能性を扱わなければならないことがすぐに計算できる。つまり1対１４８、あるいは難問対超難問ということだ。

ヘルスガウンの秘訣は、そのコンピュータ・プログラムすべてが研究者に利用できるようになったときに明らかになった。そのプログラムファイルを調べたデーヴィッド・アップルゲートと私は、実は秘密の方法などないことがわかった。プログラムは、それぞれの可能性を別個に処理する１４８通りをすべて並べていた。ヘルスガウンは、正しく効率的なプログラムを書いて、きわめて複雑なアルゴリズムを実行させるというヘラクレス的な努力を投入していた。

ヘルスガウンのプログラムとＬＫＨの成績はすごかったが、６オプトの入替えまで行けばもっと良いのではないかという疑問を残した。アップルゲートは簡単なコンピュータ・プログラムを書いて、６オプトの手では巡回路のつなぎ替えの可能性が１３５８通りできることを計算した。それだけでも気が遠くなりそうだが、6オプトで止める理由もない。9オプトまで進むと、処理しなければならない場合は299万8656通りというとほうもない結果になった。確かにひと仕事だ。

それでも何から何までどうしようもないわけでもない。アップルゲートのプログラムは扱わなければならないつなぎ替えの作業を一つ一つ数え上げることができた。LKHのある検証結果は、巡回路のつなぎ替えに必要な命令に規則的なパターンがあることを示した。両方の結果を組み合わせて、私たちは、任意のkについてkオプトの手を処理する実際のコンピュータ・プログラムを生み出すコンピュータ・プログラムを作ることができた。コンピュータ・プログラムを作るコンピュータ・プログラムだ。

これは良さそうだが、プログラムは大がかりになる。6オプトの場合、12万228行、7オプトの場合は125万9863行、8オプトの場合は1791万9296行となる。これはどれもプログラミング言語Cで書かれた。機械で実行できる形にコンパイルするのは難しかったが、このプログラムは確かに動作して、興味深い結果を出した。しかし、8オプトという限界が5オプト以上に知的に満足できるというわけではない。それでも9オプトすべてを列挙したものを生成するのは問題外だった。

アップルゲートはやる気を失わず、プログラム生成をもっと効率的にできたら、すべての場合を書き出す必要はないというアイデアを得た。このプログラム生成法は、kオプト探索を実行するとき、その実行中にそれぞれの場合を処理するために必要とされるステップを生み出すことができた。この方法もまだ探索ステップを実行するために必要な計算時間に制約されるが、可能性としてはずっと大きな手順を使うことができた。

このプログラム生成処理を速くすることは、マイクロソフトのビル・ゲイツとTSPの専門家クリストス・パパディミトリウが研究したことで知られる、ホットケーキの入替えと密接に関係する。ゲイツがハーヴァード大学の学部生だった頃のことだ。重ねたホットケーキの上と下を入れ替えることは、2オプトで生じる巡回路の部分経路をひっくり返すことに対応する。kオプト法のプログラム生成プログラムを実現するには、kオプト法で生じる巡回路を順番に並べ替えるための最小の入替え回数を求めるアルゴリズムが必要となり、これはゲイツ＝パパディミトリウによる成果の変種となる。[★15] 私たちは何とかこれを走らせ、逐次kオプト法のための、実行中の効率的な探索の仕掛けが得られた。

ヘルスガウンも同様のアイデアを自身のＬＫＨプログラムを強力にしたアップグレード版に組み込み、これを使うと、1本につなげられる手順の大きさを利用者が特定できるようになった。ヘルスガウンは新しいソフトウェアの力の及ぶ範囲を示そうとして、２００3年にスウェーデンの2万４９７８都市問題についての計算で10オプト法を用いて巡回路を生み出し、これは翌年、最適であることが示された。

物理学や生物学からの借用

巡回路の求め方の大きな構図を描き、ＴＳＰを探索問題一般の一例と見ることは、優れた巡回路を見つけるのにも、多目的の手法を考案するのにも使えることがわかる。みそは、メタヒューリスティクス、つまりヒューリスティックな方法を設計するためのヒューリスティックな方法を生み出すことだ。この研究は一般的なものであるため、科学のいろいろな分野の研究者も優れた巡回路探しに加わるようになっている。

局所探索、山登り

この舞台での有益な見立ては、巡回路が地形上にあって、それぞれの巡回路の高さがその質に対応すると考えることだ。頭に置くとよい構図は、図4・24に示したガッシャーブルム山群のようなもので、優れた巡回路は山の頂きに対応し、最適巡回路は偉容を見せるガッシャーブルムII峰にある。ヒューリスティックなアルゴリズムは、高いところを求めて地形の中を動き回ることと見ることができる。

この構図が意味をなすとすれば、二つの巡回路が互いに近くに置かれているとはどういう場合かという認識があるはずだ。これはふつう、それぞれの巡回路の周囲に近傍を生み出すことで処理される。たとえば、二つの巡回路は、一方が他方に2オプトの入替え、あるいはリン＝カーニハンが見つけた入替えを通じて到達できる場合に、近傍にあると定義できる。近傍を大きく取れば地形を回るためには有益だが、アルゴリズムが近傍を見て評価できるように構成するのがよい。

改善となる2オプトの手を繰り返して行なうなどの巡回路改善法は、山登りアルゴリズムと呼ばれることが多い。一連の近傍の巡回路を、必ず高い方へ移るようにたどっていくことと見なせるからだ。各段階で、近くのもっと高い地点を局所探索する。探索が完全なら、アルゴリズムはどんな動きも下りになるか、平坦になるか、いずれかになる地点に達し、山頂、少なくとも高台で停止する。アルゴリズムの実行全体は、巡回路を始めるところに対応する地点から始まり、坂を上って、極大となる地点に達する。

最初の巡回路の選択が山登り法の運命を決めることに注目しよう。最初の巡回路が小さな山の途中にあると、このアルゴリズムはその山の頂上に対応する中程度の質の巡回路に達するしかなくなる。そういう理由から、リンとカーニハンは、ランダムに始めた解からアルゴリズムを反復して実行することを唱えた。この考え方は、ダーツを地図に投げるということだ。投げるダーツが十分にあれば、立派な高さの山頂に達する坂に当たる可能性もそこそこあるだろう。

ランダムな巡回路は、ダーツの分布も適切になるが、たいていは巡回路の質が悪いために谷の下のほうから始まるという欠点もある。大規模なＴＳＰの具体的問題となると、谷から山頂まで歩く時間が長くなることがある。妥協案は、最近傍法ダーツを使い、出発地となる都市の選択からランダム化を得ることだ。

焼きなまし法

焼きなまし法では、山登り法が緩められて、ある確率で現行の解よりも悪い近傍になることが認められるようになる。その確率は、最初は高いが実行中にだんだん下がっていく。みそは、このアルゴリズムがもっと良い斜面に移ってから、また安定した山登りに切り替えられるというところだ。

焼きなまし法を紹介したスコット・カークパトリック、ダニエル・ゲラット、マリオ・ヴェッキの論文は、ＴＳＰを調べて４００都市問題についてのヒューリスティックによる巡回路を報告している。[★16] ３人は、この方法を考えたきっかけは統計力学をかじったことによると書いている。その世界では、焼きなましとは物質を加熱してからゆっくりと冷やし、整った構造をとらせることだという。

セールスマン問題にとってのこのお手本の成果は、これまでのところむしろささやかだ。しかし、探索ツール一般としての焼きなまし法は見事な成果をあげてきた。グーグル・スカラーで調べると、３人の論文を参照した論文が１万８７００件以上出てくる。未曾有の数字だ。

連鎖式局所最適化

焼きなまし法が今の巡回路発見法に対して及ぼした最大の衝撃は、たぶん、その手法そのものではなく、むしろ、物理学の思考をＴＳＰの舞台に引き込んだということだろう。実は、反復リン＝カーニハンの限界を超える計算法の成果を初めてもたらしたのは、物理学からの第2の大きな貢献だった。

１９８０年代の末、カリフォルニア工科大学物理学科のオリヴィエ・マルタン、スティーヴ・オットー、エドワード・フェルテンが、ダーツ方式に対する代替案を唱えた。リン＝カーニハンのような強力な局所探索アルゴリズムを使う場合、ふつう、各巡回路がなす地形の中でも高地へと引き上げられることを利用するのがこつだ。マルタンらは、2回目のアルゴリズムの実行を、ランダムな位置から始めるのではなく、まず今の山頂の周囲を見回して、いくつかの局所的なバリアを飛び越えて、もっと高いところへ導くような新たな斜面に達する方法はないか、確かめてみるとよいのではないかと唱えた。

具体的な案は、新しく出発点となる巡回路を得るために、ダーツを投げるのではなく、リン＝カーニハンの解をキックオフに使うことだ。この手順全体を何度も繰り返し、よりよい巡回路が得られれば必ずそれに置き換えていく。この方法が機能するには、蹴ることで解をその近辺の外に出して、リン＝カーニハンには簡単に見つけられない修正になるようにしなければならない。マルタンらは、図4・25に示したようなタイプのランダムな4オプトの入替えがこの仕事を見事にこなすことを見た。

結果として得られるアルゴリズムは、連鎖リン＝カーニハンと呼ばれ、その成績は傑出している。このアイデアには星がいくつもつけられる。まず、マルタンらの直観は正しかった。キックの機構を通じて近傍の領域を回るのは、地形にある山頂を無作為に抽出するよりも良い方法で、リン＝カーニハン法そのものを使って、最高峰まで導いてもらえる。次に、リン＝カーニハンをキックされた巡回路探しに再適用するのは、ランダムな巡回路に適用するよりもずっと速く動作する。これは単純に、巡回路をキックしても多くは良い形をとどめていて、アルゴリズムは局所最適の結果に達するために何度も繰り返す必要がないという事実による。

図 4.24　ガッシャーブルム山群。画像：Florian Ederer

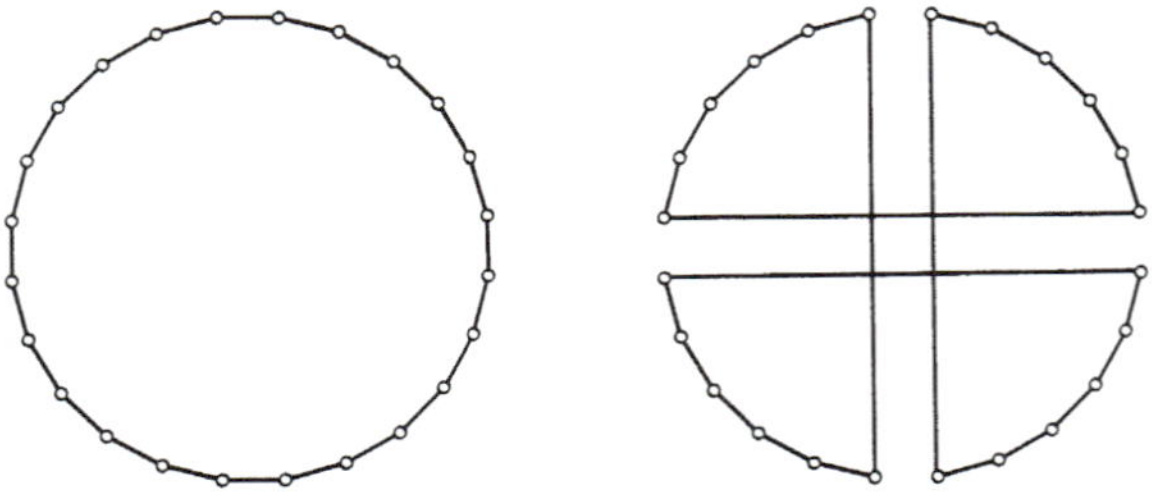

図 4.25　二重橋キック。

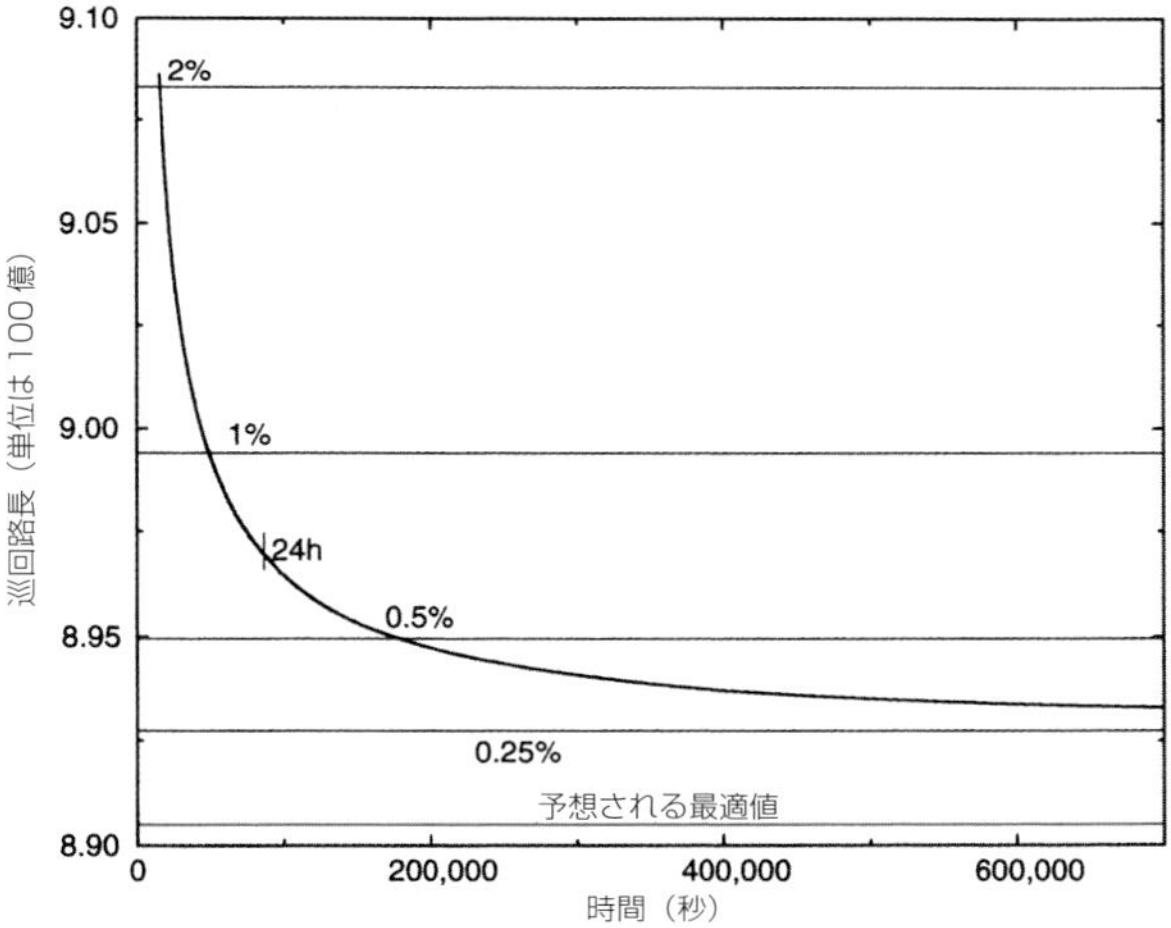

図 4.26 ユークリッド型の 2500 万都市の具体的問題に対する連鎖リン゠カーニハン。

1990年代の大半は、連鎖リン＝カーニハンを実装することが巡回路探しの世界を支配していた。コンコルドに含まれる形のものは、10万地点に及ぶ例について、最適巡回路のコストから1パーセント以内の差という解を、1秒か2秒であたりまえに見つける。さらに良い解についてはLKHに転じることもできるが、連鎖リン＝カーニハンは非常に大きなデータセットについてはやはり優勢だ。たとえば、図4・26のグラフは、ユークリッド型、2500万都市の例について実行した結果を示している。都市の位置は2500万×2500万の正方形からランダムに抽出した整数座標をとる。2000年当時の計算機が8日かけて見つけた巡回路は、最適巡回路よりもおよそ0・3パーセント大きかった。[17]

遺伝的アルゴリズム

地形を見る方法に代わるのは、セールスマンのルートを、突然変異し、時間がたつと進化する生物のように考えることだ。この考え方は、ジョン・ホランドによる1975年の記念碑的な著作『遺伝アルゴリズムの理論』[18]をきっかけとして、遺伝的アルゴリズムと呼ばれるような方法で取り上げられた。ホランドはTSPを対象にしたわけではなかったが、そのアイデアはすぐに巡回路探しの世界に浸透した。

遺伝的アルゴリズムの一般的な概略は、セールスマン問題に応用された場合には、次のようになる。まず、巡回路の最初の集団を、たとえば出発地点を無作為にとって最近傍法を繰り返し適用して、生成する。一般的な手順では、集団にある個体によるいくつかの対を選び、それを交配して子巡回路を生み出す。[19]新しい巡回路集団が古い集団とその子たちから選ばれる。この過程は何度も繰り返され、集団の中で最善の巡回路が優勝者として選ばれる。

遺伝的アルゴリズムの精神は、自然に見られる進化の過程をまねすることだ。アナロジーはおもしろいが、ダーウィンふうの言語を採用するだけでは優れた巡回路に達することにはならないのは頭に入れておこう。実は、TSP用の初期の遺伝的アルゴリズムは、ごく小規模の例に限ったとしても、とくに成功したわけではなかった。けれども巡回路の集団を動かすという考え方には相当の利点もあり、一般的な進め方に手を加えれば非常に強力な解法となりうる。とくに局所探索の手順と組み合わせるとそうなる。

遺伝的アルゴリズムの概略はそうでも、巡回路集団を進化させるための淘汰の方法に委ねられる部分が大きい。交配の手順の他にも、次の集団を選ぶための適応度の尺度も選ばなければならない。そのような尺度としてクールなアイデアがいくつか考えられ、解の質と多様な集団が必要であることとを釣り合わせようとする。

当の交配のために、初期の方式はある親巡回路に、もう一方の親巡回路にある部分経路に代わりうる部分経路を見つけようとした。これはとくに大きな例ほど、かなりの制約になる。もっと成果のある手法は、親*A*の中の部分経路を選び、それを可能なときには親*B*の辺、あるいは親*A*の辺を使って、*B*の辺が優先されるように延ばすことで新しい巡回路を作ることだ。辺組み立て交差（EAX＝Edge-Assembly CROSS-over）と呼ばれる別の交配手法が、図4・27にあるアメリカの巡回路の対について図解されている。この例にある青と赤の解を組み合わせるには、その辺の合併からなるグラフを作り、図4・27の(3)の略図に示された、赤と青とで交代する閉路を選ぶ。それから、(4)に図解されているように、閉路の青い辺のそれぞれを(1)の青の巡回路から除き、閉路の赤の辺のそれぞれを青の巡回路に加える。この過程で部分巡回路ができ、それが(5)と(6)に示された2オプトの手順を介して巡回路に組み込まれる。

ＥＡＸの交配方式は、永田裕一が、これまで唱えられた中でも大成功に数えられる巡回路発見手順で採用した。[★20] 永田の実装は、非常に高速なＥＡＸの実装に依拠していて、このアルゴリズムが多くの世代の巡

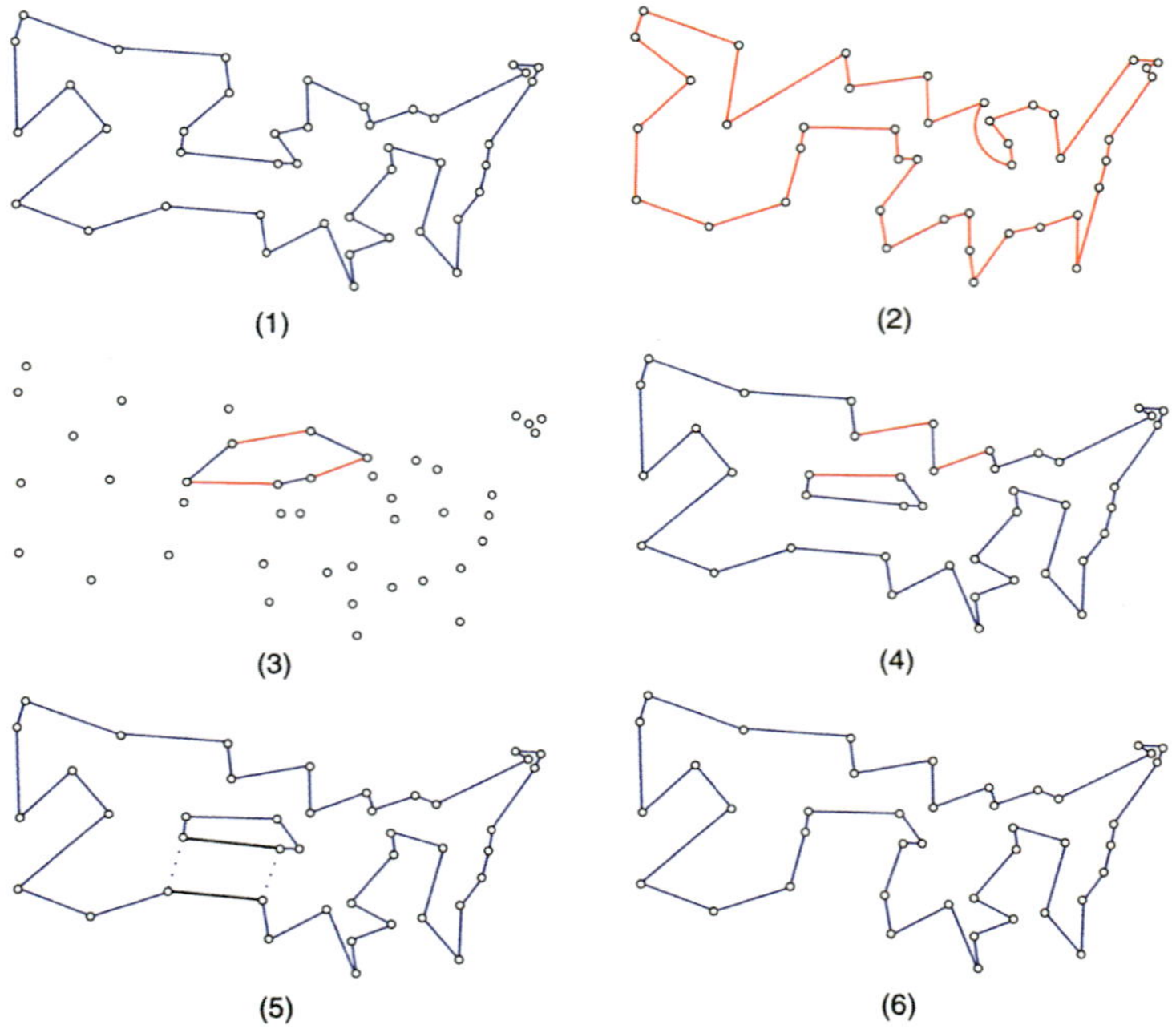

図 4.27　二つの巡回路を交配する。

図 4.28　TSP で働く蟻。画像は Günter Wallner による。初出は Georg Glaeser and Konrad Polthier, *Bilder der Mathematik*〔『数学画像集』〕という本。

回路を経て進めるようにしている。永田の成果の中には、10万都市相当のモナ・リザTSPについての最も知られた巡回路の発見がある。

蟻コロニー

長い人生のあいだには、腹をすかせた蟻の群れに食べるものを奪われるという不運に見舞われることもあるだろう。この蟻はたいてい、家や庭に細長い列をなしてやってきて、ほとんど直線的に行ったり戻ったりしている。1匹の蟻の動きは気まぐれでも、群れ全体ではフェロモンの痕跡を通じて連絡し、効率的なルートを見つけている。この集団行動が、蟻コロニー最適化（ACO）と呼ばれるTSPヒューリスティック群の元になる。

ACO研究の先頭に立つのはベルギーのマルコ・ドリゴで、1992年の博士論文でこのアイデアを展開した。[★21] そのアルゴリズムは、グラフの辺上を動く蟻代わりのエージェントの小集団を使う。それぞれのエージェントが道をたどり、新しい頂点に来るたびにいずれかの辺を選ぶ。そのときは、まだ行っていない頂点に向かうような辺を選ぶ。この手順の要は選択規則で、これは辺に割り当てるフェロモン値を利用する。辺のフェロモン値が高ければ、それが選ばれる確率が高まる。エージェントすべてが一巡りすると、フェロモン値が調節される。巡回路の長さを計算してその結果に応じた値が元の値に足される。優れた巡回路の辺では下手な巡回路の辺よりフェロモン値が大きく増える。

この方式はわかりやすくもあり、説得力もあるが、これまでのところ、ACOはリン＝カーニハン型の方法と張り合えるまでにはなっていない。しかし近年にはこのパラダイムが、スケジュール作り、グラフの色分け、分類、タンパク質の折りたたみといった他の分野での問題に効果的に応用されている。この活発な研究テーマは、セールスマン問題に注目すると、様々な応用分野に生じる最適化の問題に取り組むための興味深い汎用の方法が生まれることの好例だ。

その他いろいろ

ここではＴＳＰのための数学上のアイデアで好成績の応用だけに触れた。他にも、少し挙げるだけでも、神経ネットワーク、タブー探索、ミツバチ・モデルなどの方式がある。探索機構一般が頭にあるなら、ＴＳＰは、自分で考えている応用の領域がつつましいセールスマンの巡回路とはかけ離れたところにあるとしても、その戦略を開発、錬磨、検証、比較するためのかっこうの場となる。

ＤＩＭＡＣＳチャレンジ

巡回路探索活動の幅広さはこの分野の強みだが、そのために、過去には最先端の現状について誤解が生じることもあった。実は、１９８０年代には、『ネイチャー』などの一流の学術誌には、30とか50とかいった都市数のＴＳＰの例に関する計算を記述した研究論文が掲載されていた。リン＝カーニハンが一瞬で最適解を出せるようになったり、マルティン・グレーチェルとマンフレッド・パドバーグが厳密な方法で数百都市の例に取り組んでいた時代だというのに、伝えられた結果はたいてい緩い近似だった。

この難点は、90年代になって二つの重要な催しによって処理された。その第1は、ライス大学並列計算研究センターで行なわれたＴＳＰ90という学会だった。主催者はグレーチェルやパドバーグのような厳密解の専門家を呼んで、巡回路探しをしている世界中の研究者を一堂に集めた。この学会から生まれた重要な成果が、ハイデルベルク大学のゲルハルト・ライネルトによる検証用問題集、TSPLIBの策定だった。ライネルトの問題集が発表されたのは1991年で、学界・産業界から集められたTSPの難問が100問以上収録されていた。このTSPLIBは、世界中の複数領域にわたる研究者のための共通の試験台となっている。[★22]

第2の事件は、AT&T研究所のデーヴィッド・S・ジョンソンが主導したDIMACS・TSPチャレンジだった。DIMACSとは、ラトガース大学に設けられた離散数学および理論計算機学センターの略称で、1990年代には、DIMACSはいろいろなコンテストを主催していて、中でも有名なのがTSPチャレンジだった。[★23]

このチャレンジの目標の一つは、TSP解法の領域の最先端（その効力、堅牢性、拡張性など）について明瞭に描ける構図を立てて、将来アルゴリズムを考える人々がすぐに自分の方式が既存のTSP解法と比べてどの程度かがわかるようにすることである。

DIMACSは世界中の巡回路研究者に呼びかけ、130通りのアルゴリズムや実装例が寄せられた。このチャレンジの大きな成果の一つが、方法どうしを直接に比較できるようにするウェブサイトだ。その結果はジョンソンと共同運営者のライル・マゴーによる立派な総説論文にもまとめられている。[★24]

このチャレンジを主催するジョンソンの努力は、自身の巡回路探しの方法に関する計算法の研究と並んで、今のアルゴリズム開発の分野を形成する大きな力となっている。そのためジョンソンは、2010年、アルゴリズムの理論的・実験的分析に対する貢献を認められ、アメリカ計算機学会が出すクヌース賞を受

図 4.29　左：マルティン・グレーチェル、ゲルハルト・ライネルト、マンフレッド・パドバーグ。右:ロバート・タージャン、ドロシー・ジョンソン、アル・エイホー、デーヴィッド・ジョンソン。

図 4.30　左：ケル・ヘルスガウン。右：永田裕一。

賞した。TSP研究では世界最高峰に位置する人物に対する当然の評価だ。

ヒューリスティックな方法は実行時間と巡回路の質との釣り合いをとらなければならない。最高品質のものについては、厖大な時間をかけて実際に可能な中で最善の解を出そうとする。これはF1レースのようなレベルで、参加者は、課題となるデータセットを回る既知の最善の長さを縮めるため、あらゆる手段を使う。

チャンピオンたち

この分野の世界チャンピオンは、まぎれもなくデンマークのケルル・ヘルスガウンと日本の永田裕一だ。ヘルスガウンのLKHプログラムは、それが1988年に世に出て以来、巡回路探しの世界では試金石の位置にあり、本人もなお、そのアルゴリズムを新しいアイデアで拡張、改良している。ヘルスガウンは今のところ世界TSPチャレンジで最も有名な巡回路のタイトル保持者で、8万5900都市相当のTSPの最適巡回路を出しており、その名は「VLSIテスト・コレクション」[25]の順位表に並んでいる。これに負けないのが永田のTSP用遺伝的アルゴリズムの実装で、これはモナ・リザTSPチャレンジで最も知られた巡回路を生み出しているし、*National TSP Collection* というウェブサイト[26]の二つの最大の例について、記録となる解も出している。大規模な問題に対する優れた答えがほしいなら、こういう人に問い合わせなければならない。

第5章　線形計画法

線形計画法の発達は――私見では――商工業の世界に生じる実践的な問題を解くための、20世紀数学最大の貢献である。

――マルティン・グレーチェル、２００６年★1

一群の点を通る最善の巡回路を選び、それが最善であることを確かめるのがＴＳＰの課題の全体となる。あらゆる順列を並べ替える力任せのアルゴリズムを使えば確実にこの課題をこなすことができるが、そのような手法にはわかりにくいところもない代わりに、すでにおわかりのとおり、実用的な効率に欠ける。必要なのは、順列をいちいち調べなくても巡回路の質を保証する手段だ。この脈絡では、線形計画法という驚くほど効果的な方法がお薦めの道具となる。これによって、すべての巡回路が満たす多数の単純な条件を組み合わせて、「この点集合すべてを通る巡回路でXより短くなりうるものはない」という形の単独の規則が得られる。数Xは直接に質を表す尺度となる。長さXの巡回路を作ることもできれば、それは確かに最適解だと考えられる。

魔法のような感じもするが、実は線形計画法は、コンコルドにも、また、これまでに唱えられて成果をあげた厳密なTSPの取り扱いすべてにも採用された方法だ。さらに、TSP以外の問題にも応用されて、現代数学の大ヒット作の一つとなっている。

汎用モデル

線形計画法の物語は始まり方がおもしろい。1939年、若き日のジョージ・ダンツィクは、カリフォルニア大学バークレー校のイェルジー・ネイマンの授業に遅刻して出席したという。大学院の1年生だったダンツィクは急いで黒板に書かれていた二つの問題を書き写し、何日かして答えを提出した。「要するに、私が宿題だと思って解いた黒板の問題は、実は統計学で有名な未解決の2題だった」[★2]という。1週間の成果としては悪くない。この答えがその後、ダンツィクの博士論文の主な内容になる。

ダンツィクは、バークリーを出た後、第2次世界大戦のあいだは米空軍でプログラム作りの問題を研究していた。ここで言うプログラムは軍隊用語で、コンピュータに対する命令の集まりのことではなく、「訓練、補給、部隊の展開に提起されるスケジュール」[★3]のことだ。ダンツィクはそのような計画《プログラム》を立案する専門家となり、いろいろな系統から上がってくる数字を卓上計算機〔大型の電卓〕でまとめていた。

戦争が終わると、ダンツィクをペンタゴンにとどめようとして魅力的な職が提示された。この職は給料も良く、具体的な研究目標があった。同僚のダル・ヒッチコックやマーシャル・ウッドは、ダンツィクに軍の計画立案過程を機械化するという目標を与えた。難問を前に逃げるような人物ではないダンツィクは、問題と正面から取り組み、その後線形計画法《リニア・プログラミング》、略してLPと呼ばれるようになる、応用範囲の広い理論を考案した。

線形計画法

ダンツィクのLP研究は、ワシリー・レオンチェフの研究に強い影響を受けていた。レオンチェフは1930年代に、生産の入力と出力の均衡点を特定する経済モデルを考えた人物だ。ダンツィクはこの考えを、経済活動での選択を条件で制約するという広いとらえ方で拡張した。

ダンツィクのモデルには鍵になる要素が三つある。まず、LPは釣り合った等式のみを相手にするのではなく、制約条件には不等式が含まれ、何かの量が別の量以上でなければならないといったことを表すこともある。この特色は、ある項目の量が少なくともゼロでなければならないことを言うときに使われる。ダンツィクは『不思議の国のアリス』に出てくるおかしな帽子屋の手を借りて説明した。[4]

「もっとお茶を取りなさい」と三月ウサギがアリスに大真面目に言いました。

アリスは怒ったように答えました。「私はまだもらってないのよ。もっとなんて取れないわ」

帽子屋が言いました。「もっと少なくは取れないということだな。ないより多く取るのは実に簡単なことだ」

まさしくその通り。消費されたお茶の量のように、それが負ではない場合にのみ意味をなす項目がある。[5]

つまり、変数Tでアリスが飲むお茶の量を表すとすると、一つの条件として、Tは少なくとも0でなければならないことになる。そのような条件を書き表す短縮表記が $T \geq 0$ で、記号≥は、「～より大きい、または、～に等しい（「～以上」）」を表す。

第2の鍵になるアイデアは、「線形《リニア》」という条件に限ることだ。ウィリアム・サファイアは、「言語について」という連載記事で、この単語の使い方について感想を述べた。「線形思考とは一般に低く見た言い方で、『想像力がない』とか『論理的すぎる』というのと同義だが、線形計画法は、一つの系のすべての部分が他のすべての部分と時間を経てどうかかわり合うかを見ようとする」[★6]。ダンツィクの論理では、活動はその水準に比例する資源を消費すると仮定される。アリスがお茶1杯に角砂糖2個を使うなら、お茶が2杯になれば角砂糖を4個もらうだろうと考える。水準を2倍にすれば、必要な資源も2倍になる。この場合の式は、Sを砂糖の量として、$S=2T$、つまり$S-2T=0$となる。$S-2T=0$は直線を表す方程式となるので、「線形」という名がつく。

一般的な制約条件では、活動の水準を表す変数群を、それぞれの変数を何倍かして足し合わせるという形の組合せにすることができる。したがって、AからZまでの変数があれば、何かのLPモデルにはこんな制約条件がありうる。

$$A+B+C+D\geq 100$$

$$2E+8G-H=50$$

$$1.2Y-3.1X+40Z\geq 0$$

変数どうしをかけて、$XY>0$などのようにすることは認められない。平方根などの凝った構造も入れたくなるかもしれないが、これも認められない。これは実にきつい制限だが、計算法の観点からすると、この線形への限定こそがモデルをまとめている。

線形計画法の第3の鍵になる要素は、明示的な「目的関数」を入れることで、候補となる解に順位をつける手段ができるということだ。ダンツィクはこれを、自分の大きな実用的成果の一つと見て、将校や管理職に自分たちが何を達成したいかを正確に表現させた。この目的関数を特定するとき、活動を表す値はその水準に比例するとされる。つまり、目的関数はこのモデルで使う変数の1次式としなければならず、その式の値が、活動に割り当てることができる水準すべての中で最大あるいは最小になるようにする。ＬＰモデルの「最適解」は、その目的関数ができるだけ大きくあるいは小さくなるような割り当て方ということになる。

以上がこの方式の全体だが、ヒッチコックとウッドが与えた課題にかなうには、モデル化された問題に最適解を出す手段も必要だった。この問題へのダンツィクの答えが、シンプレックス法と呼ばれる計算法のツールだった。このアルゴリズムにＬＰのデータを入れると、そこから最適解が出てくる。このアルゴリズムは一般の応用にとってもＴＳＰにとっても重要で、とても簡単には述べられない。そこで解説は後の節に回すことにする。

ウィジェット製造会社

この何頁かに出てきたいくつもの定義のことを考えると、ささやかな実例を考えて、万事がどうまとまるかを明らかにしてみるのも役に立つかもしれない。話を単純にしておくために、エコノミストが好んで使う「製品《ウィジェット》」を3種類製造するとしてみよう（「ウィジェット」は、とくに具体的な品物ではないが何かの品目を考えるというときに使う経済学用語）。このウィジェットをA、B、Cと呼び、その名を各ウィジェットの数量を表す変数とする。ウィジェット生産には、2種類の原材料、たとえばニッケルと鋼が必要で、ニッケルの在庫は１００ポンド、鋼の在庫は２００ポンドあるとする。Aを製造するには3ポンドのニッケルと4ポンドの鋼が必要で、Bには3ポンドのニッケルと2ポンドの鋼、Cには1ポンドのニッケルと8ポンドの鋼が要る。

ウィジェットの生産・販売から得られる利益は、$10A+5B+15C$となる。つまり、Aは1個あたり10ドル、Bは1個あたり5ドル、Cは1個あたり15ドルの利益をもたらす。問題は、原材料の在庫を超えないで、できるだけ利益が大きくなる生産量の組合せを求めることだ。たとえば、いちばん利益の上がる製品に集中すれば、Cを25個作ると鋼を使いきってしまう。この計画から上がる利益は375ドルだが、線形計画法を使うと、もっと良い成果をあげる組合せがわかる。このときのモデルは次のようになる。記号$\leq$は「〜より小さい、または〜に等しい〔以下〕」を意味する。

$$10A + 5B + 15C$$

を、以下に従って最大にせよ。

$$3A + 3B + 1C \leq 100$$ （ニッケルの条件）

$$4A + 2B + 8C \leq 200$$ （鋼の条件）

$$A \geq 0,\ B \geq 0,\ C \geq 0$$

第1の条件によって、得られる生産計画にとってニッケルが足りないという事態はないことになり、第2の条件によって、鋼が足りなくなることは避けられる。

このLPモデルの最適解は、Aを30個、Bを0個、Cを10個生産することによって、450ドル稼ぐことだ。シンプレックス法の助けを借りなくても、簡単に求められる。しかし、実際の生産の問題には、何百、何千もの変数や制約条件が出てくることもある。どう見ても自分の頭で解いてみたいとは思えないような問題だ。

線形の世界

線形計画法モデル一般とそれを解くためのシンプレックス法の知らせは、1948年、ウィスコンシン大学で開かれたある学会のとき、ダンツィクによって届けられた。この発表のときの出来事はダンツィクにとっては典型的な出来事で、本人はそのときのことをしばしば語っている。よくできた話というのはたいていそうだが、何年か繰り返し語られることで細部が変化するが、どの変種も、大勢の一流の数学者や経済学者を前にして、新たなスターがあがってしまっているところをとらえている。★7 ダンツィクの講演の後の質疑応答で、学界での地位も体つきも大きいハロルド・ホテリングが立ち上がり、「でも、世界が非線形だということはみんな知っていますよ」と一言だけ言って座った。ダンツィクはこのようなにべもない批判に対して返答に窮していた。★8

> 突然、聴衆の中から別の手が上がった。それはフォン・ノイマンで、「議長、議長、ご本人がよろしければ、私が代わりにお答えしたいのですが」と言った。もちろん私は認めた。フォン・ノイマンは言った。「先生はこの話に『線形計画法』という題をつけて、公理を丁寧に述べておられます。その公理を満たす応用例があれば、それを使ってみましょう。なければ使わない」

この世界にとって幸いなことに、複雑なところがあっても線形モデルで十分に細かく記述できるものが多い。ダンツィク、ホテリング、ジョン・フォン・ノイマンによるこの話は、スタンフォード大学でのダンツィクの同僚たちによって描かれ、ダンツィクの研究室の外に掛けられていたという漫画にうまくまとめられている。[★9] それはスヌーピーの漫画に出てくるライナスを、親指をしゃぶり毛布を抱えているといういつものポーズで登場させている。吹き出しには、「シアワセって、世界が線形だって仮定することだね」とあった。

応用

ジョージ・ダンツィクの古典となった本『線形計画法とその周辺』は、次のような発言で始まる。「理論の真価を最後にテストするのは、その理論の元になった問題を解く能力である」[★10]。大胆にも６００頁にも及ぶ本がこうして始まるが、線形計画法の理論とそれに伴うシンプレックス法が予想を超えてテストに合格することを、その後の60年の経験が繰り返し示している。

産業界で線形計画法を使える範囲は息をのむほどで、名前が挙がるどんな分野にも及ぶ。定量化することが難しいとはいえ、線形計画法による計画が、世界中の庞大な量の自然資源を日々節約しているのは明らかだ。金銭的に言えば、『ニューヨーク・タイムズ』紙に載ったジーナ・コラータの記事が言うように、「産業用に線形計画法の問題を解くことは、今や年商何十億ドルにもなる商売だ」[★11]。ホテリング教授、これでどうでしょう。

線形で表された制約条件で問題をとらえる技法について学びたいと思う読者は、ポール・ウィリアムズの優れた本、『数学的計画法におけるモデル構築』[★12] を見れば、求めているものが見つかるだろう。ウィリアムズの例には、食品製造、精油所の最適化、作付け計画、採鉱、航空運賃、発電などが入っている。

シンプレックス法

『ニューヨーク・タイムズ』紙の1面に数学の記事が載ることは、どのくらいの頻度であるのだろう。フェルマーの最終定理が証明されたときは入ったが、4色問題は入らなかった。線形計画法の研究者は自慢げに、1面記事が2回あったよと言う。

無名のソ連の数学者による驚きの発見が数学とコンピュータ分析の世界をゆるがせ、専門家はその実用的な応用を探りはじめている。

——マルカム・W・ブラウン、『ニューヨーク・タイムズ』1979年11月7日付

AT&Tベル研究所の28歳の数学者が、どんなに高性能のコンピュータでも厖大で複雑すぎることが多い連立方程式の解法について驚異の理論的飛躍を遂げた。

——ジェームズ・グリック、『ニューヨーク・タイムズ』1984年11月19日付

それぞれ、旧ソ連のレオニード・ハチヤン、ベル研のナレンドラ・カーマーカーによる、LPの問題を解くための新しい多項式時間アルゴリズムを報じるものだった。

どちらの1面記事も少々攻撃的で、シンプレックス法はもうすぐ、大規模な問題の実用的な解法としてはお払い箱になるのではないかと言っている。しかしダンツィクの方法はそう簡単には退場しなかった。

ライス大学のロバート・ビクスビーによるＣＰＬＥＸプログラムや、ＩＢＭのジョン・フォレストによるＯＳＬ〔最適化解法ライブラリ〕プログラムなど、１９８０年代末のコンピュータへの新たな実装は、このアルゴリズムにはまだまだ力が残っていることを示した。実際、２０００年には、「20世紀アルゴリズム・ベストテン」の一つに挙げられたし、数学的最適化の分野ではまだ現役だ。★13

答えに向かってピボット操作

応用数学や工学のある世代の人々はシンプレックス法の実際を学んだことがある。一段一段進む手順を示す方式はいろいろあり、それを解説する立派な教科書はいくつもあるが、ヴァシェク・フヴァータルが書いた見事な『線形計画法』★14以上のものはない。ここではそのフヴァータルによる紹介を、先のウィジェット製造業者の例によってたどる。

この装置のＬＰにおける変数A、B、Cは、販売する三つのウィジェットの生産量を表す。この値があれば問題は完全に特定できるが、管理部門への報告には、利益総額や残ったニッケルや鋼の在庫量といった情報も含めたほうがよいだろうから、それぞれZ、N、Sとする。この新しい変数は方程式

$$Z = 0 + 10A + 5B + 15C$$
$$N = 100 - 3A - 3B - C$$
$$S = 200 - 4A - 2B - 8C$$

で定義され、これはそれぞれの値を参照するときの「参照テーブル」の役をする。

うれしくはなくても自明の数の割り当て方は、このテーブルのA、B、Cをそれぞれゼロとすることで、

利益もゼロとなり、ニッケルと鋼の在庫量はそれぞれ、$N=100$ と、$S=200$ となる。うれしくはないが、改善も易しい。たとえば利益式に $10A$ の項があるのだから、A を今のゼロから増やせば、会社に利益が入ってくる。ただ、このモデルの条件を満たしつつ A をどこまで増やせるだろう。$B=0$ と $C=0$ はそのままにしても、三つの数が負にはならないという条件は維持できるが、原材料を使いすぎないようにもしなければならない。つまり、$N \geq 0$ と $S \geq 0$ にもしなければならない。$N \geq 0$ の制約条件からは、$100-3A \geq 0$ あるいは言い換えると、A は $33\frac{1}{3}$ までということになる。それを超えるとニッケルが足りない。同様に、S についての不等式から A は鉄が底をつく50まで増やせることがわかる。この場合はニッケルのほうがきつい制約条件なので、先へ進んで

$$A = 33\frac{1}{3},\ B = 0,\ C = 0$$

とすると、利益は $333\frac{1}{3}$ ドルとなる。[★15]

今度は B あるいは C を今のゼロから増やすとどうなるだろう。この場合はどうなるかはわかりにくい。A の量も減らして、その分のニッケルを使えるようにしなければならないからだ。A によって決まることを明らかにするために、A を参照テーブルの左側に移して式を書き換えることができる。これは、今 N は0なので、N を右辺に移すことで行なう。

参照テーブルの N の式は

$$N = 100 - 3A - 3B - C$$

で、A と N の辺を入れ替え、3で割ると、

$$A = 33\frac{1}{3} - \frac{1}{3}N - B - \frac{1}{3}C$$

となる。新しいテーブルではこのAの定義を用いることにするが、まず、利益を表すZや鋼の在庫を表すSの定義に出てくるAも置き換える必要がある。それによって次の連立方程式ができる。

$$Z = 333\frac{1}{3} - 3\frac{1}{3}N - 5B + 11\frac{2}{3}C$$

$$A = 33\frac{1}{3} - \frac{1}{3}N - B - \frac{1}{3}C$$

$$S = 66\frac{2}{3} + 1\frac{1}{3}N + 2B - 6\frac{2}{3}C$$

このAとNの立場を切り替える操作は、ピボッティングと呼ばれ、Aはインカミング変数〔以下「新基底変数」〕、Nはリーヴィング変数〔以下「追い出し変数」〕と呼ばれる。新たなZとSについての方程式は得られたが、これらの変数はやはりそれぞれ利益総額、鋼の在庫量を表すことに注目しよう。実際、式を書き換えるためにすべての割当てで満たされる一本の式を使ったのだから、変数は元の意味を維持している。

この新しい参照テーブルを使うと、自明な解は、N、B、Cをゼロにセットし、値

$$Z = 333\frac{1}{3},\quad A = 33\frac{1}{3},\quad S = 66\frac{2}{3}$$

を読み取ることだ。利益の$333\frac{1}{3}$ドルは、0よりは多いが、もっと増やすこともできる。書き換えられた利益の式を調べると、NとBについてはマイナスの項になっていて、その量を増やそうとすれば利益が下

がることになる。幸い、Cの項はプラスで、次のピボット操作についてはその値を増やそうとするのがよいだろう。

Cを新基底変数としてピボット手順を進めてみよう。まず、NとBは0のままにすると、新たな参照テーブルは

$$A = 33\frac{1}{3} - \frac{1}{3}C \geq 0$$

であることを教えてくれる。つまり、Cは100まで増やすことができる。同様に、

$$S = 66\frac{2}{3} - 6\frac{2}{3}C \geq 0$$

で、これはCは10まで増やせることを意味する。10は100より小さいので、ピボット操作ではSが追い出し変数となる。

次の段階は、テーブルを書き換えて、CとSの立場を入れ替えることだ。算数は省略すると、新しい連立方程式

$$Z = 450 - N - \frac{3}{2}B - \frac{7}{4}S$$
$$A = 30 - \frac{2}{5}N - \frac{11}{10}B - \frac{1}{20}S$$
$$C = 10 - \frac{1}{5}N - \frac{3}{10}B - \frac{3}{20}S$$

が得られる。このテーブルに対応する自明の解は、

$$N = B = S = 0,\ Z = 450,\ A = 30,\ C = 10$$

となる。これは前節で最適とした割当て方だった。今度は私の言うことをうのみにしなくてもよい。利益の式 $Z = 450 - N - \frac{3}{2}B - \frac{7}{4}S$ は、ウィジェット製造業者が４５０ドルを超えることはありえないことを証明している。N、B、Sに割り当てられる値は負ではないので、利益は４５０から負ではない数を引いたものになっているのでそれが言える。

シンプレックス法は、ピボット操作を通じて、それぞれの段階で目的関数の値を増やすことを試みながら、テーブルからテーブルへと進む。この手順は、現時点の自明の解が最適であることを目的関数が証明すると停止する。なるほど易しいが、ここでは細かいことをいくつかごまかしている。最初の参照テーブルは一般にどうやって求めるか。いずれ停止することを確信できるか。これらはどちらも処理できるが、詳細についてはフヴァータルの本を参照していただきたい。

もっと例題を試してみたいが、あまり手計算が多いのはちょっとと思うなら、ロバート・ヴァンダーベイの *Simplex Pivot Tool* というウェブページを開けばよい。★16 このささやかなプログラムで、自分自身のＬＰモデルを参照テーブルにして、新基底変数、追い出し変数を選ぶことでピボット操作を実行できる。このウェブページは、間違ったら、つまり追い出し変数の選択がきついほうの制約条件になっていなかったら、警告を出してくれさえする。

多項式時間のピボット規則は？

ダンツィクはアルゴリズムを提示したが、どうしてそれがそこそこの規模の問題を解くうえで実用的だと思ってよいのか。当然の質問だ。

２００９年、リチャード・カープは、アトランタで開かれた計算機科学財団50周年記念大会で開会講演を行なった。演題は「アルゴリズムを優れているとするものは何か」といい、まずシンプレックス法が最初の例として引かれ、その実用的な効率と幅広い用途が挙げられていた。それでもカープは、この方法は複雑性の視点からすると優れているかどうかわかっていないと言わざるをえなかった。確かに、シンプレックス法は実行時間が多項式時間になる保証がない。

問題は、ありうる参照テーブルの数が有限でも指数関数的に増えるところにある。各段階で多項式回のピボット操作だけで最適のテーブルに達するのを確実にするように、新基底変数と追い出し変数を選ぶための方針が存在するかどうか、知られていない。実は、いくつかの自然なピボット操作の手順が多項式時間ではないことが知られている。つまり、特定の手順を備えたシンプレックス法が指数関数的に長くなるピボット操作の列を実行することになるような、特定の変則的な例が考えられている。

するとダンツィクはなぜ、このアルゴリズムをそれほど信頼したのか。実は本人は信頼していなかった。少なくとも最初は。[17]

私は最初、この方法は効率的かもしれないが必ずしも実用的ではないかもしれないと思っていた。大規模な問題については組合せ（角の点）の数が多くなるかもしれない——空にある星の数ほどかもしれない。それを解くためには１００万ステップが必要かもしれない。それが効率的と考えられることもあるだろう。この数は、組合せの数と比べれば小さいからだ。しかしとても実用的ではない。それで私はもっと良い、別のアルゴリズムを探しつづけた。

ペンタゴンの同僚たちが問題を次々と解いてやっと、このアルゴリズムはダンツィクの支持を勝ち取ることになった。

この状況は今も続いている。シンプレックス法は数学の世界で広く用いられているものの一つだが、これからも実践的なモデルに生じる例すべてを解きつづけるかと言えば、確かなことはわかっていない。それがわかったら、それこそ本当に『ニューヨーク・タイムズ』紙の1面に載る記事になる。多項式的数のステップで最適解に達することが保証されるピボット操作の手順を発見できたら誰でも、名声と、それからたぶん現実の財産が待っている。

100万倍速い

1948年に行なわれた計量経済学会でのダンツィクの講演内容を説明する短い概要は、次のような文言で終わっている。「ジョン・フォン・ノイマンや私が考えたような計算機用の技法を、計画法の問題の答えを実際に出すための大型デジタル計算機とつないで用いることが唱えられている」[★18]。デジタル計算機の夜明けは応用数学者にはわくわくする時期で、ダンツィクはシンプレックス法を計算機で実行する可能性の方向に進めていた。

それでも、シンプレックス法の最初の大規模な検証は、計算機を使わずに達成された。この計算は1947年アメリカ国立標準局で行なわれ、全部で120人日にわたって手動の卓上計算機で計算するチームが参加した[★19]。テスト用の例は、最小のコストで適切な食物の組合せを選ぶという問題で、9項目の条件と77の負ではない変数で構成されていた。これは今の産業界でのＬＰモデルに入ってくる何千、何万という条件や変数には遠く及ばないが、それでも大きい。幸い、この食餌構成問題の計算が行なわれてから現代のＬＰ用ソフトウェアが発売されるまでのあいだの年月で、シンプレックス法を計算機に実装するための調整・整形に、大量の頭脳が投入された。

　１９８４年のカーマーカーによる、ライバル関係になるＬＰアルゴリズムの発表の後、この展開でとくに重要な時期が来た。カーマーカーの「内点法《インテリア・ポイント・メソッド》」をめぐる知らせは、線形計画法に対する大きな関心を呼んだ。ちょうど強力なデスクトップのワークステーションやパソコンが広く利用されるようになりつつあった頃だ。新アルゴリズムと身近になったコンピュータの組合せで、ＬＰの世界は活況を呈した。実際、ロバート・ビクスビーは、１９８７年から２００２年までの時期に、シンプレックス法によるＬＰソルバーが１００万倍の速度向上を遂げたことを述べている。「機械の速度が3桁上がり、アルゴリズムの速さが3桁上がり、解く力は合わせて6桁上がった。10年前に解くのに1年かかったかもしれないモデルが、今や30秒もかからずに解ける」[★20]。それはＬＰの馬力を相当に向上させている。その後、事態は沈静化したが、あらゆる点から見て、研究が続けられればまた急成長の時期があると予想される。国立科学財団や海軍研究局はとくに、将来のコンピュータに予定されているマルチコア計算機の能力を利用することをねらった新世代のシンプレックス法ソルバーをお膳立てすべく、研究に資金を出している。過去が手がかりになるとすれば、ＬＰ研究者は、ハードウェアの性能が上がると、それに応じてプログラムも向上させ、ダンツィクのシンプレックス法を、高速に解くことと大きなモデルを解くこととの両方に進めていくだろう。

名前の背景

このアルゴリズムの名は、「シンプル」という言葉を利用していて、現代企業用語のような感じもする。実は、グーグルで検索して最初のほうにひっかかるのは、まさしくそういうものだ。しかし幾何学では、シンプレックスと言えば古典的な対象で、$n+1$個の角《かど》がある、n次元のポリトープのことだ〔2次元の多角形、3次元の多面体をn次元に一般化した対象〕。これはつまり不定形の板のようなものだが、2次元空間でのシンプレックスはただの三角形、3次元空間でのシンプレックスは四面体となる。ダンツィクの友人、セオドア・モツキンによれば、ダンツィクの命名は、この幾何学的対象の名を借用したものだという。「シンプレックス法という用語は、T・モツキンとの議論から出てきたもので、モツキンは、私が用いていた手法が、並んでいる形から見ると、あるシンプレックスから隣りのシンプレックスへと移る動きというのがいちばん良い表し方だと思っていた」★21。それが採用されたのはちょっと残念なことだった。「ダンツィク法」と言ったほうが響きは良いし、ダンツィクの貢献をたたえるのにもふさわしいだろう。

一つ買えばもう一つついてくる——LPの双対性

最適参照テーブルは、シンプレックス法で最善の解が出たことの証拠となる。しかし、上司にこの結果が本当に正しいことを納得させるのは少々やっかいかもしれない。確かに、一連のピボット操作の手順全体を見て検算してくれと、上司に頼みたいとはおそらく思わないだろう。ロバート・ビクスビーの10万行かそこらはあるLPソルバーのプログラムを調べて、それがダンツィク法を正しく実現しているか確かめてくれるよう頼むこともできないだろう。必要なのは、参照テーブルを吟味するための簡潔なルートだ。

そのようなルートを提供する段になると、線形計画法での双対性の出番となる。

あらためて、先のＬＰモデルでの最終的な利益式を取り上げよう。

$$Z = 450 - N - \frac{3}{2}B - \frac{7}{4}S$$

この式は、利益Zの最初の定義を元に、許容されるすべての割当て方が満たす等式を追加して得られた。これが正しいことはわかっているが、残念ながら、上司はまだ知らない。それでも心配することはない。この最後のZの式で、NとSを元のテーブルにある定義で置き換えると、利益総額を表す最初の式に戻る。そうすれば、上司も私たちがごまかしているわけではないことは納得するはずだ。しかしそのことを、４５０ドルを超える利益を稼ぐことは不可能となることを直接に論じて行なうもっと明瞭な方法がある。

その論証を立てるために、元のニッケルと鋼の制約条件を取り上げ、それに最後の利益式のNとSの前にある値をマイナスの記号は除いてかける。

$$1 \times (3A + 3B + 1C \leq 100)$$

かつ

$$\frac{7}{4} \times (4A + 2B + 8C \leq 200)$$

この係数をかけて出てくる2本の不等式を足し合わせると、１本の不等式が得られる。

$$10A + 6\frac{1}{2}B + 15C \leq 450$$

これは可能なウィジェット生産量のいずれでも満たされることは、上司も認めざるをえない。しかしこれを利益総額の $10A+5B+15C$ と比べると、製品 B の利幅が1個あたり6・5ドルに増えても、450ドルを超えて稼ぐことはないことがわかる。わずかなかけ算と足し算で、言われている生産計画が最適だという結論が出せる。

これまでの論証の重要な点をおさらいしておこう。まず、N と S の前から抽出する値を、y_N と y_S と呼び、それをニッケルと鋼の制約条件の係数として使う。次に、出てくる二つの条件を加えると、A、B、C の前にある値はそれぞれ少なくともそれぞれの装置についての利益と同じになる。

この y_N と y_S の使い方を定める規則は実は別のLP問題のための制約条件になっている。

$$100y_N + 200y_S$$

を、以下に従って最小にせよ。

$$3y_N + 4y_S \geq 10$$
$$3y_N + 2y_S \geq 5$$
$$1y_N + 8y_S \geq 15$$
$$y_N \geq 0,\quad y_S \geq 0$$

三つの制約条件は変数 A、B、C に対応し、係数は、三つのウィジェットの単位当たりの利益以上の値になる不等式をもたらす。この制約条件を満たす y_N と y_S の値の割当てによって、利益は $100y_N + 200y_S$ よりも大きくはなりえないことがわかる。つまり、上司を納得させる論拠を得るために、この量を最小にしようということだ。
新しいＬＰモデルは双対問題と呼ばれ、ダンツィクの父でやはり数学者だったトビアスの説に従って、元の問題は主問題と呼ばれる。双対ＬＰの条件は、双対変数の値に許容される割当てが、どれでも主問題の目的関数に範囲を定めるようなものになる。今考えている問題では、

$$10A + 5B + 15C \leq 100y_N + 200y_S$$

最適シンプレックス法テーブルは

$$A = 30,\ B = 0,\ C = 10,\ y_N = 1,\ y_S = \frac{7}{4}$$

という値を与え、これは不等式の両辺を４５０に等しくし、その４５０が主問題の目的関数にとって最適値であり、また４５０は双対目的関数にとっても最適値であることの証明となる。一つの値が二つのＬＰの答えとなる。

そのような単純ですっきりした最適性の証明が必ず存在するというのは特筆すべきことで、シンプレックス法が、主問題の条件を組み合わせて、最終的な参照テーブルによって与えられる値よりも大きい目的関数値を与える解はないことを、説得力をもって述べるために使える係数を構成する。さらに、係数そのものは双対問題の最適解であり、主目的関数値と双対目的関数値の最適値は等しい。この美しい結果は強い双対定理と呼ばれ、最初に述べて証明したのはジョン・フォン・ノイマンとされる。[★22]

強い双対性はＬＰ理論の花形の位置についたが、本書のＴＳＰの話では、実はもっと緩い言い方、双対問題の解はいずれも主目的関数の限界を定めるという言い方でよい。これは弱い双対定理と呼ばれる。こ

の何頁かで急いで見渡したことの詳細について、把握しきれなかったところがいくつかあっても心配することはない。ＴＳＰという特殊な事例によって双対性の直観的な説明を提供して、セールスマン問題を１次不等式でとらえる方法を明らかにする。

ＴＳＰのＬＰ緩和

ＬＰの手法がＴＳＰに入ってくるのに時間はかからなかった。ダンツィクがホテリングやフォン・ノイマンと出会ったのは１９４８年９月９日で、翌年の秋には、ジュリア・ロビンソンが初のＬＰに基づくＴＳＰの解法を発表した。

表面的には、セールスマン問題がダンツィクの考えた一般的な経済的計画モデルに収まりそうには見えない。実際、ＴＳＰ研究者5人を集めれば、線形計画法がＴＳＰの枠組みとして自然である理由について、おそらく5通りの説明が出てくるだろう。私がいちばん好きな見方は、本章の最初の段落で触れたもの、つまりＬＰを、すべての巡回路が満たす単純な条件を組み合わせることで品質保証を得る手段と考えることだ。これは双対性の台本からすればわかりやすい。条件は双対変数への値の割当てによって組み合わされ、弱い双対定理を介して保証が出てくる。

これが実際に動作しているところを見てみよう。毎度おなじみ、対称的なＴＳＰの例を考える。つまりコストは移動の方向にはよらないとする。このような例にグラフ理論の用語を使うことは今やおなじみのはずで、都市は頂点、道路は辺に対応する。巡回路はハミルトン閉路を形成するように選ばれてまとめられた辺で、これは図5・2に示された24都市の完全グラフ〔各頂点がすべて1本の線で結ばれ、枝がないグラフ〕

図 5.1　ジョージ・ダンツィク。写真提供：Mukund Thapa

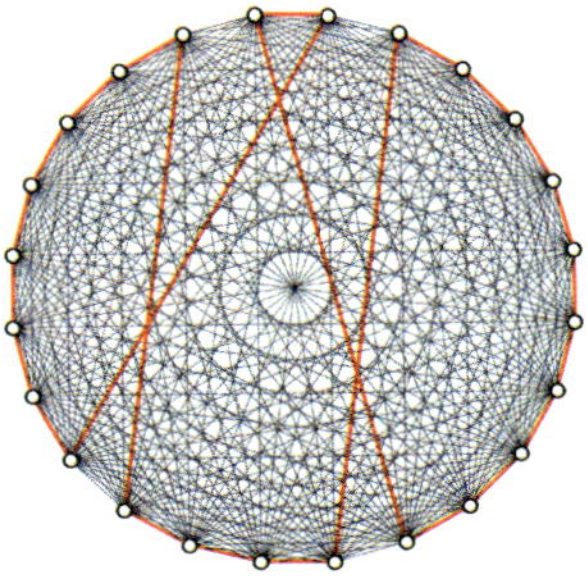

図 5.2　完全グラフで表した巡回路にある辺。

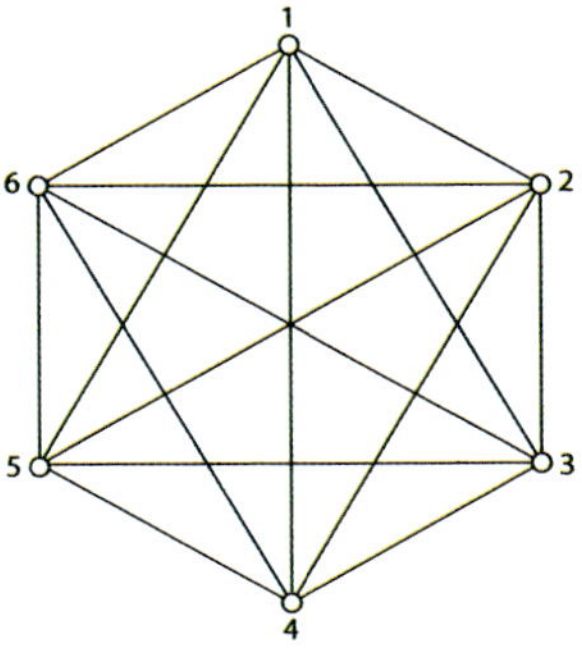

図 5.3　6 頂点の完全グラフ。

の赤い線で図解される。

線図でグレーの辺と赤の辺で表すのもよいが、問題の数学的な形を明らかにするには、0と1を使うほうがうまくいく。値1を与えられる辺は、巡回路にある辺とする。24都市の例ではそのような値が276個ある。これを考えようとすると記号の山に埋もれてしまわずにはいられないので、もっとささやかな、図5・3に示されているような6都市の例に戻ろう。この場合は巡回路を特定するために15個の値が必要となる。頂点iとjの対それぞれについて、この値をx_{ij}と呼ぼう。つまり、x_{12}, x_{13}, x_{14}, x_{15}, x_{16}, x_{23}, x_{24}, x_{25}, x_{26}, x_{34}, x_{35}, x_{36}, x_{45}, x_{46}, x_{56} ができる。これが今のLPモデルの変数で、そう言ったほうがよければ、頂点の対を結ぶ辺が巡回路に入っているかいないかという「経済活動」を表している。

都市の対それぞれのあいだの移動コストをc_{ij}で表すと、巡回路のコストは1次式 $c_{12}x_{12}+c_{13}x_{13}+\cdots+c_{56}x_{56}$と書かれる。$c_{ij}\times x_{ij}$の値は、その辺が巡回路にあれば$c_{ij}$となり、なければ0となるからだ。TSPではこの式の値をできるだけ小さくする。

これで変数と目的関数ができた。制約条件はどうなるか。おっと。私たちは巡回路を選び出すための解を求めていると単純には言えない。線形計画法のツールを利用するには、ダンツィクのモデルにとどまって、線形の規則だけを適用しなければならない。そのような規則を見つけることが、私たちの取り組みの要諦だ。

次数制約条件

話を進めようとすると、先ほどの『不思議の国のアリス』のおかしな帽子屋なら、LPの変数はそれぞれ負ではない数でなければならないと注意するだろう。それは結構だが、本当に前に進むには、巡回路を形成する辺の部分集合についてどこが特別なのかを調べなければならない。巡回路となる部分集合もあれば、そうでないものもある。この区別を線形の制約条件を使ってどうつけられるだろう。

これがジュリア・ロビンソンの成果の出発点となる。ロビンソンが目をつけたのは、どの巡回路でも、グラフのすべての頂点が２本の辺だけが出会うところになることだった。これ自体は線形の規則ではないが、与えられた頂点で出会う辺すべてについて、x_{ij}の値を足し合わせると、その和は２とならざるをえないことを意味する。つまり、各都市について次数制約条件がつくことになり、ＬＰモデルが得られる〔グラフ理論で言う「次数」は頂点に集まる辺の数のこと〕。

$$c_{12}x_{12} + c_{13}x_{13} + \dots + c_{56}x_{56}$$

を、以下に従って最小にせよ。

$$x_{12} + x_{13} + x_{14} + x_{15} + x_{16} = 2$$
$$x_{12} + x_{23} + x_{24} + x_{25} + x_{26} = 2$$
$$x_{13} + x_{23} + x_{34} + x_{35} + x_{36} = 2$$
$$x_{14} + x_{24} + x_{34} + x_{45} + x_{46} = 2$$
$$x_{15} + x_{25} + x_{35} + x_{45} + x_{56} = 2$$
$$x_{16} + x_{26} + x_{36} + x_{46} + x_{56} = 2$$

各頂点の対 (i, j) について $x_{ij} \geq 0$

このモデルはＴＳＰの「次数ＬＰ緩和」と呼ばれる。

この緩和に対する最適解は、それ自体ではふつう巡回路になるわけではないが、それでも貴重な情報をもたらしてくれる。もちろん、どの巡回路もLP問題にとっての許容できる解であり、したがって最適のLP目的関数値は、最適巡回路のコストよりも大きくはなりえない〔LPの範囲のほうが巡回路の範囲よりも広いから、LPの下限が巡回路の下限を上回ることはないということ〕。これが最も理解すべき重要な点だ。LP問題では、許容できる解というもっと大きな集合にわたって最適化するので、一つの巡回路のコストがどれだけ低くなりうるかについての限界を得る。その限界は何らかの数Xで、ウィジェットの販売利益が450ドルを超えないことが確実だったように、どの巡回路もXより低くなれるものはありえない。

勢力圏

この限界の概念は重要で、あらためて見ておく価値がある。そこで、次数LP緩和に対して別の角度から見てみよう。今度は直接に双対問題を見る。みそは、ミヒャエル・ユンガーとウィリアム・プリーブランクによって導入された幾何学的TSPの例に対する素早い技法だ[★23]。この記述では、TSPの具体的問題が点の集合と移動コストを表す直線距離からなっているものとする。

まず、ある都市を中心にして半径rの円を描き、図5・4にあるように、円盤が他の都市のいずれにも触れないようにする。セールスマンは自分の巡回路のある時点でこの都市を訪れなければならず、そのためにはセールスマンは少なくとも距離rを移動してその都市に達し、少なくともrを移動してその都市を出なければならない。どの巡回路も少なくとも$2r$の長さがあるという結論が導ける。さらに、都市iそれぞれについて、図5・5に図示されているように、重ならない範囲で、それぞれ半径r_iの円盤を描くことができる。こうすると円盤の半径の合計を2倍したものが得られるが、これはTSPのどんな長さに対

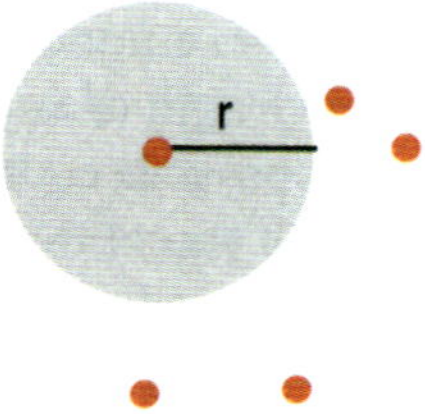

図 5.4　勢力圏。

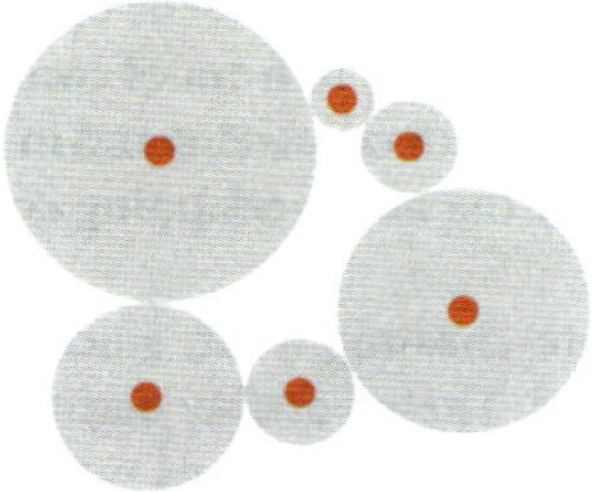

図 5.5　六つの勢力圏。

図 5.6　左：ミヒャエル・ユンガー。撮影：Regine Strobl　右：ウィリアム・プリーブランク。撮影：Nick Harvey

しても限界〔上限〕となる。ユンガーとプリーブランクは、この円盤を「勢力圏《コントロール・ゾーン》」と呼ぶ。

勢力圏の限界をできるだけ大きくしたいので、円盤どうしが重ならないという条件の下で、円盤の半径の合計の2倍を最大にするとよい。重なりがないという条件は、次のように簡潔に表せる。都市iと都市jの対について、半径r_iとr_jの和は、都市間の距離以下でなければならない。つまり

$$r_i + r_j \leq c_{ij}$$

すると、勢力圏のありうる最善の充填のしかたを得るには、次のようなＬＰ問題を解くことになる。

$$2r_1 + 2r_2 + 2r_3 + 2r_4 + 2r_5 + 2r_6$$

を、以下に従って最大にせよ。

$$r_1 + r_2 \leq c_{12},\quad r_1 + r_3 \leq c_{13},\quad r_1 + r_4 \leq c_{14},$$
$$r_1 + r_5 \leq c_{15},\quad r_1 + r_6 \leq c_{16},\quad r_2 + r_3 \leq c_{23},$$
$$r_2 + r_4 \leq c_{24},\quad r_2 + r_5 \leq c_{25},\quad r_2 + r_6 \leq c_{26},$$
$$r_3 + r_4 \leq c_{34},\quad r_3 + r_5 \leq c_{35},\quad r_3 + r_6 \leq c_{36},$$
$$r_4 + r_5 \leq c_{45},\quad r_4 + r_6 \leq c_{46},\quad r_5 + r_6 \leq c_{56}$$

このモデルに対する許容される解は、重なりのない勢力圏の集合をもたらし、任意のＴＳＰの長さに対する限界をもたらす。このモデルの最適解は、ありうる中で最もきつい勢力圏限界を与える。

このように言えば、弱い双対定理が思い起こされるはずだ。確かに勢力圏の充填問題は、まさしく次数

LP緩和の双対問題となる。この点を見てとるために、双対問題には、各頂点iごとにi番の次数制約条件に対応する係数y_iがあることに注目しよう。制約条件にy_iをかけて足し合わせると、結果の1次式は各変数x_{ij}の前にあるc_{ij}以下の値にならざるをえない。つまり、変数x_{ij}は、i番の制約条件とj番の制約条件に出てくるので、$y_i+y_j\leq c_{ij}$でなければならない。まさしく重なりがない条件となる。半径r_iがここではy_iとなっているだけだ。

ここでは少しずるをしていることを認めなければならない。LP双対なら、勢力圏の半径が負になることを許容するからだ。値が負になりうるのは次数制約条件が不等式ではなく等式だからであり、等式なら負の数をかけることは文句なくできる。ただ、これは細かい話にすぎない。三角不等式を使えば、それぞれの値が負ではないような双対係数の最適集合が、それがモデルの明示的条件ではなくても、必ず存在することは証明できる。

部分巡回路の消去

LPでTSPを扱う次の段階は、単純でも強力な規則を追加導入することだ。この規則を入れようという気になるために、あらためて図5・5の6都市問題での勢力圏の充填を考えてみよう。この充填は輪を生み、あいだに無駄な隙間を作ることなく、勢力圏から勢力圏へと移動する巡回路をたどりやすくする。残念ながら、それがふつうの状況というわけではない。もっとあたりまえにあるのは、図5・7に示されたふるまいで、勢力圏が集中して、都市が集まったところのあいだに大きな隙間を残さざるをえなくなることだ。新しい規則によってこの隙間が活用される。

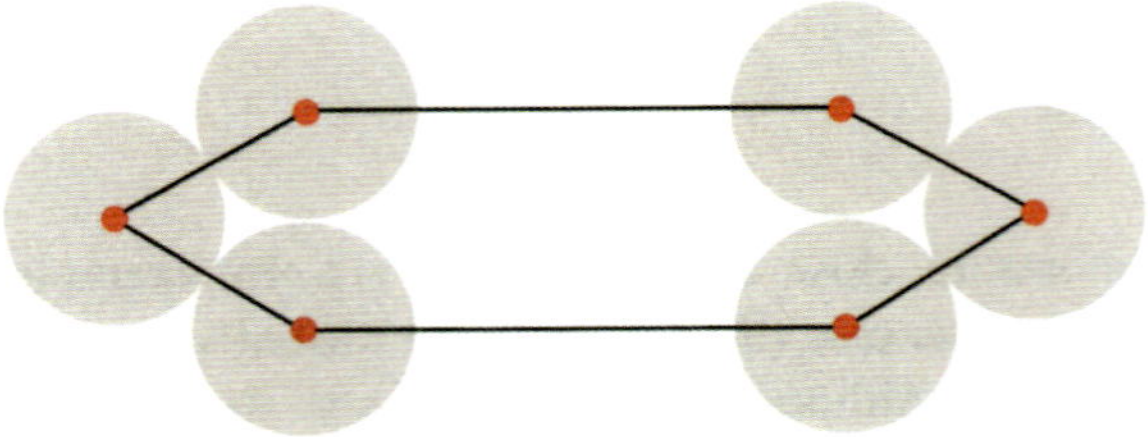

図 5.7　勢力圏の悪い例。

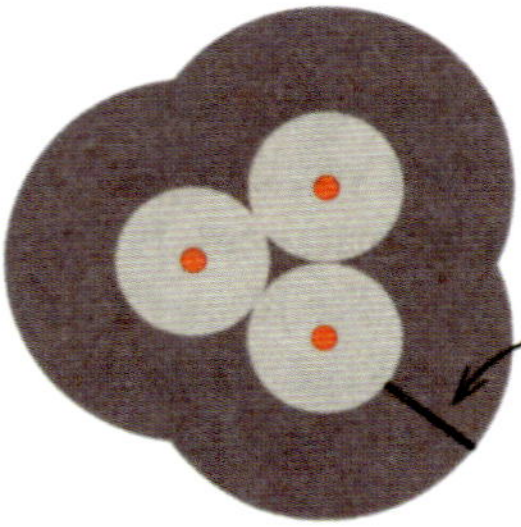

図 5.8　濠。

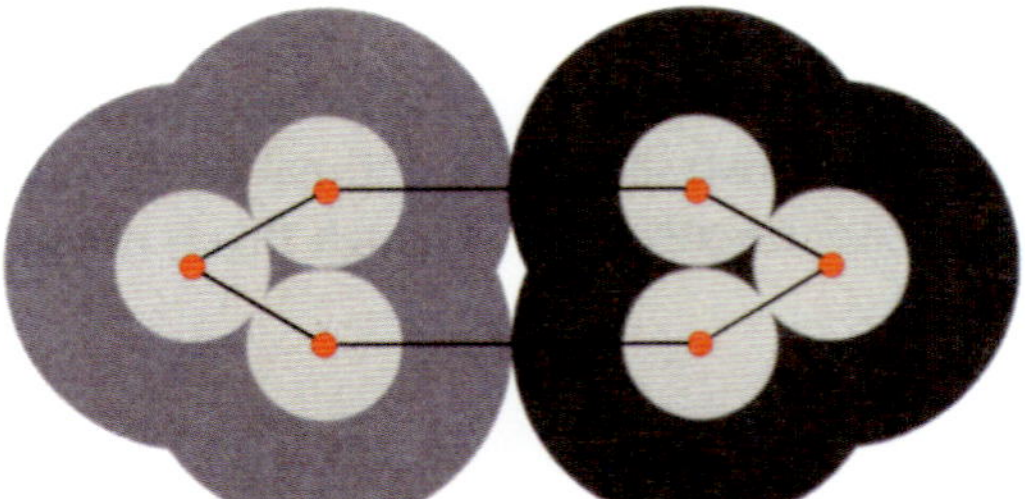

図 5.9　隙間を埋めるために濠を用いる。

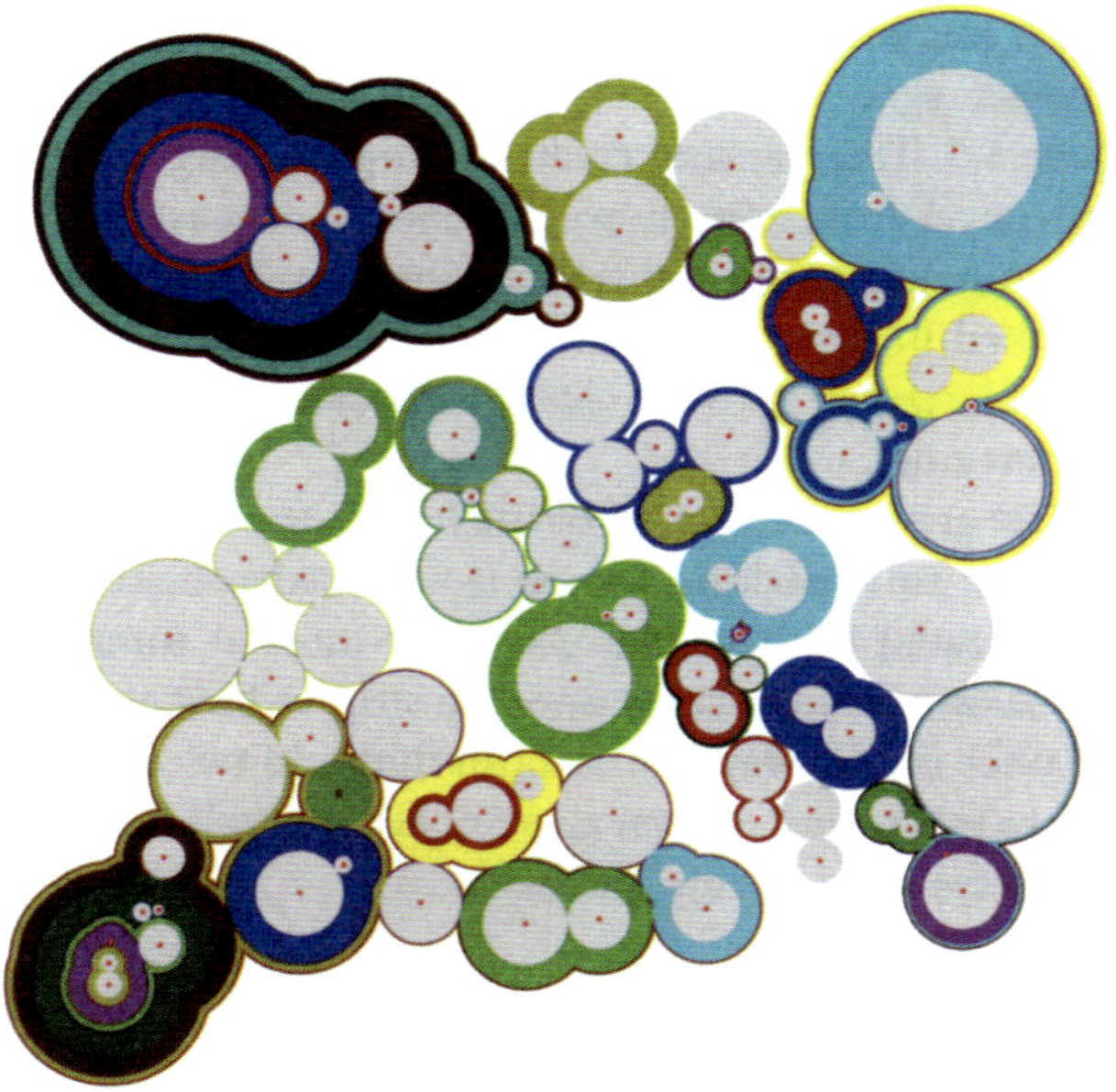

図 5.10　濠と勢力圏の充填。

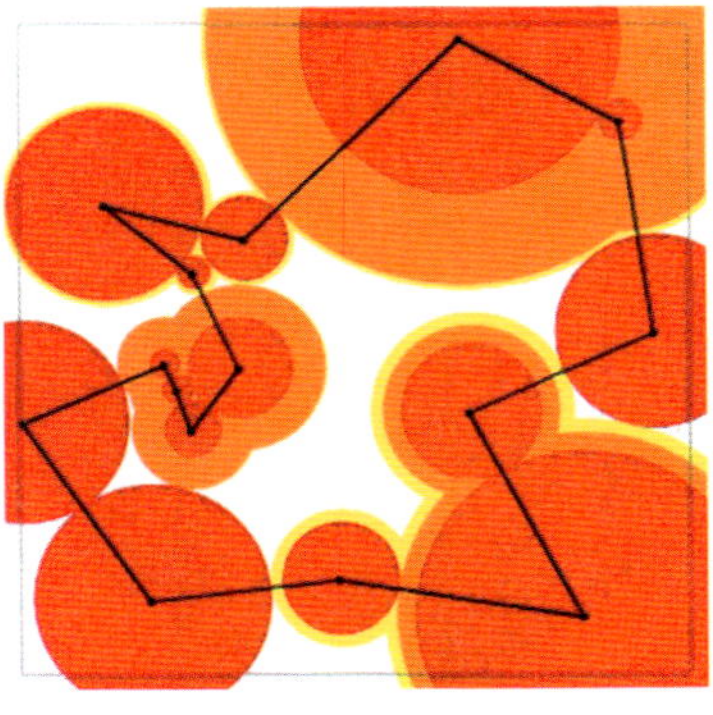

図 5.11　15 都市の例で実行したゲオデュアルのスクリーンショット。

これを幾何学的に取り扱った場合、次のようになる。勢力圏の充填で残る隙間には、図5・8のように、点の集団をくるむ帯を描くことができる。どの巡回路もいずれはこの集団に来なければならず、セールスマンはこの帯を、入るときに1回、出るときに1回の、少なくとも2回横断しなければならない。こうして帯の最小の幅の2倍をここでの境界に加えることができる。ユンガーとプリーブランクは、このような帯を城のまわりを囲う水路のような「濠《モート》」と呼ぶ。

二つの濠を使って6都市の例の隙間を埋めるところが図5・9に図解されている。この場合も、都市から都市へ巡回路を移動するときには無駄な空間はない。いつも運が良いとはかぎらないが、濠と勢力圏を丁寧に充填すれば、非常にきつい限界が得られることが多い。たとえば、図5・10に示した100都市の充填は、巡回路が最適解よりも0・65パーセント長いだけで、十分良いと言えるだろう。

この100都市の例はきれいだが、もっと小さい例で試せば境界についてもっと良い感触が得られる。そのためには、ドイツのケルン大学にいるミヒャエル・ユンガーらのチームが作ったゲオデュアル(Geodual)というソフトをお薦めする。[★24] このソフトはTSPの20都市程度までの具体例について、濠と勢力圏の美しい絵とともに最適巡回路を求める。その成果の例を図5・11に示した。

部分巡回路不等式

図5・7の6都市の例のようなTSPの具体的問題では、巡回路を構成するのに主問題の解を用いようとすると、次数LP緩和がいたずらをする。実は、シンプレックス法を使うと、隙間を渡す辺に伴う大きな移動コストを考えて、6点を通る単一の回路よりも、二つの三角形からなる解が出てくる。これは緩和に対する許容される解だが、もちろんセールスマン問題にとって許容できるものではない。

てっとりばやい対処は、どの巡回路も、集団間の隙間を横断する辺を少なくとも2本含まなければならない、つまり少なくとも図5・12に示された緑の辺のうち少なくとも2本を含まなければならない点に注目することだ。ユンガーとプリーブランクの濠の構築に似て、この集団間の辺に対応する変数の和は少なくとも2であるという規則を課すことができる。

$$x_{13} + x_{14} + x_{15} + x_{23} + x_{24} + x_{25} + x_{63} + x_{64} + x_{65} \geq 2$$

次数制約条件と組み合わせると、この不等式は図5・12の左側にある赤い辺によって示される部分巡回路《サブツアー》を含む解を禁じることになる。それで「部分巡回路消去制約条件」、あるいは単に「部分巡回路不等式」という名がついている。

しかるべき都市の部分集合Sいずれについても、Sに一方の端があり、他方はない辺に対応する変数の和は少なくとも2でなければならないことを言う部分巡回路不等式を立てることができる。図5・12では、$S = \{1, 2, 6\}$となる。図5・13にはもっと大きな例を示した。こちらでは集合Sは、長方形で囲んだ領域にある頂点からなり、部分巡回路不等式の変数は、緑の辺に対応する辺となる。

この追加規則は単純だが、線形計画法を介して組み合わされると大きな威力がある。実際、「次数LP緩和プラスありうるすべての部分巡回路不等式」からなる部分巡回路LP緩和から得られる限界の質は、TSPを実地に解くためのLP方式全体が成功する鍵を握る成分となっている。たとえば、部分巡回路緩和の限界はほとんど必ず、ランダムに生成された幾何学的具体例について最適巡回路の長さの1パーセント超以内に収まっている。合衆国42都市のデータセットという特定の例では、最適巡回路の長さ699単位に対して、限界は697単位となる。この例では、最適巡回路は品質保証よりも0・3パーセント長いだけだ。

4/3予想

これほどきつい保証は一般には成り立たないが、悪い例があっても、それは原則ではなく例外的な存在らしい。興味深い疑問は、三角不等式を満たす例について、限界がどれほど良いのか、あるいは悪いのかをはっきりさせることだ。プラスの面では、最適巡回路のコストは部分巡回路による限界の3/2倍超にはなりえないことが知られている。これはきれいな理論的結果で、とくに前章で挙げたクリストフィデスの定理と比べるとそう言える。

マイナス面では、最適解のコストと部分巡回路による境界の値の比が、都市数が大きくなればなるほど、4/3に近づくような例が知られている。しかしこれはありうる中で最悪だろうか。この疑問は「4/3予想」と呼ばれ、このテーマの世界に君臨する専門家は、カナダのオタワ大学にいるシルヴィア・ボイドだ。ボイドは共同研究者とともに、10都市までの例すべてについて予想を確かめ、完全な結果を最終的に証明するために必要な方向を提供しそうなもっと明瞭な問いを立てている。[★25]

それは小さな一歩に見えるかもしれないが、保証が3/2から4/3へ進むには、ほぼ確実に、部分巡回路LP緩和に許容される解の構造についての深い理解を必要とする。[★26] そのような理解があれば、今度は実用的な計算の限界を押し上げるかもしれないようなTSP規則を作るための、新たな方法を生むことになるだろう。

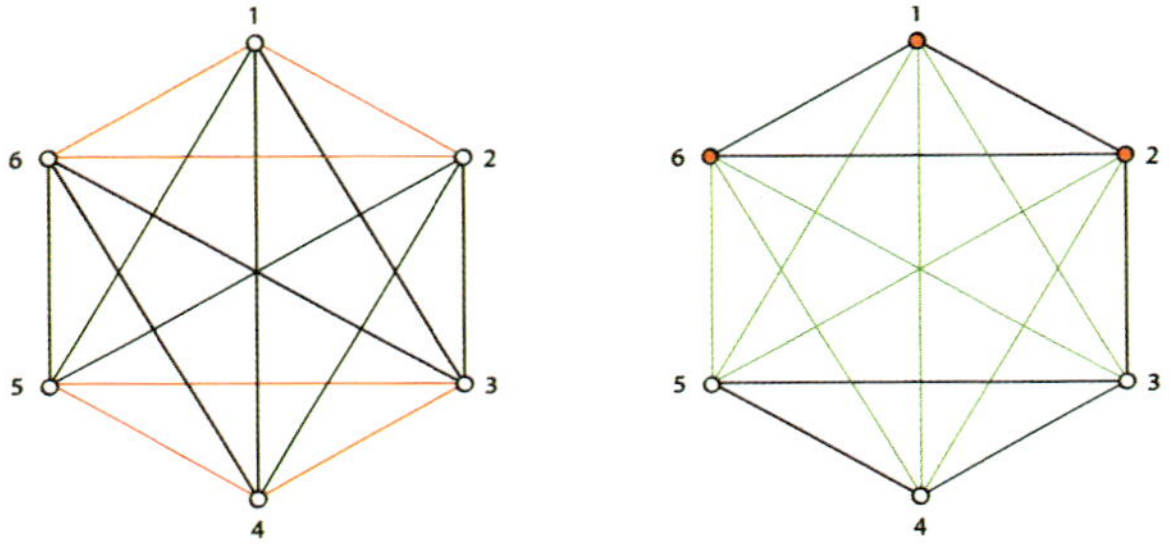

図 5.12　部分巡回路不等式にある辺。

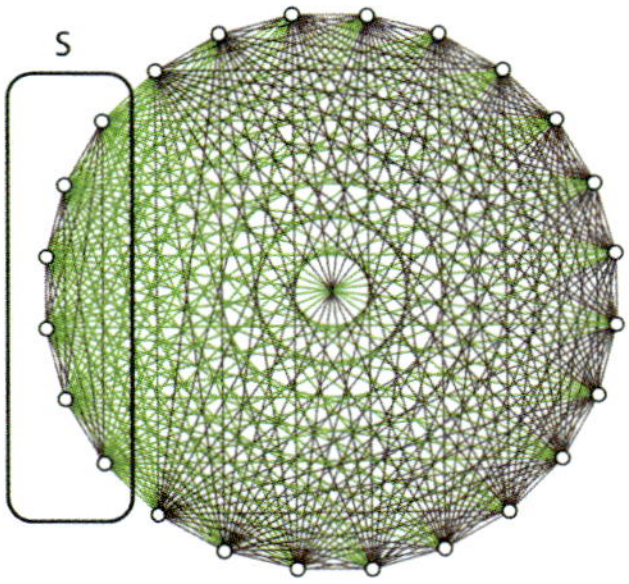

図 5.13　緑の辺は部分巡回路不等式にある。

図 5.14　左：シルヴィア・ボイドとリチャード・ヘインズ。2007 年ベレアーズ研究会にて。撮影：Nick Harvey　右：4/3 予想Tシャツ。デザイン：Bill Pulleyblank

変数の上限

このことは先には言わなかったが、次数LP緩和は、すべての変数が0か1か2という値をもつような最適解が必ず存在するという点で、かなり特殊なものだ。分数の辺の長さは考える必要はない。これは部分巡回路緩和については言えない。こちらでは変数は面倒くさそうな分数の値をもつことがある。一般にはこれを扱わなければならないが、重要な特殊例が良い出発点を与えてくれる。実は、次数LP解で値2を与えられた変数x_{ij}は、都市iから都市jへ行き、すぐに都市iに戻る部分巡回路に対応する。$S=\{i,j\}$によって決まる部分巡回路不等式はそのような割当てを禁じるが、単純な規則 $x_{ij}\leq 1$ を介してこれを処理するほうが少しは効率的だ。そのような上限を変数にかけると、次数LP緩和だけよりは良い出発点が得られ、実務ではそれが用いられている。さらに、この改善された出発モデルについては必ず、変数がすべて0、½、1いずれかとなる最適解が存在する。整数値だけではないが、かなり近い。

完全な緩和

部分巡回路不等式はセールスマン問題の解に、最適解からごくわずかなずれのところで限界を定めるが、さらに規則を加えるともっと良い結果が期待できるだろうか。それができるのだ。そこへ進むには少々数学が要るが、私が言いたいことはすぐにわかるだろう。

線形計画法の幾何学

ここに至るまで、私たちは線形計画法を純粋に代数の問題として扱ってきた。変数と式があって、それを操作するということだ。これはジョージ・ダンツィクに対しても、たいていのLP研究者に対しても、フェアな扱いではない。みんな自分の研究テーマを、幾何学的なすっきりとした美しさをもったものと見ている。

　これまで見てこなかったことを見るために、ささやかな例を考えよう。

$$x + 2y$$

を、以下に従って最大にせよ。

$$x + y \leq 13$$

$$x \leq 8,\ y \leq 8$$

$$x \geq 0,\ y \geq 0$$

このモデルに許容される解は、2次元空間の点（x, y）と考えることができる。横軸はxの値、縦軸はyの値を示すものとする。

　許容される点の集合全体は、このモデルの許容領域と呼ばれる。この領域の姿を見るために、まず、$x+y \leq 13$という制約条件一つだけに集中しよう。対応する直線$x+y=13$は、点（x, y）の集まりを分割して、直線の式を満たさない側と満たす側の二つの集合に分ける。直線上の点も満たす側に入る。満たす側は半空間と呼ばれ、図5・15で二通りに示されている。左側は、満たす側の方向を指す赤い矢印で表され、右では影で表されている。

　このLP問題例についての許容領域は、図5・16に示されるような、問題の五つの制約条件に対応する五つの半空間が重なるところで構成されていている。この幾何学的な構成で言えば、くだんのLP問題は、図の右端にある青い線で示される目的関数の線を動かして、許容領域に当たる範囲でできるだけ上にすることだ。こうして赤い点（5, 8）がこの例の最適解ということになる。

最適解は許容領域の五つの角の一つになることに注目しよう。他の四つは、境界線を時計回りに、(8, 5)、(8, 0)、(0, 0)、(0, 8）となる。これを見てわかる重要なところは、目的関数をどう立てようと、この五つの角の点のどれかが最適解になると確信できることだ。確かに目的関数を変えれば青い線の傾きも変わるが、どんな線でも、可能な範囲で線を移動させれば、許容領域を離れる直前に、どれかの角の点を通ることになる。

これが非常にありがたい一般的特性となる。つまり、LP問題は、許容される解が無限にあっても、角となる有限個の点を考えれば解けるのだ。実はシンプレックス法を、許容領域の辺上の角から角へと移るための方法と見ることができる。

LP問題が角の一覧を作ることで解けるなら、なぜシンプレックス法にこだわるのかと思われるかもしれない。ジョージ・ダンツィクの言葉、「大規模な問題については、組合せ（角の点）の数が多くなるかもしれない——空にある星の数ほどかもしれない」を頭に置こう。要するに数の問題だ。d次元にあるときには、d個の半空間について境界となる平面を交差させることで一つの角が決まる。そのような交差がすべてLPの許容領域にあるわけではないが、リストを全部出そうとする人には頭痛のたねになるほどの数になることもある。

ミンコフスキーの定理

この角の点の話はLP問題にとってはうまい話だが、TSPにとってはこの幾何学は方向が逆だ。つま

図 5.15　1 次不等式で定められる半空間。

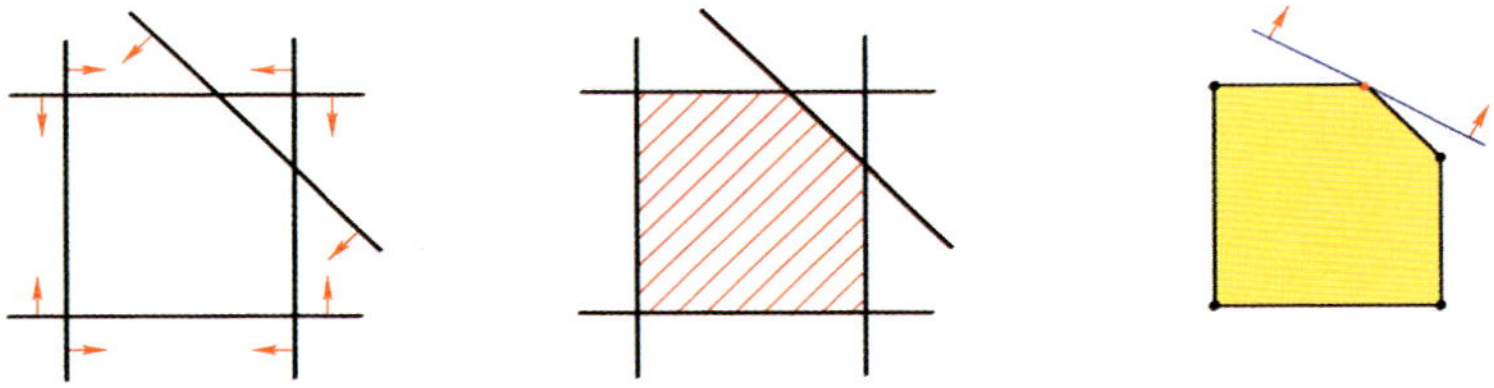

図 5.16　LP 問題の幾何学的な姿。

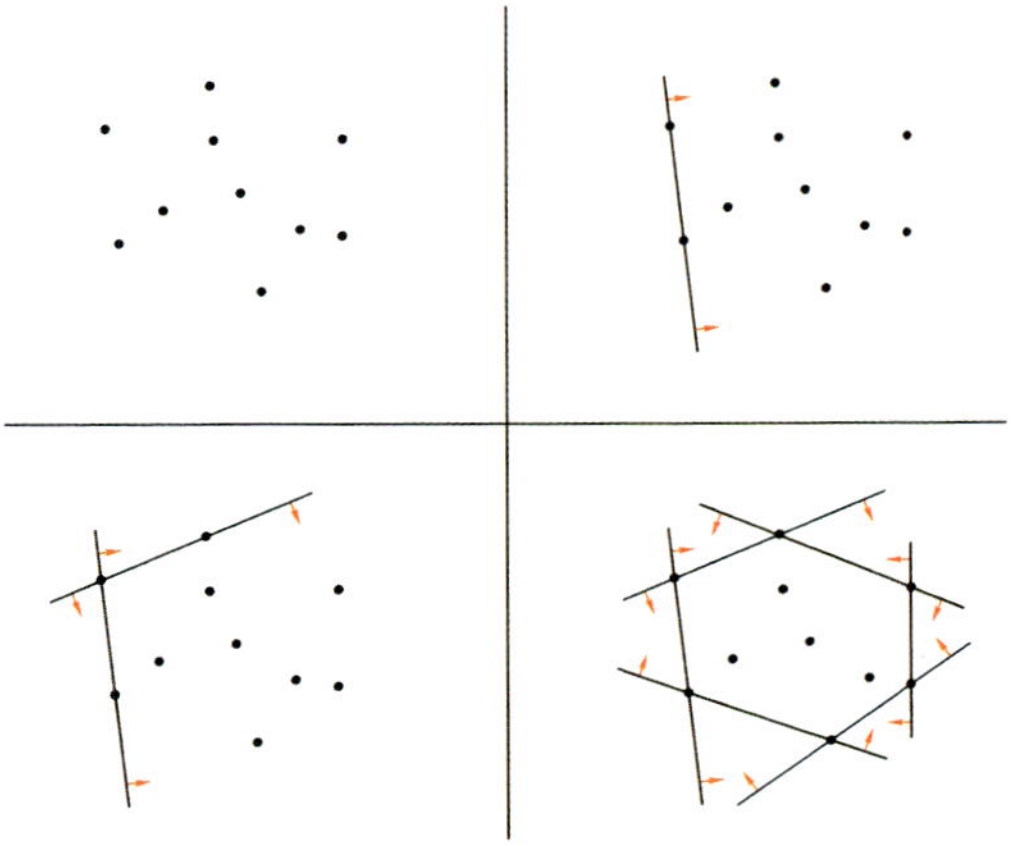

図 5.17　線形の制約条件を集める。

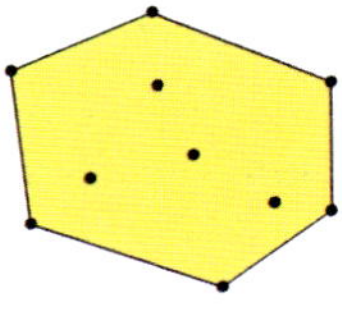

図 5.18　凸包。

り、すでにもう、グラフの中の巡回路に対応する点の全リストがあるのだ。リストはあるが、ＬＰの許容領域はない。この見方からすると、ＴＳＰの規則探しとは巡回路にひっかかる半空間探しだということになる。

これをもっと詳細に見てみよう。６都市のＴＳＰのためのすべての巡回路は15次元空間にある点に対応する。つまり、都市の対一つが１次元となる。それぞれの巡回路点は０か１で構成され、１は巡回路に入る辺を表す。この値が０か１の点による大きな集合が15次元空間に収まっているが、ありうる最短の巡回路に対応する点を選べるようにしてくれる幾何学的な構造は何もない。その見つからない構造を提供するのが、線形計画法の役目だ。

15次元空間の図は描けないので、２次元での同様の問題を考えよう。つまり、点(x, y)のリストから、特定の目的関数について最大の値をとる点を選びたい。この場合、リストにある点すべてが満たす１次不等式、あるいは言い換えると、すべての点が許容される側になる半空間を探している。そのような問題のために仕立てられる不等式を立てる手順が図５・17に示されている。六つの半空間が与えられた点集合を囲んでおり、囲われた領域のそれぞれの角も、与えられた点になる。これはＬＰの視点からすれば吉報だ。この領域に適用されるシンプレックス法は、ここでの問題に対する最適解をもたらす。

あらためて図５・18に示したぴったり収まる領域を作ることは、ただの幸運によるものではない。実は、ＬＰの許容領域にある点の集合ならどんなものでも、集合にあるそれぞれの角が含まれるように囲うことは可能だ。２次元では、輪ゴムを広げてまたぱちんと戻してこれらの点を囲うことが考えられる。３次元なら、点をパウチ式に密着包装することを考えよう。やはりぴったり合わせられる。さらに高次元に進むと思い浮かべるのが厳しくなるが、結果は20世紀になったばかりの頃、ヘルマン・ミンコフスキーが記述しており、代数と幾何を結びつけることで証明することは難しくはない。

このぴったり包まれた点の集合の領域は、「凸包」と呼ばれる。2次元空間では凸包は特殊なタイプの中が詰まった多角形で、3次元での凸包はプラトン立体やカットされたダイヤモンドのような面取りされた立体となる。この図形は一般に凸多面体《ポリトープ》と呼ばれ、数学者が昔から調べてきた対象だ。ギュンター・ツィーグラーによる解説書『凸多面体の数学』は、この研究分野のとほうもない細かいところを紹介している。この本の詳細は上級者向けだが、序論と最初の何章かからだけでも、どうして数学者がこの古典的な幾何学的構造物に関心を抱きつづけるのかについて、よくわかるだろう。★27

TSP多面体

ミンコフスキーの定理が言っていることは、TSPが線形計画法として正確にモデル化できるという事実に他ならない。これによって、TSP規則の探索は、確固とした理論的基盤の上に置かれた。必要な1次不等式はどこかにあって、私たちはそれを見つけるだけだ。

さて、大喜びしすぎる前に、TSP多面体を記述するのに必要な半空間の数は膨大になるという潜在的な難点を言っておかなければならない。都市数が10にもなると、必要な不等式は510億4390万866になることがわかっている。★28 それでも数だけでは私たちはめげない。ハロルド・クーンはこの点を、2008年に行なわれたジョージ・ダンツィク記念講演につけた註で指摘する。原稿で、クーンは自身が1953年に行なったTSP研究を参照している。

その夏、ダンツィクとは何度も連絡をとって、この点をはじめとする問題を議論した。ダンツィクが夏の終わりに私の講演に出席したことは知っている（セルマー・ジョンソン、レイ・ファルカーソン、アラン・ホフマンもいた）。私たちは2人とも、線形計画法で表した巡回セールスマン問題での面（あるいは制約条件）の完全な集合は厖大になるものの、巡回路となる面の部分集合で緩和された問題に対する最適解が見つかれば、根底にある巡回セールスマン問題を解いたことになることも重々承知だった。

私たちに必要なのは、不等式をどう立てるか、つまり私たちが解こうとしているＴＳＰの具体例にとって有効となる不等式をどう作るかについてのちゃんとした理解だ。このことがＬＰでＴＳＰに迫る方式の核心に導いてくれるが、これについては第6章で述べる。

整数計画法

ＬＰの妖精がいて、世界中で線形計画法を使っている人々に一つだけ望みをかなえると言えば、みんな声を一つにして整数解がほしいと叫ぶだろう。もちろん、$33\frac{1}{3}$個のウィジェットが出てくるような生産計画を相手にする面倒臭さは避けたいからだ。けれどもそもそもの目的は、要するに個別の選択となる意思決定がどうなるかをとらえることだ。新しい工場を建設すべきだろうか。イエスかノーか。新製品を発売すべきだろうか。イエスかノーか。このような意思決定は、値として0か1だけをとって分数は認めない変数で考えてよいなら、ＬＰモデルに持ち込むことができる。これは線形計画法の強力な拡張だが、当面、計算法的には大きなコストがかかる。

整数に限定することは、ダンツィクの理論には収まらないし、シンプレックス法などのＬＰの方法で直

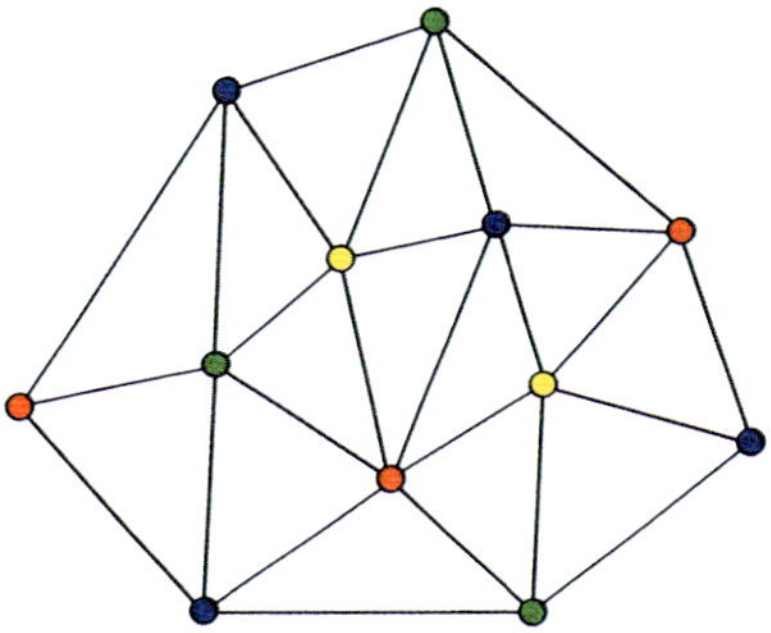

図 5.19　グラフの 4 色彩色。

図 5.20　マイケル・トリック、2010 年。

接に扱えるものではない。それでもＬＰを使う何万という人々は先へ進み、毎日そのような制限を自分のモデルに入れている。整数のみの変数がもたらす柔軟さに抵抗できないのだ。この拡張された枠組みは、整数計画法《インテジャープログラミング》、略してＩＰという。

整数計画法がどれだけ有能になりうるかを詳細に述べた最初の人物は、他ならぬダンツィクだった。ダンツィクは、最適化の分野でも複雑性の理論の分野でも根本となる論文を書き、最適化の分野で重要な問題の長いリストにあるそれぞれの問題が、どうすればＩＰ問題としてモデル化できるかを示した。[★29]ダンツィクは１９６３年のＬＰの本で、その成果を次のように解説している。[★30]

> ここでの目的は、変数の一部あるいはすべてが整数の値をもつ線形計画法に帰着できる問題を系統的に見渡し、分類することだ。難しくて一見しただけでは不可能なような、非線形で、非凸で、組合せ論的な性格の大量の問題が、今や直接に攻略できることを示す。

ダンツィクの問題区分には、ＴＳＰと、地図を最適に彩色する問題とが含まれる。

彩色問題は、整数計画法が実際どうはたらくかを見る格好の例だ。ここでは地図を彩色するのではなく、もっと一般的な、グラフの辺に色を割り当てて、どの頂点をつないでも、辺の両端の色が異なるようにするという問題を考えよう。これは地図の問題を、地図にある各領域の中の1個の頂点に置き換え、二つの頂点を、領域が境界で接するときにつなぐ辺とすることでとらえている。

4色グラフの例を図5・19に示した。この特定のグラフは3色では塗り分けられないことは容易に見てとれるが、一般的には、3色では足りないことをはっきりさせるのは難しい。これをＩＰモデルとして立ててみよう。それぞれの頂点iについて、$x_{i,赤}$、$x_{i,緑}$、$x_{i,青}$という三つの負ではない変数をとり、$x_{i,赤}$は頂点iが赤なら1、そうでなかったら0とする。また緑と青についても同様にする。頂点には3色のうち1色を割り当てなければならないので、

$$x_{i,赤} + x_{i,緑} + x_{i,青} = 1$$

という制約条件が得られる。任意の辺(i, j)について、頂点iとjの両方に同じ色を割り当てることはできないので、次の三つの制約条件が得られる。

$$x_{i,赤} + x_{j,赤} \leq 1$$
$$x_{i,緑} + x_{j,緑} \leq 1$$
$$x_{i,青} + x_{j,青} \leq 1$$

この連立不等式に対する整数値解が、赤、緑、青での可能な色分けを与える。ところが、整数の制約がないモデルへのLP解なら、すべての変数を⅓にセットすることもできるが、それでは頂点に色を割り当てるために使える情報はもたらさないことに注目しておこう。整数変数が決め手となる。

IPとしてのTSP

ある意味では、私たちはすでにTSPを整数計画法問題としてモデル化している。実際、整数変数を使えば、次数制約条件と部分巡回路不等式の組合せは、どの解も巡回路になることを確実にする。これはIPモデルだが、直接にIPソルバーに委ねられるモデルではない。難しいのは、部分巡回路不等式の数が、

n都市の場合、およそ$2^{n/2}$本になることだ。

この理由でダンツィクはTSPの代替モデルを、負でない変数をn^3個使うが、制約条件は$n+n^2$個だけにして記述した。みそは、2都市間の辺を使うかどうかだけを特定するのではなく、その辺が巡回路の中のどこにあるかも特定することだ。アルバート・タッカーのような他の初期のTSP研究者は、もっと少ない変数と制約条件のIPモデルを発見したが、こうしたものをセールスマン問題のための実用的なツールとして強調することはしない。実用的な成績で言えば、これまでのところ、部分巡回路の式と、次章で述べる方法とが代替モデルでは優勢になっている。それでも、コンパクトなモデルが存在するということから、IP問題を解くことが一般に難しいことを納得してもらえるはずだ。多項式時間でのIPソルバーがあれば、そのまま多項式時間でTSPソルバーが与えられる。

IPソルバー

一般的にはIPモデルを解くことが難しいとはいえ、実世界では数々のビジネスソフトでIPソルバーが繰り返し作られている。TSPの場合と同様、挙手して一般のIPは解けないのではないかと発言しても効果はない。この問題はアルゴリズム工学の方式で取り扱う必要があり、実際そうなっている。この成果はTSP研究者に代わってつけを払ってくれることが多く、既知のほとんどすべての一般IPの方法は、まずセールスマン問題の解法を探す中で発見された。

世界中で作られるビジネス用IPモデルを解くために、商用の市場では、いくつかの非常に高度なソルバーどうしが競っている。こうしたコンピュータ用のプログラムは実用的な性能の点でこの20年のあいだに大きく前進していて、これからも、セールスマン問題やその兄弟であるIPの扱い方がもっと理解されるにつれて、さらに性能が向上するはずだ。

オペレーションズ・リサーチ

線形計画法も整数計画法も、数学、計算法、経営学、科学、工学、いろいろな部門で見られる。それでも、LPとIPにいちばん密接につながっている研究分野はオペレーションズ・リサーチと呼ばれる分野だ。

オペレーションズ・リサーチ（OR）の由来は20世紀半ばの軍隊での計画に関する研究にある。そのため「作戦《オペレーションズ》」という名がついている。今や世界中にそのための学科や研究拠点がある。アメリカでは、OR専攻課程は、バークレー、カーネギーメロン、コロンビア、コーネル、フロリダ、ジョージア工科、リーハイ、ミシガン、マサチューセッツ工科、ノースウェスタン、プリンストン、ラトガース、スタンフォードなど、多くの大学で見られる。

ORとは、マーケティングの会社が言いそうなことではないかもしれない。実際のところ、あるマーケティング専門家がこの分野のために考えたスローガンは「『より良い』の科学」だ。これはINFORMS（オペレーションズ・リサーチおよび経営学学会）という専門家団体が行なった宣伝活動の中心だった。キャンペーン用の資料は、「オペレーションズ・リサーチとは」という問いにこう答えている。「要するにオペレーションズ・リサーチ（OR）は、高度な分析方法を応用して、より良い判断を下す助けになる研究分野です」。これはこの分野をきれいにまとめていて、ORを使っている業界が、ヘルスケアから輸送から金融から林業まで、いろいろな産業にまたがっていることを痛感させる。意思決定が行なわれるところならどこでもＯＲが応用できる。ＯＲ研究では、線形計画法や整数計画法などの最適化ツールを、確率論、ゲーム理論などに由来するモデル化手法と組み合わせる。

この分野の活気と幅の感触を得るには、カーネギーメロン大学のマイケル・トリック教授の書いたものに勝る出発点はない。ＩＮＦＯＲＭＳの会長も務めたことのあるトリックは、本人の専門であるスポーツの日程作成へのＯＲの応用も含め、ＯＲのあらゆることに関する活発なブログを運営している。[★31] トリックは最適化手法の実用的な機会を特定するのに優れた才能があるので、ＴＳＰの新しい応用を探すなら、このブログからは目が離せない。[★32]

第6章　切除平面

ダンツィク、ファルカーソン、ジョンソンは、あるモデルについて糸で求めた解（確かに最適だった）から始めたが、それでも何億回もの切除が必要になる可能性に直面しなければならなかった。

——アラン・ホフマン、フィリップ・ウルフ、１９８５年★1

巡回セールスマン問題に対応する線形計画法緩和はひどく複雑だ。シンプレックス法は、何億にも及ぶ制約条件のある問題には適していない。幸い、ダンツィク、ファルカーソン、ジョンソンが、そのような複雑な問題を処理するためのすっきりとしたアイデアを出している。３人による切除平面法は、ＬＰ問題全体を一発で解こうとはせず、ＬＰ限界を「その都度払い」方式で計算して、必要なときだけ特定のＴＳＰ不等式を生成する。これはゲームのあり方を変えたし、セールスマン問題だけの話でもなかった。

切除平面法

ダンツィクらの合衆国めぐりの巡回路に至る道は、次数LP緩和と、その図6・1に示した解から始まる。赤で引いた辺はLP値が½、黒で引いた線は値が1、他の変数はすべて値が0とされる。すぐにわかるのは、シンプレックス法は嘘をつかないということだ。どの都市でも値の合計が2となる辺が集まっている。つまり2本の黒い辺か、2本の赤と1本の黒かになっている。また、解が確かに巡回路ではないこともわかる。明白な点は、北東部分にある、孤立したセールスマンが島から出る道のいずれをもとっていない、4都市による島だ。この難点は、部分巡回路消去制約条件を量産してすべて出せば消えるが、それはつまりモデルに2兆1990億2325万4648本の不等式を加えるということだ。LPソルバーへの注文としてはなかなか厳しい。

このランド・チームの手計算に関する才能は否定できないが、当然、3人は2兆にも及ぶ部分巡回路不等式を直接に操作したわけではない。3人の扱い方はずっと絶妙だ。LP解を指針として用い、シンプレックス法が最適解を返せばそれが巡回路となるような、すべての巡回路について成り立つちょうど必要なだけの不等式を見つけにかかった。すべての巡回路がLPモデルに対する潜在的な解となれば、シンプレックス法で特定される解が最適解とならざるをえない。

事態を動かすために、第1段階として、図6・2の1の図に描かれた、北東の島に対応する1個の部分巡回路消去制約条件を選ぶ。LPモデルにその条件を加えた後、シンプレックス法が2の図に示された解を浮かび上がらせる。これでまた島が現れたので、この五大湖地方の7都市に対応する第2の部分巡回路

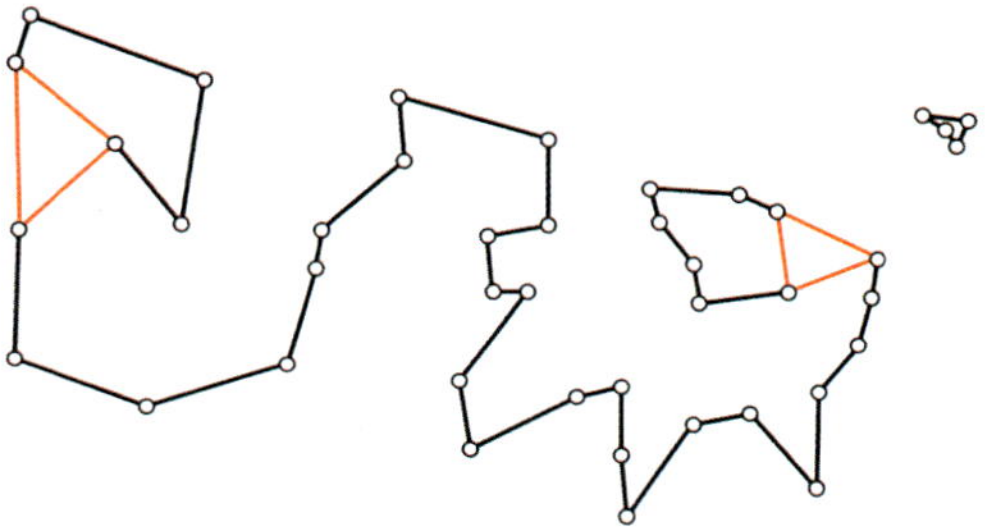

図 6.1（左） 可変上限を有する次数 LP 緩和解。

図 6.2（下） 切除平面法の最初の 7 段階。

消去条件で島をつぶす。シンプレックス法は、再び今度は国の中央にある4都市による島を含む新たな解で応じる。これは老朽化したダムの穴をふさぐのに似ているかもしれない。1か所を修理しても必ず別の穴が出てくる。実は、ダンツィクらの論文の元の原稿は、この手順がランドの同僚の研究者エドウィン・パクソンによって、「堤防指つっこみ法」と呼ばれていたことを述べている。★2

しかし何ごとも見かけにはよらないものだ。解は巡回路に近づいていないように見えるかもしれないが、それでも大きく前進している。1のLPモデルは、目的関数値641の解を出すが、北東部の部分巡回路消去条件を一つ加えると、これが676まで上がり、その次の条件を加えると、上限が681にまで上がった。新しい解が出るごとにやっかいな島が現れるとはいえ、明らかに良い方向へ進んでいる。図6・2に示されている次の5段階は、682・5、686、686、688、697と続く。

この並びの最後の解の値は、最適巡回路の長さより2単位短いだけになっている。これはすごいが、どうやって続けるのだろう。解には島はないが、それ自体は問題ではない。実際、図6・2を注意深く見ると、4のところに島がない解があるのがわかる。その場合、この群から残りの都市へ行く合計の値が1となる、つまり2本の赤い辺がある都市群があった。そのような集合は、最終的なLP解には現れない。後でこの解が、確かに部分巡回路消去制約条件をすべて満たすことを見る。これだけでも非常に興味深い。それはつまり、2兆を超える部分巡回路消去制約条件すべてに対する最適解を、七つの条件を加えるだけで計算したということだ。実におもしろいが、TSPの42都市の例を解くのには十分ではない。なんとかして上限を699という最適巡回路の長さまで上げなければならない。

確かに、すでに使える部分巡回路消去制約条件は使い果たしているが、42都市TSP多面体の記述にあるものから選ぶべき不等式は他にもたくさんある。私たちはまさしくこのLP解では満たされないものを見つける必要がある。ダンツィクらは創造的な場当たり《アドホック》の論拠を使って、そのような制約条件を二つ明らかにしたが、私たちはこれの代わりに、図６・３の左側に示されたベン図のように並べられた、四つの部分集合がかかわる一般的規則を使うことができる。同じ図の右側に描かれたようなありうる巡回路をいじっていれば、どの巡回路も四つの集合境界を、少なくとも10回はまたがなければならないことに納得できるはずだ。言い換えれば、どの巡回路も、４本の部分巡回路不等式をまとめて、右辺の値を10で置き換えることによって得られる制約条件を満たさなければならない。[★3]

４集合配置をとると、アメリカの問題を片づけることができる。第８の制約条件として、図６・４の最上段の図に示された集合に対応する条件を取り上げよう。黄色の集合の境界は３本の黒の辺がまたぎ、二つの青の集合は黒の辺が１本と赤の辺が２本またぎ、もう一つの青の集合の境界は、４本の赤の辺がまたぐ。これらをまとめると、四つの集合の境界は、黒の辺が５本、赤の辺が８本またいで、合計のＬＰ値は９になる。[★4] これは求められる10より少ないので、この４集合についてまとめた不等式をＬＰモデルに加えると、図６・４の中段の図に示された値が６９８の巡回路が得られる。次の４集合を加えると片がつく。シンプレックス法が巡回路を出す。ここまで来ると、双対ＬＰ解を持ち込んで、このＴＳＰの例については確かに６９９が最適値であることが納得できる。

９条件をまとめて、合衆国を回るセールスマンのルートを決めるという難問の片がついた。これはすごい。何兆という条件から九つだ。ランドのチームはこのように一歩ずつ進めようとする場合にさえ、とてつもない直観を有していたわけだ。とりわけ、手計算で計算を実行するのに必要な作業量を知れば、そのすごさがわかるだろう。

選ばれた九つの条件は切除平面と呼ばれる。各段階で不等式に対応する半空間が、モデルの許容領域か

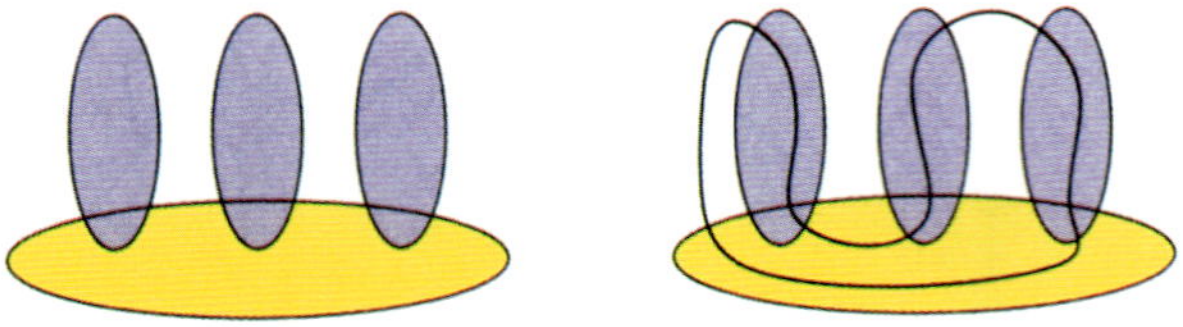

図 6.3　少なくとも 10 回はまたがなければならない 4 集合配置。

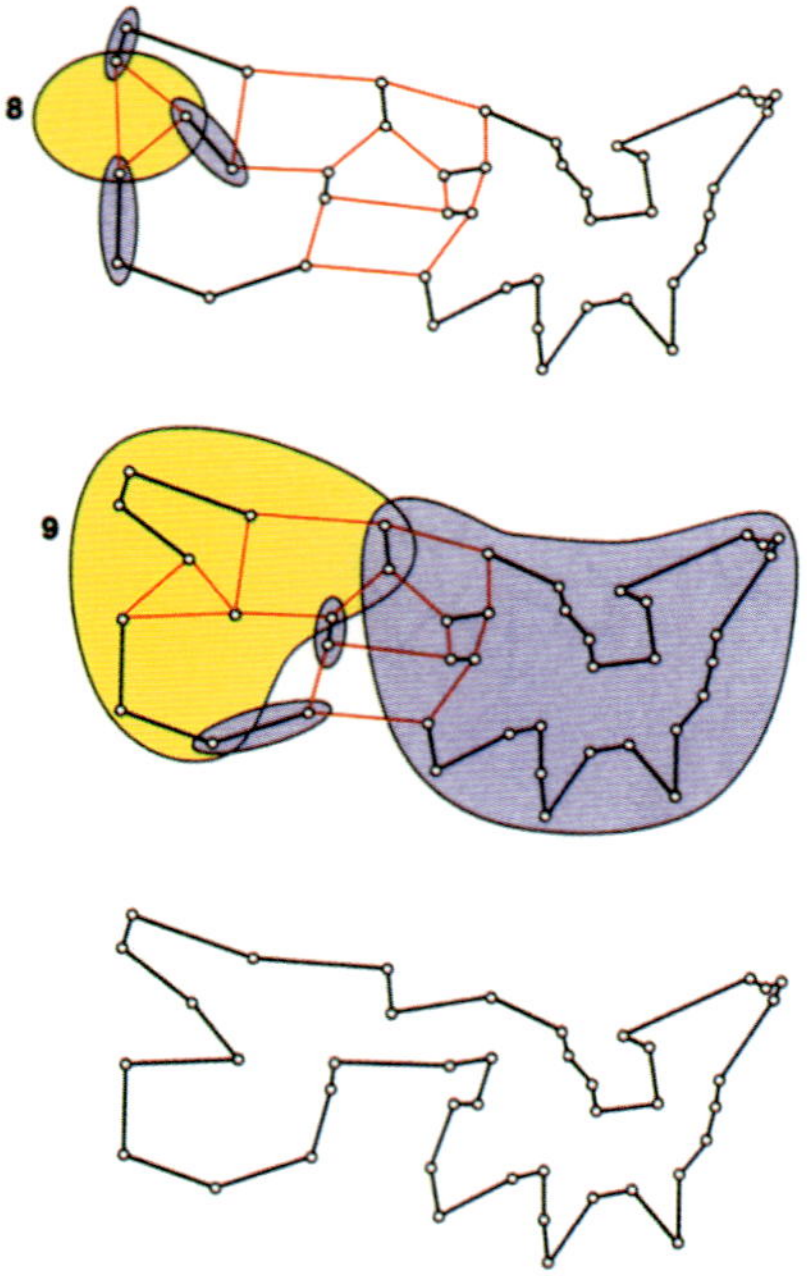

図 6.4　切除平面法の第 8、第 9 段階。

図 6.5　ジョージ・ダンツィク、レイ・ファルカーソン、セルマー・ジョンソン。提供：The National Academy of Engineering, Mrs. Merle Fulkerson Guthrie, and the University of Texas Center for American History

図 6.6　ヴァシェク・フヴァータル。撮影：Adrian Bondy. All rights reserved.

ら、現段階のLP解を切り取るからだ。手順全体は切除平面法と呼ばれる。パクソンが提案したほど華のある名ではないが、悲観的でもない。

ダンツィクらはその有名な論文を、次のような控えめな見解でしめくくっている。[★5]

巡回セールス問題に関する理論的な性質について立てられそうな問題には、実際上何も答えないままになっているのは明らかだが、そこそこの数の点が入っている問題を攻略できるということを明らかにする点では成功し、たぶんこのアイデアのいくつかは、似たような性質の問題で使えるものと希望する。

確かに成功している。この成果の影響は、応用数学の世界では今でも感じられている。

TSP不等式の目録

ダンツィクらが用いた二つの非部分巡回路不等式のうち第1のものは、ここでの4集合配置の第1の形を変えたものだ。ところが、第2の非部分巡回路不等式はまったく違っていて、脚註はこの試みの目立たない主人公としてアーヴィング・グリックスバーグを参照している。「我々はこの種の関係を指摘していただいたことについて、ランドのI・グリックスバーグに感謝する」。[★6]

友人のグリックスバーグが生み出したものであっても、アドホックな論拠に依存しないほうがよいかもしれないことはわかっていて、ファルカーソンはTSPの専門家、イジドア・ヘラーに、1954年3月

11日付で手紙を書いている。ファルカーソンが「C_n」としているものは、n都市問題についての巡回路の凸包のことだ。

最近、G・ダンツィク、S・ジョンソンとともに、私は線形計画法の手法を介してこの問題の計算法的な面について調べました。もちろん、一般のnについて巡回路の凸包C_nのすべての面はわかっていないのですが。それでも私たちが使った方法は有望です。とくに言えば、48都市を用いた大規模な問題について、最適巡回路が手計算で、かなり早く見つかりました。私たちは、ダンツィクのシンプレックス法を点のマップという観点で移し替える際、またぐ方向だけが異なる巡回路を特定すると好都合であることを知りました。たとえば、C_5は10次元空間にできる25の超平面の組合せによって規定できます。C_n一般についてはよくわかっておりませんが、先生の論文が手に入るなら、それを読むことでもっと学べることがあるのではないかと存じます。

同様の要望の手紙が、1954年3月11日にはダンツィクからハロルド・クーンに、1954年3月25日にはダンツィクからアルバート・タッカーに送られている。ランドの研究者がTSP多面体の構造について積極的に情報を求めて自分たちの切除平面法を改良しようとしていたことは明らかだ。

櫛形不等式

ダンツィクらは助力を求めたが、研究者社会はなかなか応じなかった。あまり時代に先駆けすぎるのも不利なことがある。やっとヴァシェク・フヴァータルがこのテーマを選んだのは1970年代の初めで、

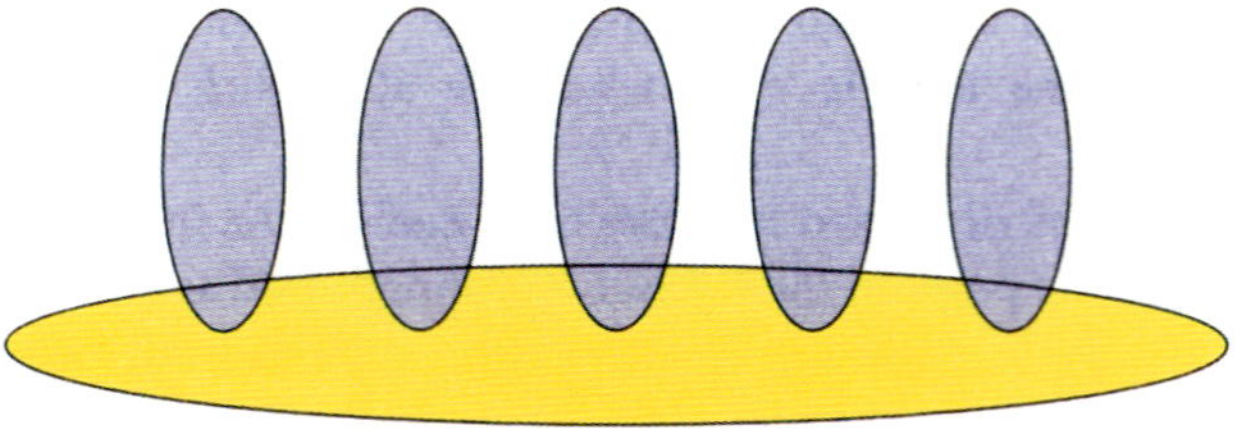

図 6.7　5本歯の櫛のベン図。

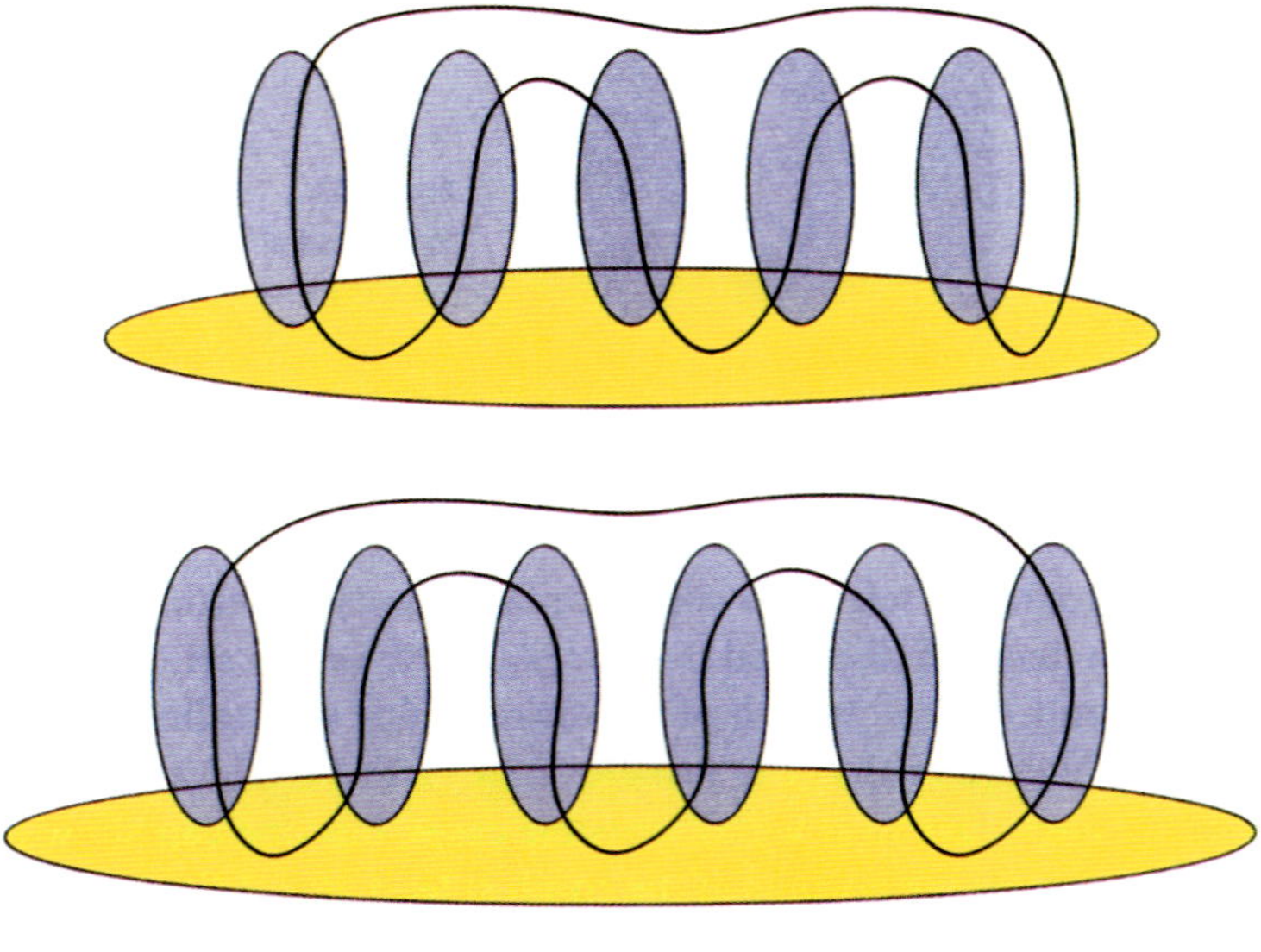

図 6.8　5本歯と6本歯の境界をまたぐ巡回路。

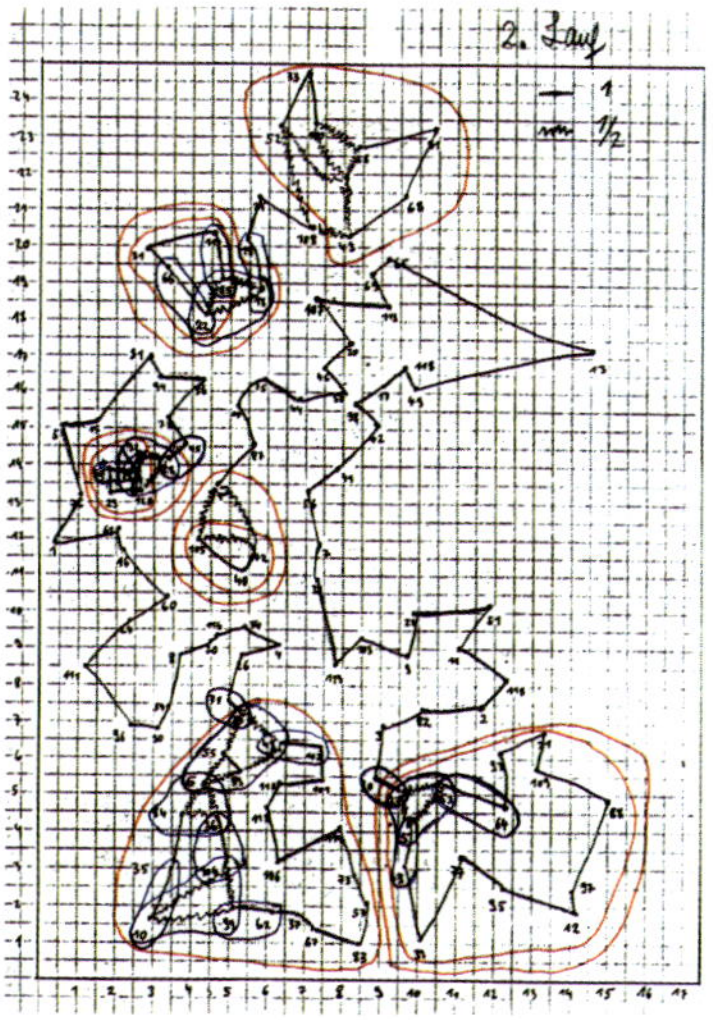

図 6.9　マルティン・グレーチェルの切除平面。提供：Martin Grötschel

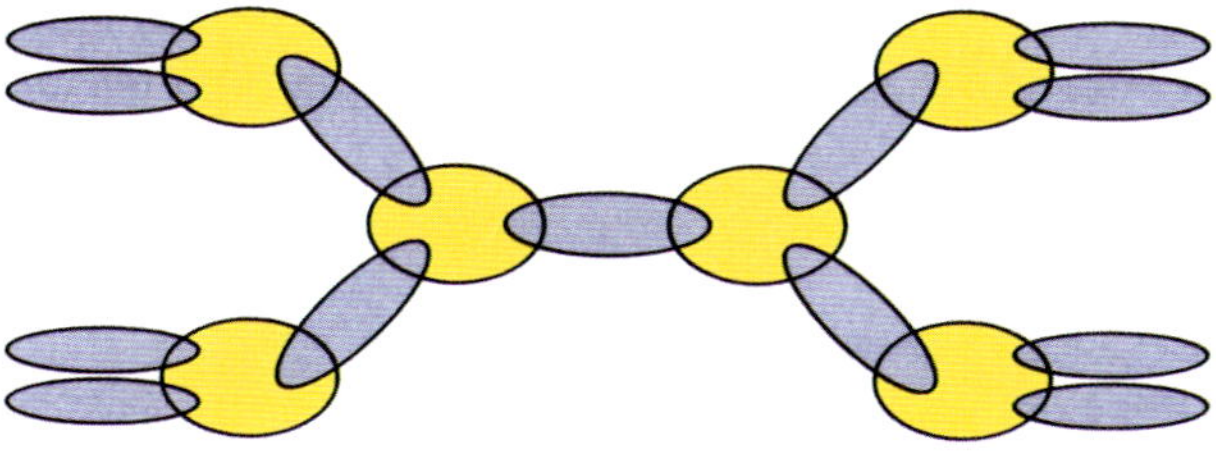

図 6.10　クリーク・ツリー。

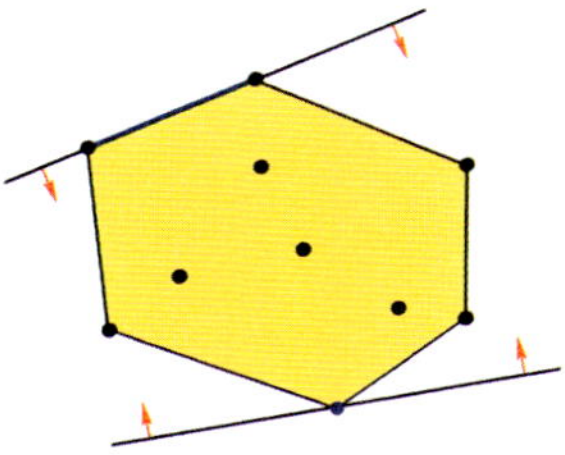

図 6.11　側面定義不等式と非側面定義不等式。

その「櫛形不等式」に関する研究が、再び研究を動かしはじめた。ランドの研究から20年近くがたっていた。[★7] すぐにマルティン・グレーチェルとマンフレッド・パドバーグが続いて、櫛形の拡張と分析をもたらし、それがさらにその後の研究のひな形となった。[★8]

「櫛」というのは、頂点の部分集合の集まりが、図6・7に示されたベン図のように並べられるところを指している。黄色の集合は、櫛の手で持つ部分に当たり、ばらばらに分かれた、櫛の歯に相当する青の集合がそれぞれ重なっている。この櫛の歯の数kは、少なくとも3で、奇数でなければならない。ありうるすべての場合を尽くすのにはいささか注意を要するが、4集合の配置について見たことを拡張すると、どの巡回路も櫛の境を少なくとも$3k+1$回はまたがなければならない。

$3k+1$の感触を得るには、図6・8の図をよく見るとよい。上段の図は、5本歯の櫛を巡回路がどう回るかを示している。境を何回またぐか数えると全部で16回、つまり$3\times5+1$になることがわかる。下段の図では、歯が6本ある配置をたどることになる。これはだめだ。6は奇数ではないし、巡回路は境界を18回しかまたいでおらず、これは必要とされる$3k+1$回の規則に1回足りない。この偶数の場合には、歯を2本1組にして、歯の外側を通らなくてすんだ。

櫛がアメリカの42都市データ集合に片をつけることは見た。次の例は、グレーチェルがドイツの120都市を回る最適巡回路で新記録を立てたものだ。グレーチェルの可能な切除平面法での手描きのLP解が、図6・9に示されている。この元の作業が見られるのはすごい。½の値がついた辺が波線で記され、違反する部分巡回路消去制約条件が赤く囲われ、違反する櫛の持ち手と歯が青で囲われている。この計算の各回で、グレーチェルは複数の切除平面を加えている。これは大規模なセールスマン問題に取り組むときは、おおいに推奨される。

TSP多面体の面取り

グレーチェルの計算の成功は、この分野の人々に、もっとTSP不等式のいろいろな区分を調べて前に進むよう求める役目をした。そういう試みの最初の成果は、グレーチェル本人がウィリアム・プリーブランクとともに得たもので、櫛を複数の持ち手がある形に拡張していた。[★9] その構造は、図6・10に示された例のように交互に並んだベン図がツリー状の形をしていることから、「細分ツリー《クリーク》」と呼ばれる。

グレーチェルとプリーブランクの成果には他の研究者グループも追随し、さらにワイルドに見える図が次々と出ている。制約条件の不等式はワイルドかもしれないが、作業はTSP多面体の基本構造に導かれた。この特定の幾何学的構造は、高次元のTSP世界にあって記述しにくいが、2次元に戻ってみれば、考え方は明瞭だ。

図6・11に示された凸包を考えよう。示された半空間のそれぞれは、集合にある少なくとも1点で接しているが、上側で区切られた半空間のほうが基底的だということには、誰でも合意してくれるだろう。実は、この種の半空間は六つだけで、これで凸包はすべて記述できる。六つの半空間は「側面定義不等式《ファセット》」と呼ばれ、それでできる六つの境界は、この多面体の「側面」と呼ばれる。

TSP多面体の絵を見やすく描くことはできないが、舞台が高次元になっても側面の考え方は持ち越される。[★10] 側面定義TSP不等式は、次数制約条件と合わせて、巡回路の凸包を完全に記述する。そしてこの不等式のそれぞれが、そのような巡回路の記述のいずれにも含まれていなければならない。つまり、多面体の構造がすべてわかっていなくても、特定の不等式が、巡回路の集合を完全にとらえる完備されたリストのいずれにも入っていなければならない。

ハロルド・クーンらは1950年代、小さなTSP多面体の側面を調べたが、可能性のある切除平面の目録を作るときに、側面定義不等式に集中することを最初に唱えたのは、グレーチェルとパドバーグだった。[★11]

私たちがこの事実を確かめようとする関心は二つある。まず、このものすごく複雑な多面体を定めるときに、唱えられた不等式のうちどれが本当に肝心なのかを知りたいという数学的な関心。もう一つは、側面は、整数計画法の意味では「最強の切除平面」だということで、したがってそのような不等式が、この難しい組合せ論的最適化問題の数値解において相当の計算法的価値をもつと予想するのは当然だ。

クーンらは部分巡回路不等式と櫛形不等式が側面定義不等式だということを明らかにして、グレーチェルとプリーブランクは、クリーク・ツリー不等式もこのエリート集団にあることを証明した。

側面探しは1990年代を通じて求められ、グルノーブルのドニ・ナデフとローマのジョヴァンニ・リナルディが突撃の先頭に立っていた。[★12] この仕事は豊かな情報をもたらし、それはまだ計算法の研究ではすべて利用しきれていないほどだが、TSP多面体の知識は完全にはほど遠い。一般理論は、10都市多面体について知られている510億の側面のうち、ほんのわずかしか説明しない。前向きな言い方をすれば、私たちはまだたくさんの発見が待っていることを知っている。将来のTSP研究のための、目標豊かな環境だ。

図 6.12　左：エゴン・バラス、スージー・ムーチェット＝パドバーグ、ハロルド・クーン、マンフレッド・パドバーグ、マルティン・グレーチェル、2001 年、ベルリンにて。提供：Martin Grötschel　右：ジョヴァンニ・リナルディ、ドニ・ナデフ、2008 年、オーソワにて。提供：Uwe Zimmermann

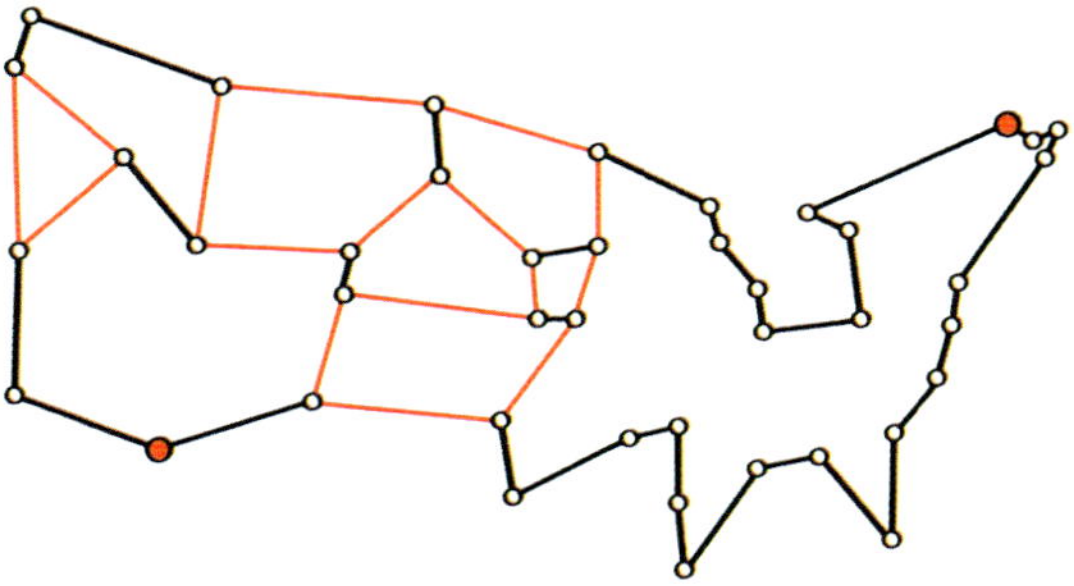

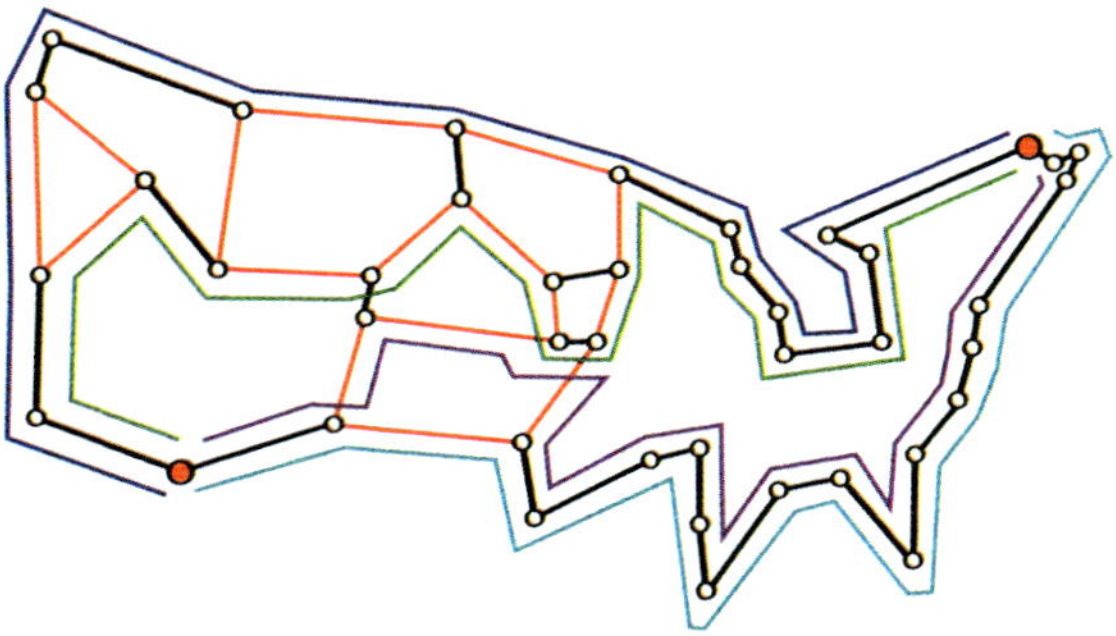

図 6.13　フェニックスとモントピーリアのあいだの 4 通りの経路。

分離問題

いろいろな不等式の目録は、TSPに取り組もうという気がある人には役立つが、この目録を有効に使うのは容易なことではない。実際、セールスマン問題を新たな高みへ押し上げようとすれば、ここでさらに注意が必要となる。

課題は、既知のTSP不等式の中から、特定のLP解が違反するものをいくつか見つけることだ。これは分離問題と呼ばれる。対応する半空間を、巡回路の凸包から解を「分離する」ものと考えているからだ。分離は切除平面法の中心にある。コンコルドなどのコンピュータ・プログラムは基本的に、分離ルーチンを呼び出す束のようなものだ。TSPパーティに参加したいなら、高速で効率的な分離法以上に調べておくべき話題はない。

最大フロー、最小カット

切除平面法の実動部隊は部分巡回路消去制約条件で、こちらの場合では少なくとも分離問題はよく理解されている。ここで用いられる手法は冷戦時代の数学者にまでさかのぼり、この数学者たちは、いっぽうでは東欧の鉄道ネットワークによる物資の移送、他方ではそのネットワークを破壊する効果的な爆撃行動を研究していた。★13

ヨーロッパに移ることはせず、おなじみの42都市TSPのままで進めよう。やはり最初の七つの切除平面を加えた後に得られるLP解を調べる。図6・13に示した対応するLPグラフでは、南のフェニックスから北のモントピーリアまでの四つの経路を示している。この経路に沿って、石油など何かの品物を送ることを考えよう。各辺について、最大 x_{ij} が送れるものとする。つまり、x_{ij} は i と j のあいだのパイプの容量を表す。４通りの経路それぞれで½の値を送れば、出発地から目的地までのあいだで合計２の値の「流れ《フロー》」が得られる。

このフローと双対となる概念は、二つの頂点を分離する「切れ目《カット》」、つまり、それを除くとグラフが、一方は出発点を含み、他方は目的地を含む二つの島に分かれる辺の集合だ。このカットにある辺の容量を合わせると、ありうる最大のフローに対する限界が与えられる。すべての石油はある時点で一方の島から他方の島へ移らなければならないからだ。42都市の例では、カットとしてフェニックスで出会う辺の集合をとる。このカットの容量は２で、これはフローの値と一致するが、それは偶然ではない。

フローとカットの主たる定理は、「強い双対性」、つまり、任意のグラフと、任意に選んだ出発地と目的地について、フローの最大値はカットの最小容量に等しいということだ。さらに、最大のフローを計算する標準的な多項式時間のアルゴリズムは、最小のカットも計算する。

カットの容量はまさしく、できた二つの島の一方に対応する部分巡回路不等式の値を評価したものだということに注目しよう。つまり、フェニックスとモントピーリアのあいだのフローの値が２であることは、この二つのどちらか一方だけを含み、他方を含まない集合に対応する違反部分巡回路不等式がないことを意味する。この構成を残った目的地点40個の選択のそれぞれについて繰り返せば、そもそも違反部分巡回路不等式はないことが明らかになる。★14

一般的には、部分巡回路分離問題を解くために、出発地点を選んでもう一つの頂点までの最大フローを計算する。つまり、$n-1$ 個の最大フロー問題を解く。その結果のそれぞれの値が２なら、違反部分巡回路不等式はないことが確かになる。他方、その結果のいずれかでも2より小さければ、対応する最小カットは違反不等式を生む。[★15] 時間がかかりそうに見えるかもしれないが、この過程は非常に高速に実行できる。

櫛分離

部分巡回路消去制約条件はどうなるだろう。大丈夫。櫛状不等式は？ それほど良好ではない。当座は、違反櫛形不等式が存在するとしても、それを必ず特定する多項式時間アルゴリズムは知られていない。櫛形分離問題もNP完全の複雑性クラスにあるかはわかっていないので、その地位はまったくの未定だ。結論が出ていない結果に関して必要な多くのことが、重要な研究問題に移し替えられる。

これは櫛が今のところ計算法の中では見過ごされているということではない。コンピュータ・プログラムは何としても、部分巡回路消去制約条件が成り立たないとなった後にLPの限界を押し上げるための櫛を生成しなければならない。これは櫛の持ち手を大きくして歯を小さくし、集合を分割するなど、多くの操作のための試行錯誤方式によって達成される。これはごちゃごちゃすることもあるが、出だしでは、違反櫛は実際にはかなり簡単に特定される。実は、不等式の形式からすると、潜在的な歯として、現在のLP解にある値が2に近いものがまたぐ境界をもつ集合を考えるのがよいらしい。そのような潜在的な歯のお手軽な供給源は、LP解にある $x_{ij} = 1$、つまりLPグラフにある黒の辺の端となる集合 $S = \{i, j\}$ だ。つまり、第1段階として黒の辺をすべて削除し、残った赤の島を調べることができる。その島のどれの境界でも、削除された黒の辺が奇数本集まるなら、違反櫛形不等式が得られる。島が持ち手で黒の辺が歯だ。この過程は図6・14に図示されている。二つの櫛形不等式かもしれないものが、部分巡回路LP緩和の解に見られる。ここでの計算では歯が3本のものを選んだ。

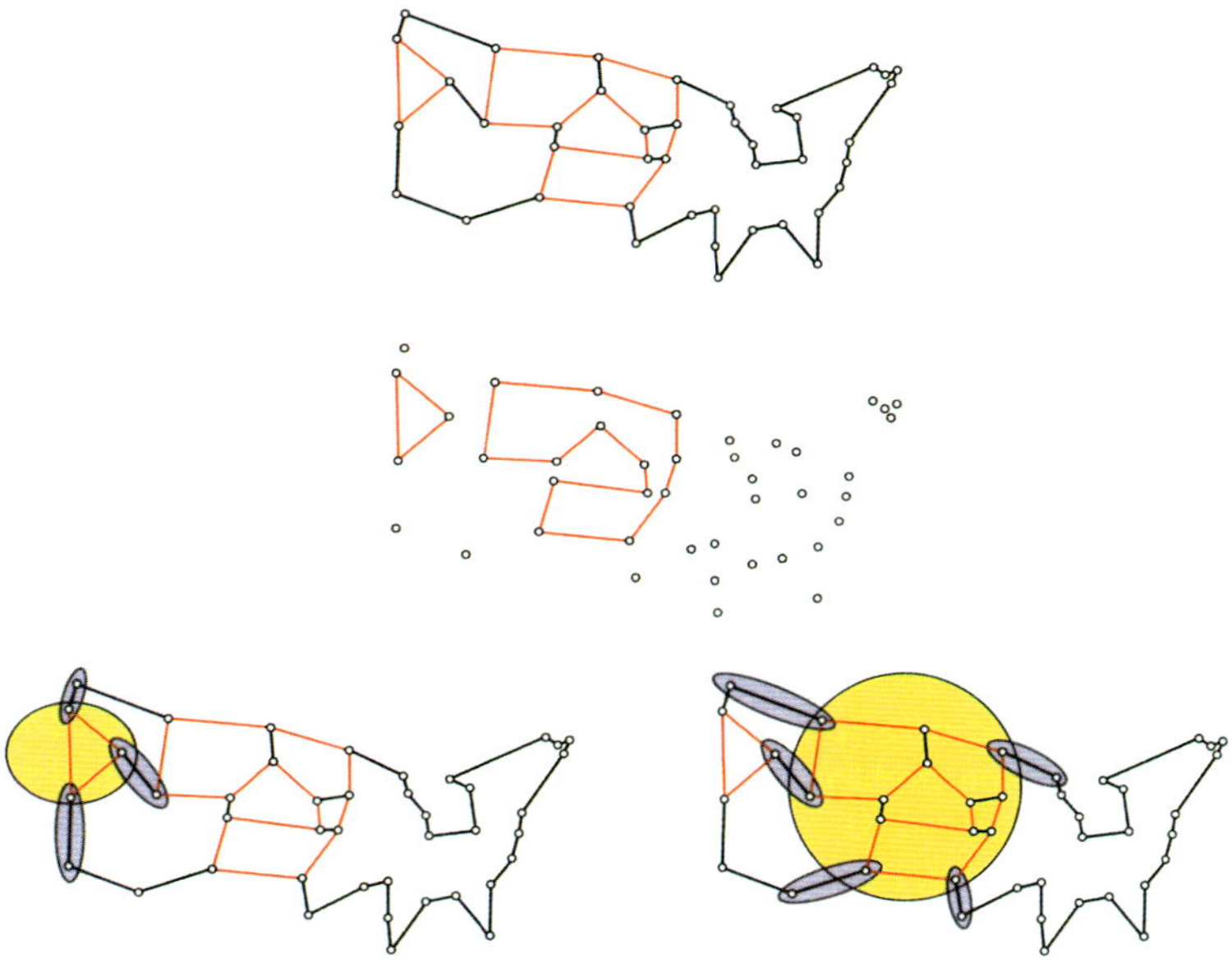

図 6.14　赤の島から二つの櫛。

今述べたてっとりばやい方法のほかに、1本辺の櫛を求めるいくつかのもっと手の込んだヒューリスティックなアルゴリズムや、多項式時間で実行される厳密分離の方法もある。これらの手法はけっこううまくいき、本当のアルゴリズム工学のやり方で、研究者はその成果を一般的な櫛を求める試行錯誤のアルゴリズムで利用してきた。みそは、都市群を1個の頂点に置き換え、それから縮小したグラフの中に1本辺の櫛を探すところだ。見つかるどの櫛も元の一般的な櫛にさかのぼって広げることができる。ここのこつは、創造的な方法で都市群を選ぶことで、ふつうはLP解の中の2に近い値の境界をもつ集合を探す方法を使う。この種の縮小するヒューリスティックが、42都市の計算を完成させた大きな3本歯の櫛をもたらした。

またがないLP解

櫛分離アルゴリズムの探索はきれいな仕事には見えないかもしれないが、いろいろな研究分野から方法や構造を取り入れて、興味深い数学を生み出すこともできる。好例がコーネル大学のライザ・フライシャーとエーヴァ・タルドスが1990年代の終わりに行なった研究だ。[★16] この2人は、ただちにアルゴリズムを開発しなければならないという、計算法研究で生じる必要が優勢な分野にあって、一歩退いて、試行錯誤的なヒューリスティック・アルゴリズムではなく、すっきりした正確な理論的結果として、櫛一般について最初の成果を得た。

フライシャー゠タルドスによる研究の主要な考え方は、先に見た42都市の解や、図6・15に示した1000都市の解のような、交差する辺のないグラフとして描けるLP解に集中することにある。これはきれいな制限だ。TSPの幾何学的な例は、しばしば交差のない、あるいはほとんどないLP解をもっていて、この構造は、一般的な事例では使えないグラフ理論のツールを利用できる。フライシャー゠タルドスの分析は多項式時間で実行される分離アルゴリズムを生むが、もたらされる櫛について質をうんぬんするのには慎重にならなければならない。

巡回路はどれもk本歯の櫛の境界を、少なくとも$3k+1$回またぐ。また、部分巡回路消去制約条件をすべて満たすLP解はどれも、少なくとも$3k$の値をもつ、つまり、櫛形不等式が成り立たないのはせいぜい一つだということも正しい。さて、フライシャー＝タルドス・アルゴリズムは、値が$3k$となる櫛が存在するような、交差のないLP解を提示されると、一つの違反櫛を生み出すことが保証される。しかしその方法は、小さな数δについて、$1-\delta$差で成り立たない櫛を特定できないかもしれない。これは喜んでばかりもいられない。一方では、アルゴリズムが最大の違反をもつ櫛を見つけるというのは良い話だが、他方では、実践的に見ると、アルゴリズムが失敗するときに存在しているかもしれない他の多くの櫛は見逃してしまうというのはまずい話だ。

多項式時間アルゴリズムを立てて、非交差LP解についての櫛分離問題を解く点は解決されていない。そのような結果があれば重要な理論的成果になるだろうし、TSPの計算にも直接の実践的影響がありそうだ。イギリスのランカスター大学にいるアダム・レッチフォードは、この問題を調べるとき、フライシャー＝タルドスのアイデアを別の方向で採用して、非交差問題で多項式時間の分離が可能になるまでゼロからデザインされた、新しい制約条件のクラスを考えた。★17 レッチフォードの制約条件は「ドミノ・パリティ」不等式と呼ばれ、櫛だけでなく他に多くの構造も含んでいる。

この「他に多くの」というのは良いことに思えるが、実践的な結果はそれほど明瞭ではなかった。いろいろな計算法的研究から、私たちは櫛形不等式に威力があることは知っているが、レッチフォードの多項式時間アルゴリズムは、違反櫛が使えなくても、側面定義でない場合も含め、もっと一般的な制約条件を

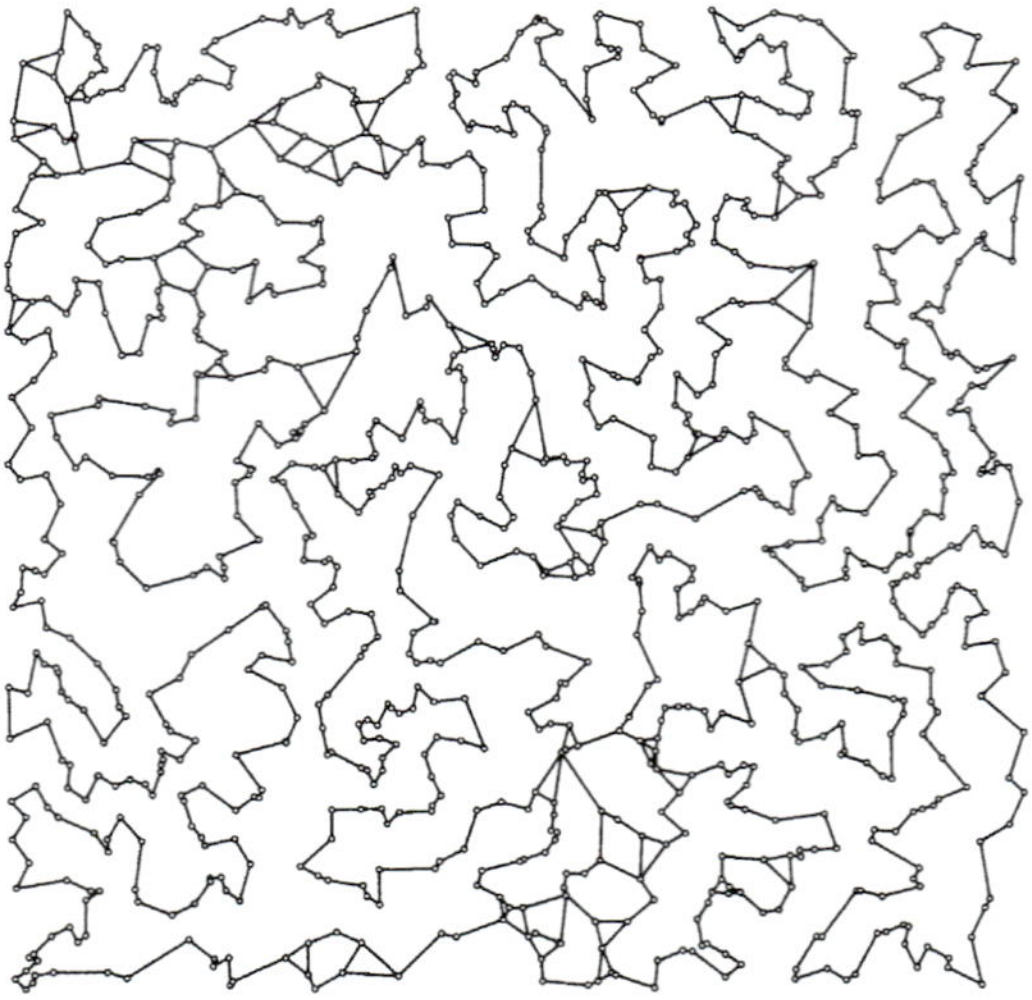

図 6.15　1000 都市の例についての部分巡回路 LP 緩和解。

図 6.16　ライザ・フライシャー、エーヴァ・タルドス、アダム・レッチフォード。

もたらす。シルヴィア・ボイド、サリー・コックバーン、ダニエル・ヴェラによるカナダのチームは、何年か後に、この問題を見事な研究で片づけた。コンピュータでの計算と手計算を組み合わせ、レッチフォードのアルゴリズムは中程度のテスト例に対しては魔法のように機能することを明らかにした。[★18] その成果の後、ジョージア工科大のダニエル・エスピノザとマルコス・ゴイコーレアの大規模な計算法研究が続いて、アルゴリズムを完全自動化した。[★19] 最終結果は、コンコルド・プログラムに対する重要な新モジュールで、これが8万5900都市を解くという新記録に向かってはずみをつける活躍をした。

エドモンズが見た天国

不等式が良ければ限界も良くなるし、限界が良くなれば、高速のコンピュータ・プログラムもできる。しかしこの道筋は100万ドルの賞金につながるだろうか。ジャック・エドモンズによる完全マッチング問題のしびれるような解に前例がある。[★20]

グラフでの完全マッチングとは、頂点を対にする辺の集合のことだ。つまり完全マッチングでは、各頂点が1本の辺だけの端となる。コストが辺に割り当てられるなら、問題は、マッチングにある辺の総コストができるだけ小さくなるような完全マッチングを求めることになる。TSPと同様、そのようなマッチングを効率的に見つける方法はまったく明らかではない。

最適化の方法がわからないのだから、LP双対に助けを求めるほうがよいだろう。実際、完全マッチングは次数制約条件の形を満たす。つまり、各頂点に当たる辺の合計は1でなければならない。これは良い出発点だが、切除平面が必要とされる。それをエドモンズがもたらした。その「ブラッサム不等式」は、頂点が奇数個のグラフは完全マッチングを持てないという事実をとらえている。つまり、任意の奇数個の頂点によるクラスターを考えると、全体が完全マッチングなら、少なくとも1本の辺がそのクラスターをグラフの残りの部分につないでいなければならない。対応する1次不等式は、部分巡回路消去制約条件の形をしていなければならないが、今度は変数の和が少なくとも2ではなく、少なくとも1であることだけを求める。

エドモンズはブラッサム不等式のフルセットを、奇集合Sそれぞれについて一つ、切除平面をひとまとめにして加え、結果としてできる多面体が実はグラフの完全マッチングの凸包であることを証明した。そのような記述をすることで、LP双対性を直接あてはめて、最小コスト完全マッチングを計算する多項式時間のアルゴリズムを得て、一段ずつの切除平面手順を避けることができた。これは特筆すべき結果で、エドモンズは次のようにまとめている。「しかしここに良いアルゴリズムがあり、解かれた整数計画がある。これは確かにありがたい話だった。本当にありがたい話だった。ここに解かれた整数計画がある。私が初めて見た天国だった[★21]」。

これはTSPにも使えるだろうか。エドモンズは1964年、TSP多面体の角の点は厖大な数があっても、それには単純な規定のしかたがあり、側面も単純に規定できるのではないかと論じた。「少なくとも、それができると期待してよい。本当によい巡回セールスマンのアルゴリズムを見つけることは、疑いもなく、そのような規定を見つけることと同等だからだ[★22]」。これは大胆な発言だが、その洞察は賞金にまっすぐ向かっていた。実際、1979年の『ニューヨーク・タイムズ』の1面に出たハチヤンのLPアルゴリズムには、そこで分離ルーチンが使えるのであれば、LP問題の制約条件を明示的に並べることなく実行できるという興味深い特性があった[★23]。こうして、いくつかの細かい条件に沿えば、ハチヤンの成果を使って、良い分離アルゴリズムは良い最適化アルゴリズムを生み、逆に、良い最適化アルゴリズムは良い分離アルゴリズムを生むことが示せた。このことは、マルティン・グレーチェル、ラースロー・ロヴァース、アレクサンダー・スフレイヴァーが１９８０年代に完全な形で証明した、深遠な数学的成果だ。[★24]

ＴＳＰを解くためには、多項式時間の分離アルゴリズムを備え、巡回路の凸包の規定がなければならない。美しい！　ＴＳＰの実用的でアルゴリズム工学的な面は、もっと高速の、もっと優れた分離アルゴリズムを求め、１００万ドルのクレイ賞は、この同じ戦略と結びついている。これが明らかにできればすごいことになって、また別の天国の高みをもたらすだろう。

整数計画法のための切除平面

地上に戻ると、切除平面法も、整数計画法でうまくいく手法はＴＳＰ研究に由来するという通則の例外ではない。切除平面法は現代のＩＰソルバーでもずばぬけて重要な道具だ。部分巡回路、櫛、クリーク・ツリーなどはＴＳＰ固有のものだが、ＬＰ緩和を切除平面を介して一歩ずつ改善する方法全体は、ＩＰの舞台にも引き継がれる。

ＩＰ切除平面を本格的に調べた最初の人物はラルフ・ゴモリーだった。ゴモリーは後に、ＩＢＭの科学技術担当上級副社長やアルフレッド・Ｐ・スローン財団総裁になるが、１９５０年代の半ばは、ポスドクとしてプリンストン大学数学科にいて、ひっそりとＬＰ問題から整数解を絞り出そうとしていた。古典数学の教育を受けたゴモリーは、ディオファントス解析、つまり連立1次方程式の整数解の研究の理論を応用しようとしていた。ＬＰモデルで使われる1次不等式に拡張することは有望と思われたが、１週間、昼も夜もなくぶっとおしで調べても部分的に求められた例の集まりしか出てこなかった。[★25]

8日目の午後遅く、アイデアが尽きてしまった。それでも、まだやるとしたら、何らかの形でどんな個別の数値例でも必ず整数の答えに達することができるだろうと信じていた。ここまで来て思った。実際に何らかの特定の問題を解かなければならず、何らかの手段で答えを得たとすると、最初にすることは何だろう。ただちに出てきた答えは、第一歩として、線形計画法（最大化）問題を解いて、答えが7・14だったら、少なくとも、最大の整数解は7より大きくはなりえないことはわかるということだった。この自明のコメントを自分に向けるや、左のつまさきの指の2本が突然ぞくぞくして、何か違うことが出てきて、きっと古典的なディオファントス解析には収まらないことだと察知した。

みそは、何かのLP問題のすべての解が $3x+2y \leq 7.14$ という不等式を満たすことがわかっているなら、そのすべての整数解は、$3x+2y \leq 7$ を満たしていることもわかるということだ。こうして、LP許容領域の境に触れる半空間を、整数解を切り離さなくても小さく押し込めることができる。[★26]

ゴモリーはこの観察結果に手を加えて、純粋なIP問題、つまり、すべての変数が整数値をとることを求められているLP問題を解くためのアルゴリズムにした。その方法は、シンプレックス法の形を利用して、参照テーブルが変数に非整数値を割り当てると必ず切除平面を導いた。ゴモリーのこの成果に関する短い論文によって、整数計画法の分野が何年かのあいだ、上を下への大騒ぎになったが、コンピュータが高速になって、大規模な例を扱えるようになると、このアルゴリズムが実践的にはあまりうまくないことが明らかになった。それでも話はハッピーエンドになる。やはりゴモリーが考えた切除平面を生み出す仕組みの一変種が、商用のIPソルバーの原動力となっているのだ。

第7章　分枝

基本的な方法は、すべての巡回路の集合をどんどん小さく部分集合に分け、それぞれについて、そこにある最善巡回路のコストに対するもっと低い下限を計算することである。

——ジョン・リトルほか、1963年[★1]

ＴＳＰ切除平面の暗黒時代、つまり、1954年のダンツィクらと1973年のフヴァータルのあいだの時期、研究者は代わりの解法にいろいろと注目した。その中の筆頭が、分枝限定《ブランチ・アンド・バウンド》と呼ばれる分割統治法で、これもまた最初はセールスマンの脈絡で開発された汎用ツールだった。最先端のＴＳＰソフトウェアでは、分枝限定は切除平面法と組み合わされ、何千、何万の都市がある問題を解く原動力となる。

分割

ＬＰ緩和に隠された最適巡回路の探索は、大きな干し草の山で最善の針を探すようなものだ。忍耐と十分な不等式の提供があれば、切除平面法がそのうち、干し草の山の上にきらきら光る針をさらし出して問題を解いてくれるだろう。

結構なことに聞こえるが、どうかすると、新しい切除平面ができても、それがどれもごくわずかな干し草しか取り除かないことがある。切除、切除、切除と続けるよりも、残った山を二つの小さな山に分けることを考えてもよい。この種のうまい分割があれば、針の集団に光を当てて、新しくできた二つの部分問題のどちらも、山全体を探すよりも解きやすくすることができる。分割の段階は分枝と呼ばれる。ダンツィクらはこのアイデアを一般的な形で述べ、ウィラード・イーストマンはそれを仕上げて完全なＴＳＰアルゴリズムにした。★2

次節でその方法を紹介するが、まず、42都市のアメリカ問題について、一つの分枝の一段階を詳細に見てみよう。この例は切除平面だけでも簡単に片づいてしまうので、ハンデをもらい、ＬＰ解にある島に対応する部分巡回路消去制約条件だけを切除として認めることにしよう。このような方式は、前章で述べた計算法の最初の３段階を経由し、ＬＰの限界は６８２・５単位となり、つなげたグラフは図７・１に示したようになる。

示されたＬＰ解が干し草の山の表に現れているので、問題を分割して、この干し草の塊が消えるようにするのには意味がある。それを達成するための標準的な方法は実に簡単だ。赤い辺の1本を選んで、問題にこの辺を使うか使わないか決めさせる。つまり、この巡回路の集合を、この辺を含まないものと含むものに分割する。これはＬＰモデルで美しく機能する。都市iと都市jが赤の辺の端にあるものとして、第1の部分問題は、$x_{ij} = 0$ という制約条件を加えることによって作れるし、第2の部分問題は、$x_{ij} = 1$ という制約条件を加えることによって作れるからだ。新しくできた部分問題は、分枝の0側と1側と呼ばれる。

この例では、ボイシとカーソン・シティのあいだの連絡を分枝辺として用いる。結果として得られるLP解を図7・2に示した。ボイシからカーソン・シティへの黄色で囲われた辺は、分枝の0側のLP解には現れず、1側の解には出てくる。ここでもシンプレックス法は嘘をつかない。0側の解は目的関数の値が687・5で、1側の解は目的関数の値が686となる。つまり、42都市を通るそれぞれの巡回路は二つのLPモデルの一方か他方いずれかに成り立つ解なので、これでどの巡回路も686単位より小さい値になることはありえないことがわかる。

分枝を介して682・5の限界が686までに広がったが、状況はさらに良くなる。1側のLP解には、さらに部分巡回路消去制約条件で片づけられる島があるからだ。そうすることで、図に示された新しいLP解になり、703・5の限界をもたらす。これは良い。すでに長さ699の巡回路があることはわかっているので、それより良い可能性がある巡回路を探すときには、分枝のこちら側についてはこれ以上見る必要はない。これで私たちは1側の部分問題を剪定し、それを探索から外すことができる。

要するに、私たちは干し草の山を二つに分け、いくつかの切除平面を加え、結果する二つの山の一方を捨てる。いつでもそのようなうまい展開になるわけではないが、この例は確かにTSPを解く過程で分枝が使えることを納得させるはずだ。

探索隊

イーストマンの研究から成長した探索戦略は、リトルらのTSP研究者からは分枝限定と呼ばれている。★3

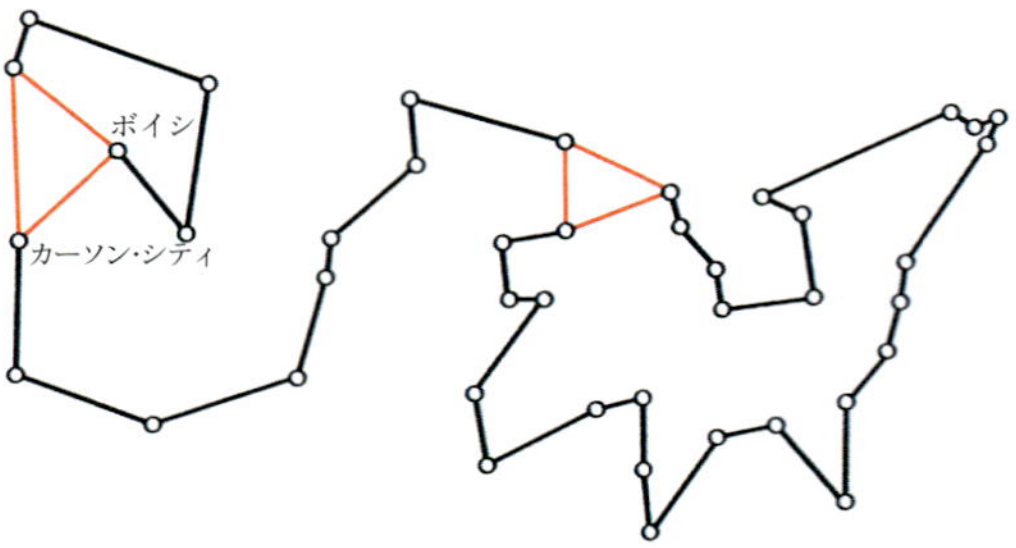

図 7.1　部分巡回路消去制約条件を三つ加えた後の解。

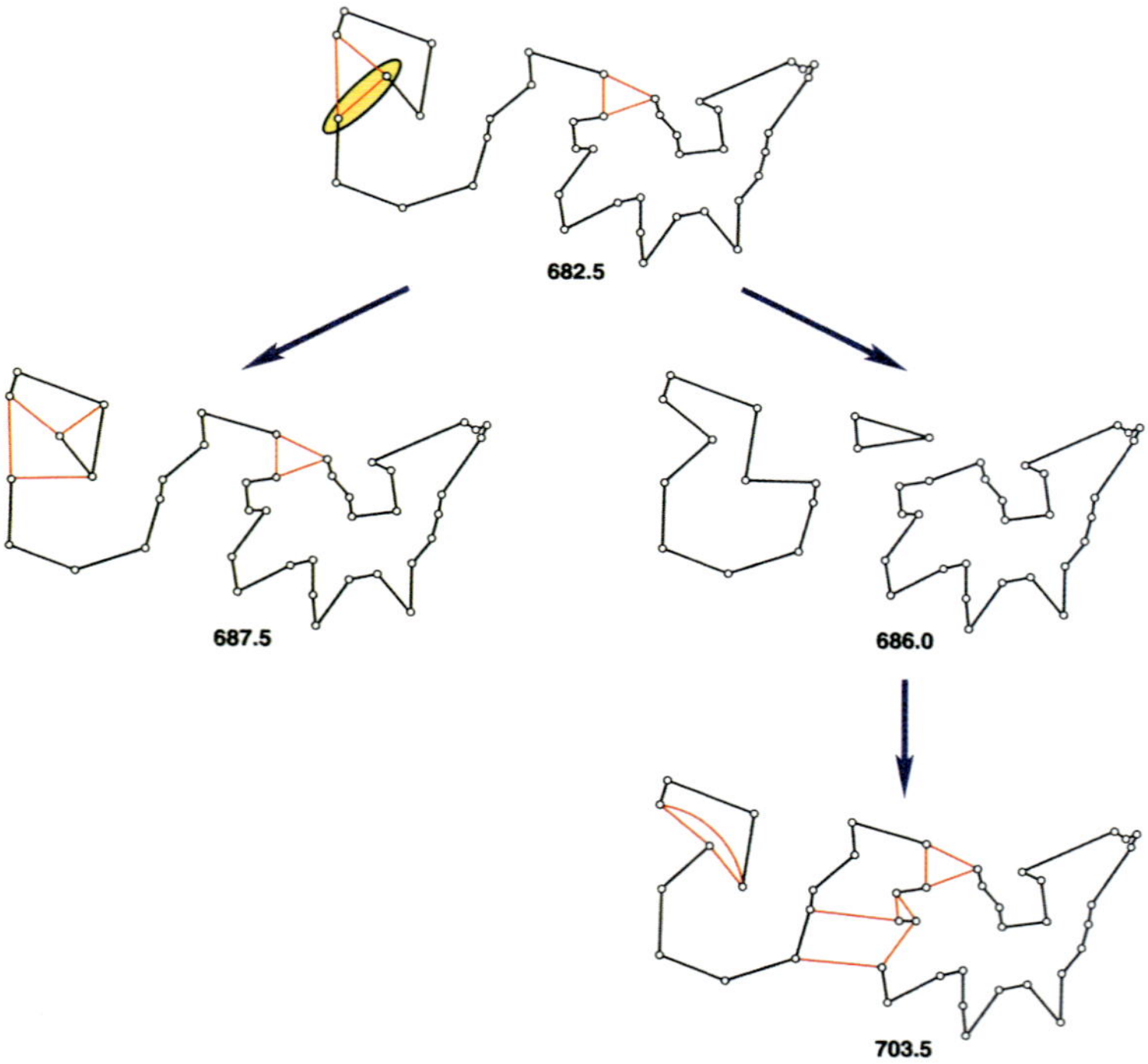

図 7.2　ボイシからカーソン・シティへの辺での分枝。

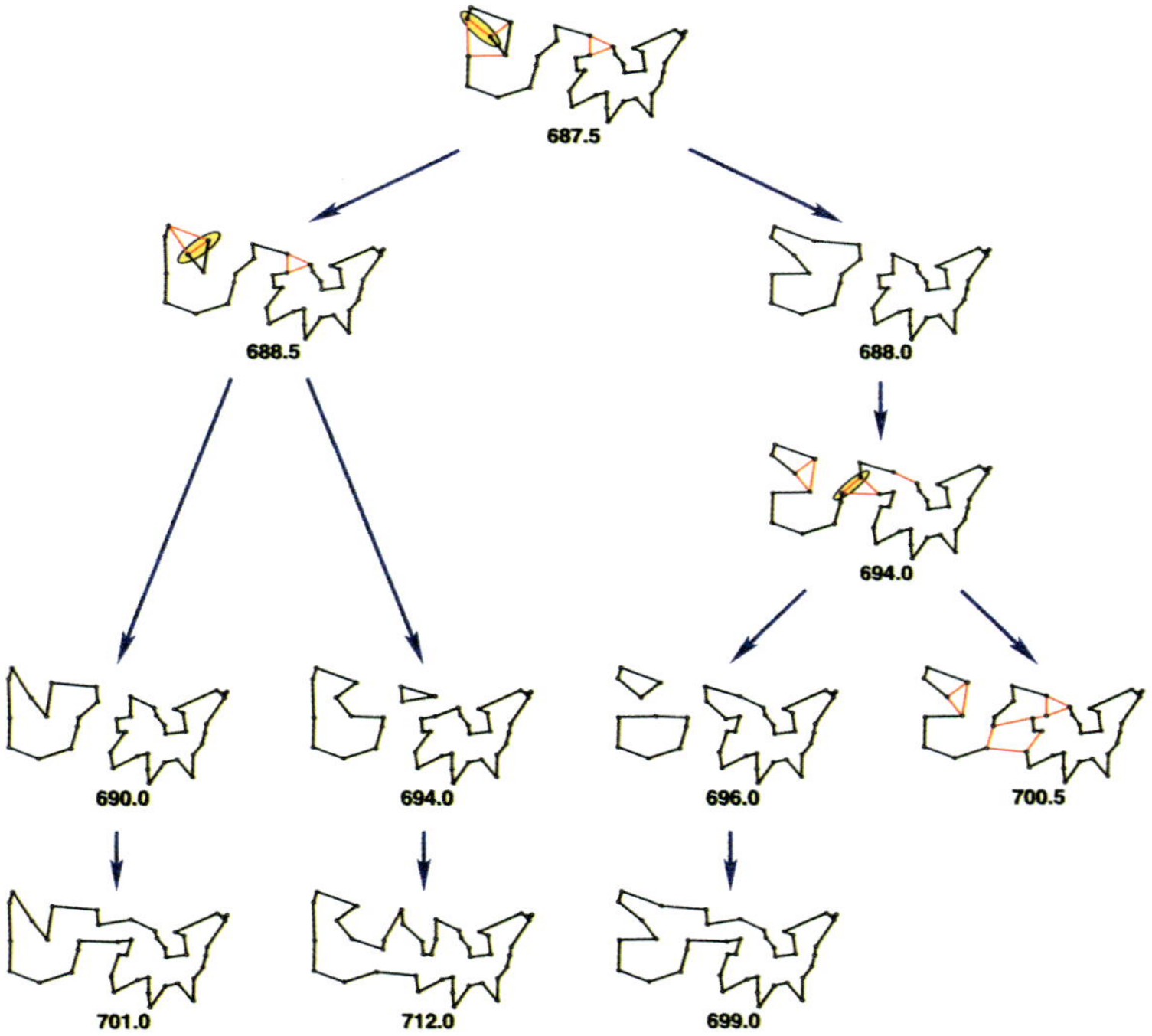

図 7.3 アメリカの 42 都市問題についての分枝限定探索ツリー。

図 7.4 アイルサ・ランド。1977 年、バンフにて。

考え方は単純だ。オリジナルな問題から始め、これを根《ルート》緩和と呼ぶ。どこかの時点で、部分問題に対応するLPによる限界が既知の巡回路長以上になったら、その部分問題をその先の検討からは外してしまう。各段階で、残った部分問題と分枝を選び、新しい子部分問題を二つ作る。この手順は、分枝していない部分問題がそれぞれ外されたときに停止する。

確かに単純だが、この方法がうまくいくのは、高品質の限定機構がある場合だけだ。緩い限界では探索ツリーが広がってしまうが、きつい限界があれば、素早い除外と最適解への近道が見込める。イーストマン自身は次数制約条件による限界を切除平面で改善するという考え方は取り上げず、計算法的な成果はささやかなもので、博士論文で10都市の例を計算するにとどまった。

対照的に、図7・3の図は、分枝限定で42都市の例を解くところを見せている。最初はルートとして687・5のモデルから始め、外されない部分問題に部分巡回路が現れるとそこをつぶしていく。イーストマンの導きに従い、探索過程を樹状図にして示し、子部分問題を親につなげた。それぞれの分枝段階から、対応するLP限界に相当の改善がある子につながる。それこそがほしいものだ。

分枝切除

最初は切除と分枝は競合関係にあったが、この二つは自然に連携する。実際、この方法の組合せが政権の座についたのは1980年代のことで、マンフレッド・パドバーグとジョヴァンニ・リナルディがその先頭に立った。2人は分枝切除《ブランチ・アンド・カット》という用語を作り、注意深く実装して、この手順がセールスマンのために使えるようにして、2392都市によるテスト例を解いてそれまでの記録を破った。[★4]

パドバーグとリナルディは、自分たちの計算法の切除平面の側にハンデはもらわなかった。逆に、LP

モデルを改善するために得られる切除は何でも解放した。このアプローチによって、2人は切除をプールして、部分問題どうしで共有すると役に立つことも見つけた。つまり、LP限界を部分問題で改善する切除平面を、他の部分問題を処理するときに使えるように蓄える。プールの目的は二つある。一つはプールを探すと細かい分離アルゴリズムを実行するよりずっと早くなりうること。もう一つは、TSP計算法で用いられるたいていの分離アルゴリズムは試行錯誤のヒューリスティックな方法だということ。だから、ある部分問題ではずれても、別の部分問題では当たることもある。不等式をプールしておくことで、当たりを集めておいて、探索樹の他の部分でできることを見るのだ。

強い分枝

ヴァシェク・フヴァータルは分枝の手順を好んで結婚になぞらえる。ひとたび分枝を作ることにしてしまえば、問題の新しい見方にはまってしまい、分枝がしたことを元に戻すことはできない。この見立てに乗ると、初期の分枝限定は、ふつう、最初に街で出会ったパートナー候補と結婚するという方式をとっていたと言える。つまり、LP解の分数値を割り振られた辺を特定し、その辺に一方か逆方向かに進ませることによって、直ちに一対の部分問題を生み出す。これは手早い方法だが、分枝切除では限定の過程に時間がかかり、分枝する辺の選択にもっと大きく手間をかけるほうが見返りはある。パドバーグとリナルディは配偶者候補をふるい分けるために、結婚相談所を使うことになぞらえられる手法をとる。コンコルドでは、これをさらに一歩進め、1人を選ぶ前にまず何人かの候補と何度かデートする。後ですべてを考え合わせ、分枝結婚をする前に、先へ進んで上位の選択肢の何人かと暮らしてみるのがよいと判断した。

まず結婚相談所から始めよう。パドバーグとリナルディは、最も分数的な辺、つまり、0からも1からも遠く離れた値をもった辺の集団を築くための統計学的方式を採用した。その中から、最大の移動コストをもつ辺を選ぶ。これに大きな意味がある。長い辺の分枝は短い辺の分枝よりもLP限界に大きな影響を及ぼす傾向があるだろう。

コンコルドの「強い分枝」と呼ばれる考え方は、シンプレックス法で得られる値について強いヒントを出すようLPソルバーに求めることによって、選択から推測を引き出す。そのヒントは、シンプレックス法でのピボット操作を、限られた回数、たとえば50回、分枝候補によって決まる子の対ごとに実行することによってもたらされる。これらの値を手に、LP限界で最大の増加を与えそうな分枝を選ぶ。この計算法は相当の時間がかかることもあるが、探索ツリーの大きさを2倍にもする可能性もある悪い分割を避けるためには、かけるに値する手間だ。

「すべてを考え合わせる」改良とは、強い分枝でできる上位のいくつかの選択肢を選び、それから、子の候補それぞれについての限定的な切除平面の適用など、対応するLP部分問題を実際に解くことだ。この手順は得られると予想される限界を正確に指し示すが、ごく難しい例に適用して初めて採算が合うほど大きな計算コストを伴う。純粋主義者なら、最終的な選択をする前に分枝をふるいにかけることでずるをしていると言うかもしれないが、セールスマン問題との闘いではすべて公正なことだ。

整数計画法のための分枝限定

分枝限定は、そのTSPの根からすぐに一般の整数計画法へと進んで行く。この場合の先駆者は、ロンドン・スクール・オヴ・エコノミクスのアイルサ・ランドとアリソン・ドイグだ。[★5]

2人は2010年に発表された論文でその手順を解説している。★6

私たちは最初この方法を「分枝限定」だとは思わず、LP制約条件で定められる凸の許容領域を調べる「幾何学的」解釈で考えていた。「分枝限定」がすでに文献の世界にあったかどうかも定かではないが、もしそうだったとしても、その名を使おうとは思わなかったことだろう。スティーヴン・ヴァジダが、「ローンドワ」によってILPを解くフランス人に会ったことがあると教えてくれたことがある。それは実は「ランド＝ドイグ」(Land-Doig)をフランス語読みしたものだった。つまり、そのフランス人たちも、これが分枝限定法だということはわからなかったのだと思う。

基本的なランド＝ドイグ手順は、実践的なIP計算の世界をゴモリー法にはできなかった形で支配した。分枝切除が商用IPソフトウェアの世界をとらえ、やっとIPのライバルたちをまとめたのは、1990年代もだいぶたってからだった。

第8章　大規模な計算

ヘルドと私で初めて私たちの限定法をテストした夜、コンピュータから数字があふれ出てきました。私のどんな理論的成果を考えても、あの光景ほどすごいことになったことはないと思います。

——リチャード・カープ、1985年★1

次々と向上する数学の技法と、注意深く進められるアルゴリズム工学と、強力な計算機の足場との組合せで、TSPは目もくらむ高みへと上っているが、セールスマンの苦労が終わったとはとても言えない。現状を見ておこう。

世界記録

TSPの記録ということになると、ダンツィク、ファルカーソン、ジョンソンによる成果を超えそうなものはない。

この3人がこれほど大規模なTSPの具体例に、手動の計算で最適解を見つけ、かつ最適であることの証明もできたというのは、この上ない驚きである。

——ジョージ・ネムハウザー、マルティン・グレーチェル、2008年[★2]

ダンツィク、ファルカーソン、ジョンソンは、TSPの大規模な例を解く方法を示した。この後に来るのは、ケーキにかけるアイシングにすぎない。

——デーヴィッド・アップルゲートほか、1995年[★3]

世界はその後、ランド研究所の3人の成果を理解し、消化して、その手法をいろいろな方向に進め、顕著な結果も得た。しかし、新たなアイデアの幅、影響を及ぼした範囲、明らかにしたことの質という点では、3人による1954年の論文に、セールスマン問題史上最大の成果として並ぶものはない。

ランダムな64か所

ダンツィクらの成果が出た直後の何年かは、TSP戦線には異状はなかった。いろいろな方法が調べられていたが、計算法に関するテストはたいてい、10都市程度の問題例に限られていた。1971年、マイケル・ヘルドとリチャード・カープがやっと日照りの時代に終止符を打ち、もっと大規模で難しい計算へと大きく進みはじめた。[★4]

カープは1985年のチューリング賞受賞講演で、ヘルド゠カープによる研究の意図を明瞭に述べた。

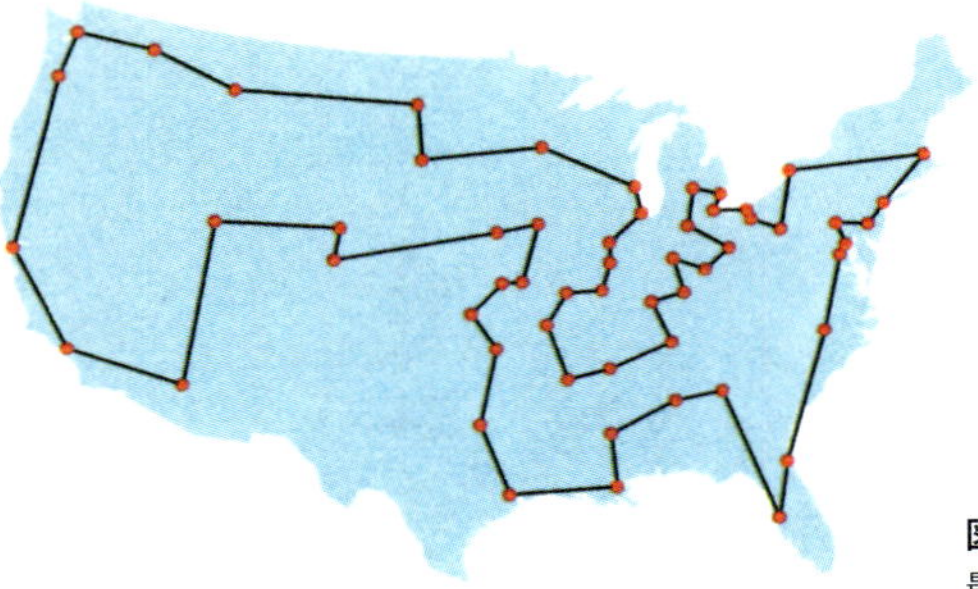

図 8.1　上：ヘルドとカープの最適 57 都市巡回路。下：マイケル･ヘルド、リチャード･シャレシアン、リチャード・カープ。1964 年。　提　供：IBM Corporate Archives

図 8.2　パナギオティス・ミリオティス、1974 年。

「何年か前に、ランド社のジョージ・ダンツィク、レイモンド・ファルカーソン、セルマー・ジョンソンが、手計算と自動計算を合わせて49都市の問題を解くことに成功していて、私たちはその記録を破りたいと思いました」[★5]。

実際二人は記録を破った。まずはあらためて49都市の問題を解き、それからアメリカの57都市を回る例、64都市のランダムなユークリッド型の例へと進んだ。一世を風靡したアルゴリズムとプログラムは、スパニングツリー〔ループができないように構成されたツリー〕から派生した高度な限定機構に基づいていた。この限定は分枝限定探索に組み込まれ、2人のテスト用の問題に著しく小さな探索ツリーを生み出した[★6]。

わくわくしました。いろいろと障害がありましたが、ある日おまじないのように動きはじめたのです。分枝限定ツリーはかなり狭まる傾向があり、脱線があまりありませんでした。限界が優れているので、けっこうすんなりと解へたどり着きました。

ヘルド＝カープによる調べ方は、記録となるTSP計算の中でも、切除平面法を直接には使っていない点で特異だ。それでも、2人の限定機構は線形計画法やダンツィクらの成果とはつながっている。実は、ヘルド＝カープ限定は部分巡回路LP緩和の最適目的関数値に対する近似で、2人の手法全体が、汎用LPソフトウェアを使わなくてすむための手段と見ることができる。これは当時のLP解を求めるプログラムの質を反映しているのではないが、切除平面法を実行するのに必要な反復では、利用可能なソフトウェアが使いにくいのは確かだ。

ランダムな80か所

いくつもの研究グループが、ヘルド＝カープの分枝限定手順の細部に改善を加え、１９７５年には、イタリアのチームが67都市のユークリッド問題を解くに至った。[★7] しかし当然、切除平面法が反撃してきて、部分巡回路消去制約条件を超えて条件を加えると、ヘルド＝カープ法で達成できる限界を上回る大きなパワーがもたらされる。

神はロンドン・スクール・オヴ・エコノミクスのアイルサ・ランドが率いるグループに降臨した。ランドの学生パナギオティス・ミリオティスは、80都市もあるランダムなユークリッド問題群を、切除平面と、１９６０年代半ばにグレン・マーティンが最初に唱えた一般整数計画法を混合したものを利用して解いた。[★8] この過程はおおよそ次のように進む。次数ＬＰ緩和から始まり、すべての変数に０か１の値だけをとらせ、ゴモリーのＩＰ切除平面法を適用する。解が巡回路なら、それは必ず最適となる。巡回路でなければ、いくつかの違反部分巡回路消去制約条件を加え、あらためてゴモリー法を呼び出し、手順を繰り返す。ミリオティスが80都市の例を処理するのに必要だった実行時間の合計は１分もなく、もっと大きな例でも処理できそうだった。しかしミリオティスは次のような意見を述べた。

切除がＡ行列（制約条件の係数による行列）のたくさんのスペースを占めるのは不幸なことである。90都市のランダムなユークリッド問題が平面切除で失敗するのは、Ａ行列にあるゼロでない成分が３万を超え、そのほとんどが切除平面制約条件に生じるからだ。

これはゴモリー法の不幸な特色だ。追加の切除平面はそれぞれＬＰモデルのほとんどすべての変数を含んでいて、それがいずれシンプレックス法を遅くして、結局それ以上進めることができなくなる。対照的に、純粋なダンツィクらの方式の美しさは、TSP固有の不等式がほとんどの辺に値0を割り当てる傾向にあり、その結果、比較的に解きやすいLPモデルができるところにある。

ドイツの120都市

次のTSP新記録を立てたのは、マルティン・グレーチェルだった。その方式は、純然たる切除平面法だった。グレーチェルはLPソフトウェアを使って自分のモデルを解いたが、不等式を見つけるのは、おおむね1954年当時の精神で、手計算によっていた。このときのドイツの120都市については、第1章の図1・9ですでに、3種類の最適巡回路の中で見ている。

グレーチェルはこの新記録を立てた計算で、全部で36の部分巡回路消去制約条件と60の櫛形不等式を使って、13のLP緩和による問題を解いた。13回のそれぞれが手計算で30分から3時間かかり、コンピュータによる計算が30秒から2分かかった。★9 LPソルバーはIBM社のMPSXというソフトウェアだった。グレーチェル本人は2005年6月11日の電子メールで、作業全体を次のように述べている。

1回MPSXを実行すると、答えを印刷して、対応する図を描きました。それから解の図を何枚かコピーして切除平面を見つけようとしました。もちろん、いくらか経験を積んでいましたので、違反不等式はたくさん見つけられました。けれどもその当時、MPSXはあまり大きな規模の線形計画法を処理できなかったので、私は1回ごとに、私がつきとめた切除平面のどれがまともな仕事をするかについて経験をふまえた選択をして、5〜20の切除を自分で加えざるをえませんでした。

図 8.3　マルティン・グレーチェル、2008 年。提供：Konrad-Zuse-Zentrum für Informationstechnik Berlin

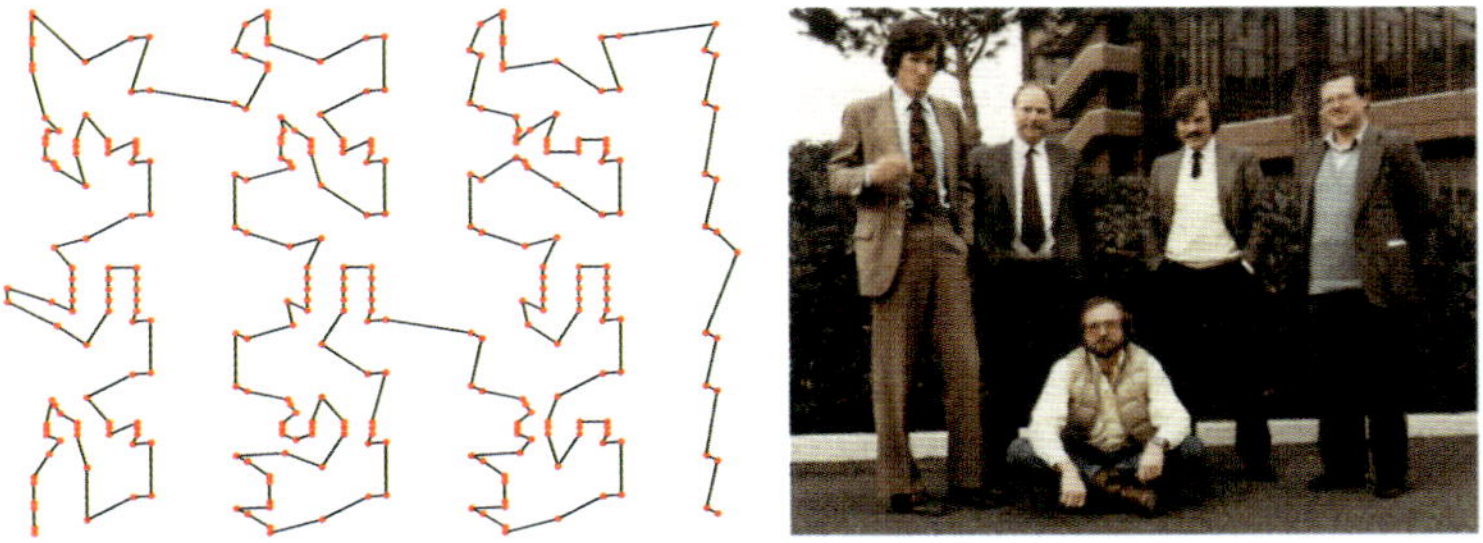

図 8.4　左：318 か所の穿孔問題の最適解。右：マンフレッド・パドバーグ（右から 2 人め）とハーラン・クラウダー（座っている人物）。1982 年。提供：Manfred Padberg

これは立派な成果で、大規模なＴＳＰの具体例を解くときに櫛形不等式が発揮する威力を見せつけていた。

基板の318か所の穿孔

グレーチェルが１２０都市を計算してまもなく、マンフレッド・パドバーグは、ジョンズホプキンズ大学で博士号をとったばかりのサマン・ホンとの共同研究を始めた。２人の研究は計算法として大成功で、切除平面法を自動化し、75都市までの例を解いて、他の例でもけっこうな下限を求めた。[10] この研究で取り上げられた最大の例は、それ以前にシェン・リンとブライアン・カーニハンが考えていた３１８か所の穿孔問題だった。

パドバーグは良い近似では満足せず、何年か後にリン＝カーニハンの例の解の追究を続けた。今度はＩＢＭのハーラン・クラウダーが一緒だった。[11]

ある晩、私たちは全部を手にして、３１８都市の対称的なＴＳＰ用に実行するためにコンピュータに入れた。解くのに何時間もかかると踏んで、ＩＢＭ研究所の近くにある「サイドドア」というレストランへ行って、食事をした。帰り道に、失敗したときにプログラムに加えられそうなあらゆる種類の「添え物」について話し合った。ＩＢＭ研究所へ戻るとコンピュータ・ルームに出てきている出力を確かめた。プログラムは、その解が最適だと言っていた。計算時間は６分もかかっていなかった。

クラウダー＝パドバーグの研究は、３１８都市の例と、もっと小さな例による大きな問題群を解いて終わった。[★12]

世界中の666か所

これは１９８７年という、１９５４年のビッグバンくらいしか並ぶもののないＴＳＰ計算の絶頂期のときのことだ。その年に発表された主要な成果が二つあり、先に出たのはマルティン・グレーチェルとオラフ・ホラントによるもので、多くのテスト例を取り上げていたが、中でもいちばんの難問が、世界中から選ばれた６６６都市で構成されるものだった。聖書学者は６６６を「獣の数」と認識するだろうが、実はグレーチェルも、ＴＳＰ計算法のための獣のように襲いかかる難問を作ろうと考えて、この数の都市を選んだ。[★13]グレーチェルとホラントは、切除平面法と一般整数計画法を混合したものでこの難関を突破した。このときはＩＰソルバーとしてＩＢＭのＭＰＳＸ‐ＭＰ／３７０を使った。２人の計算法的成功は、プログラムが強いＬＰ緩和を得られるようにする、櫛形不等式についての新しい厳密なものとヒューリスティックなもの両方の多数の分離アルゴリズムを中心にしていた。

基板の2392か所の穿孔

グレン・マーティン、パナギオティス・ミリオティス、グレーチェルとホラントといった人々の研究で用いられたハイブリッドの手法は高性能のＩＰを使うことができるが、１９８７年の第2の主要な成果は、マンフレッド・パドバーグとジョヴァンニ・リナルディによるもので、解く過程をきちんとＴＳＰの舞台で維持する利点を明らかに示した。分枝切除はパドバーグとリナルディが生み出した方法だった。２人のコンピュータ・プログラムは、アメリカの532都市の巡回路、グレーチェル＝ホラントの666都市の難問、1002か所および2392か所の穿孔問題などのテスト事例を解いた。2392地点のTSPの解はおそるべき成果で、当時までの最適化問題ではらくらくトップに立てる複雑な課題だった。★14

パドバーグ＝リナルディによる卓越した研究は、国立標準局のCDCサイバー205や、IBMのT・J・ワトソン研究センターにあるIBM3090／600ベクトル処理計算機などの主要な計算機を引き入れた。しかしTSPの結果を先へ押し進めたのは、櫛やクリーク・ツリーのための新しい分離ヒューリスティクスなどのアルゴリズム研究や、分枝切除を実装する数々の革新だった。その論文は楽観的な言葉でしめくくられている。「2392地点の問題が、対称的巡回セールスマンについて進行中の冒険物語《サーガ》の終わりとなるはずもない」。

基板の3038の穿孔

私は実際にサーガを続けることを願って、1988年、デーヴィッド・アップルゲート、ロバート・ビクスビー、ヴァシェク・フヴァータルと共同研究を始めた。当初は、「他の人が試したことなら私たち用ではない」をモットーにして、切除平面法は避けることを試みた。ほどなくそれは間違いだということがわかり、1989年には、分枝切除の細かいところにどっぷり浸っていた。私たちの当初のプログラムは、もともと自分たちの非切除平面限定の成績の尺度として使った部分巡回路LP緩和の最適解を計算するための手段として作られていたので、「部分巡回路《サブツアー》」と呼ばれていた。それがその後、新しい分離ルーチン群も、先に述べた強い分枝法も含むようになった。

私たちの計算法的作業の本拠地はニュージャージー州のベルコア研究所で、そこには50台ほどのデスク

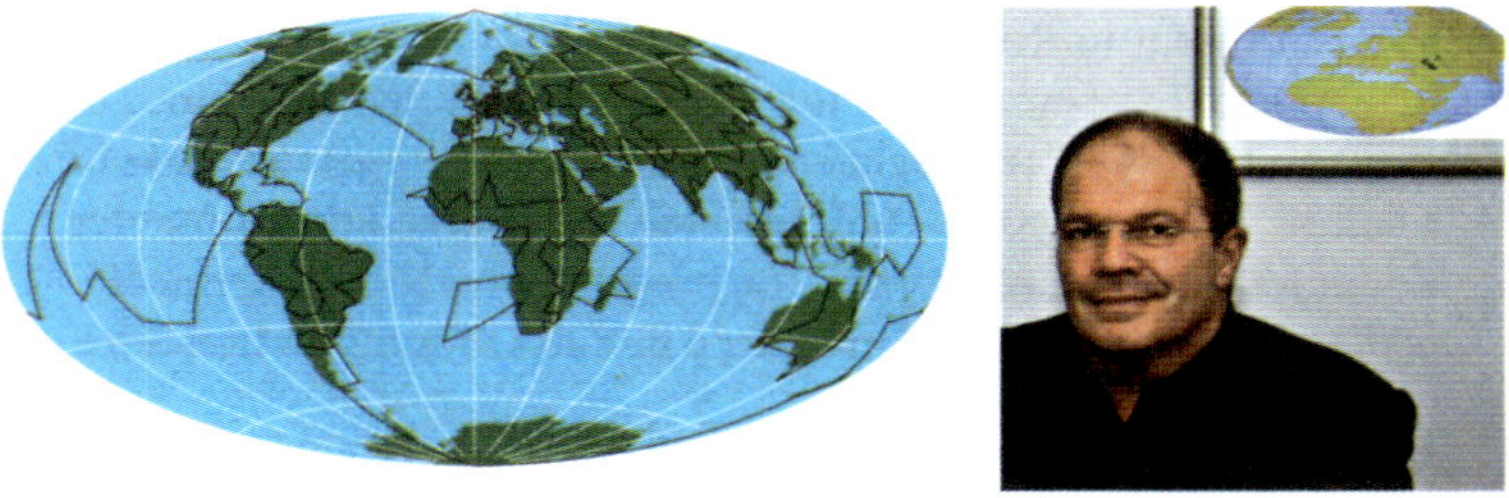

図 8.5　左：グレーチェルとホラントによる 666 都市巡り。右：オラフ・ホラント、2010 年。

図 8.6　上：プリント基板の 2392 地点の最適巡回路。下：マンフレッド・パドバーグとジョヴァンニ・リナルディ、1985 年。提供：Manfred Padberg

図 8.7　左：デーヴィッド・アップルゲート。右：ロバート・ビクスビー。撮影：Jakob Schelbert、2010 年、エアランゲンにて。

トップのワークステーションがあって、持ち主の勤務時間が終わるとそれを使うことができた。これらのマシンそのものは、グレーチェル＝ホラントやパドバーグ＝リナルディが使った大型機に並ぶものではなかったが、ネットワークでつなぐとおそろしく高速にすることができた。そこで当然、切除平面を見つけて部分問題を処理する作業を分割して、並行処理方式を考えることになった。

残念ながら、コンピュータの空き時間を探していたのは私たちだけではなかった。ライバルはアリェン・レンストラで、ＲＳＡ社が出題した１２９桁の数字を素因数分解する計算の先頭に立っていた。★15 計算機の空き時間を使うための争いは友好的とばかりは言えなかったが、結局、どちらのチームも使える機械の相当の時間を利用した。私たちがとった方式は単純で、機械が今、レンストラが実行する因数分解プログラム以外で空いていれば、そこでこちらのソフトを起動するだけで、持ち主がデスクに戻ってくる気配があれば、ただちに終了するというだけだった。デーヴィッド・アップルゲートがこの方針を、マウスが動いたりキーボードのキーが押されたりなどのユーザによる入力がないか、１秒に何度か確かめる小さなプログラムとして実装した。アップルゲートのプログラムによって、元のユーザは、私たちがその機械をのっとっていたことになかなか気づかなかった。ユーザが実行中のプログラムを確かめるコマンドを発したら、こちらのプログラムはコマンドの結果がスクリーンに表示される前に消えるようになっていた。

ベルコアのネットワークを使った私たちの最初の結果は、１９９２年、ゲルハルト・ライネルトのＴＳＰＬＩＢにあった、回路基板の３０３８地点の穿孔問題への答えとして出てきた。プログラムとアルゴリズムにいろいろな手直しを加えると、１９９３年には旧東独の４４６１都市の巡回路に進むことができ、１９９４年にはコンピュータ回路問題の７３９７地点の解に達した。ここまで来て私たちはこのときのＴＳＰ研究を終了することに合意したが、たぶん幸いなことに、仕上げの過程は計画どおりには進まなかった。

アメリカの1万3509都市

私たちはこのときの計算が終わると、今度は7397都市のTSPまでの試行で用いた手法の文書化にとりかかった。そこで問題にぶつかった。成果の詳細に自分たちで満足していなければ、私たちがしっかりした手法を開発したことを他の研究者に納得させるのは難しいだろう。この事実をつきつけられて、唯一の賢明なことをとして作業を放棄した。文書を書くのはやめて、私たちが「コンコルド」と呼んだ新しいプログラムを一から作りはじめたのだ。

この研究の再開は贅沢なことで、私たちはこの機会を利用して、もっと大きなTSPの例をねらったアルゴリズムや手法をその中に入れた。重要な新成分の一つは「局所的切除」分離ルーチンで、都市群を小規模にして小さいグラフを得ることに基づく。それによって私たちは、切除平面を得るための時間のかかるLPに基づく方法を使うことができた。

私たちの計算法の研究の主な標的はアメリカの1万3509都市を回る問題で、これは1998年に解けた。この結果が出た翌年も作業を続けたが、これはすでに定まったことを理解するための仕事で、カーレーサーが新しい車に慣れるようなものだった。その途上で2001年にはドイツの1万5112都市、2004年にはスウェーデンの2万4979都市について最適巡回路が計算できた。

コンピュータ・チップ上の8万5900個のゲート

スウェーデンのTSP計算は、コンコルドのプログラムを極限にまで推し進めた。この作業はジョージア工大の96個のデュアルプロセッサ群を使い、マシンが他のことでは使われていないときの空き時間の処理として実行された。計算時間の総計は84・8年というとほうもない数字になった。

私たちはスウェーデンの巡回路を相当自慢したが、TSPLIBにはもっと大きなものが二つ、3万3810都市と8万5900都市の例が入っていて、これはコンコルドの手が届く範囲にはないように見えた。幸い、ちょうどその頃、ダニエル・エスピノザとマルコス・ゴイコーレアによるレッチフォードの分離アルゴリズムを実装したものがネット上に出てきて（第6章の「分離問題」の節の末尾の話を参照のこと）、ライネルトのTSPLIB問題集の解の完成をねらえるだけの馬力が得られた。

2005年2月、8万5900都市のTSPを処理する最後の試行が始まり、2006年4月に最適解を得て終わった。LP限界が着実に上昇するグラフが図8・10に示されている。データポイントはほとんど毎日出てくる計算結果のログから取られている。2005年12月に中断があるのは、マシン群が故障して修理に出されたからだ。限界は最終的に、2004年のケル・ヘルスガウンが見つけたいちばん有名な巡回路の長さを0・001パーセントも下回らないところまで行った。これは短い分枝切除探索が残ったギャップを埋めて、ヘルスガウンの巡回路が確かに最適であることを証明できるところにまで迫っている。

この計算に使われる136年という計算時間のせいで、もちろん、私たちがこの問題を本当に解いたという主張を他の誰かが確かめるのは難しい。かくて、記録の地位にふさわしいように、2009年には8万5900都市の巡回路が最適であることを確認するコンピュータ・プログラムとデータセットを発表した。[★16]データは分枝切除探索の部分問題ごとの切除平面と、双対のLP解からなる。プログラムは比較的にコンパクトなC言語で6646行あり、部分問題を通して調べ、双対LP解が、それぞれを除外できるようにする限界をもたらすことを確かめる。たぶんピュタゴラスの定理の証明ほどきれいではないが、未来のTSP研究者が厖大な計算の結果を掘り進めるだけの情報は出している。

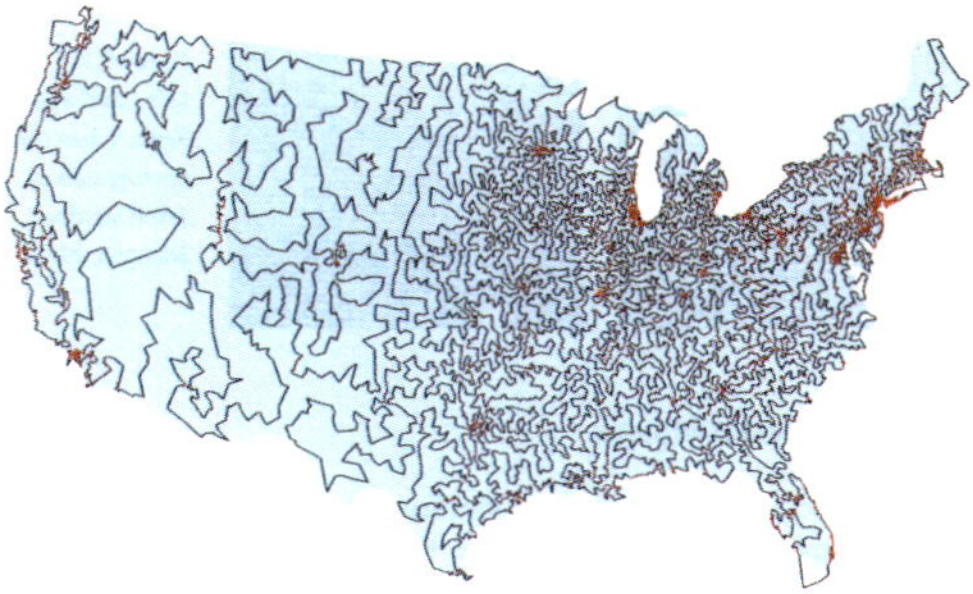

図 8.8　人口 500 人以上のアメリカの 1 万 3509 の町すべてを通る巡回路。

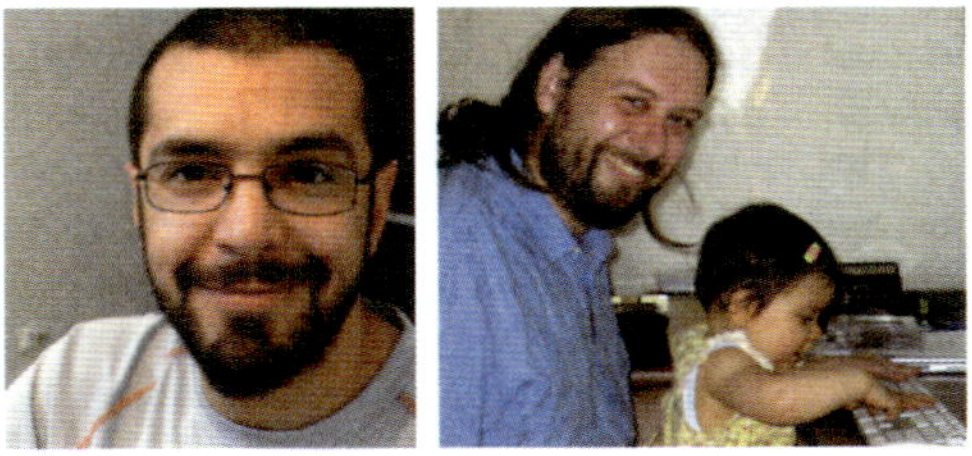

図 8.9　左：ダニエル・エスピノザ。右：マルコス・ゴイコーレア。

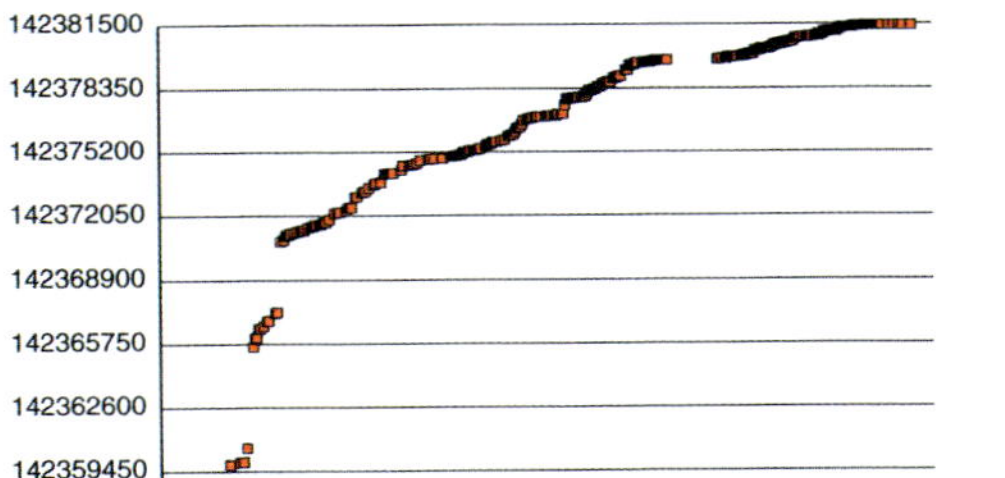

図 8.10　8 万 5900 都市 TSP の LP 限界の進捗。

壮大な規模のＴＳＰ

ＴＳＰの計算法的に見て美しいところは、必ずもっと大きな問題があるという単純な事実だ。

ボシュの美術コレクション

ＴＳＰＬＩＢテスト問題集のすぐ外に出ると、第11章で解説する手法を使ったロバート・ボシュが生み出した難問は実に良い。ボシュが集めた6題の規模は、10万地点のモナ・リザから、フェルメールの「真珠の耳飾りの少女」を20万地点で描いたものにまでわたる。データセットはウェブ上にあって、もっと良い巡回路を見つけようという人、ありうる巡回路長に限界を定めようという人、誰でも利用できる。[★17]

ボシュのテスト問題の中ではモナ・リザのＴＳＰが図抜けて関心を集めているし、８万５９００都市という記録からも手が届きそうなところにある。とはいえ、８万５９００と10万との差は小さいと思うと誤解かもしれない。モナ・リザＴＳＰは、ほとんどどんな尺度からしても、今のところ世界記録となっている計算機回路の例よりもはるかに難しそうだ。実際、図1・8に示した図は、直線上で近くに固まっている都市がたくさんあることを明らかにしている。この幾何学的特徴は、８万５９００地点の例がその大きさのわりには少し易しいことをうかがわせている。対するモナ・リザＴＳＰの点の分布は想像されるとおり複雑なのだ。

第1章では、モナ・リザ巡回路で、２００９年3月17日に永田裕一が見つけた、現状で最短の巡回路より短いものを見つけると、１０００ドルの賞金が出るという話をした。ボシュがこのデータセットを作った直後の2009年2月から3月にかけて、世界でトップクラスの巡回路探し研究者のあいだに広がった大騒ぎの末、永田の計算が頂点に立った。この時期に首位は6回変わり、永田の巡回路長は575万7191で、前日にケル・ヘルスガウンが見つけた巡回路を8単位更新していた。しかし永田の巡回路は最適なのだろうか。

2010年1月18日、モナ・リザTSPに575万7044という、永田の結果とわずか147差という限界が確立された。これはごく小さいように見え、確かに0・0026パーセントしかないが、差は差だ。この限界はコンコルドの、1065の部分問題をもつ分枝切除探索を通じて、66日間、のべ計算時間にして4・37年の実行で得られた。コンコルドでさらに実行すれば、おそらく差をもう何単位か下げられるだろうが、最終結果に達するには、ほぼ確実に、とくに切除平面分離で新しい考え方が必要だろう。私のような計算おたくにとっては、まさにお楽しみはこれからだ。

世界

世界を回るTSPの難問はTSP計算法を大きく改善するためのアイデアをもった人を待っている。190万4711都市の例を示すデータが国家画像地図局〔現・国家地球空間情報局〕と地名情報システムから得られている。2001年にそれができた時点では、この問題は地球上の人間が住むすべての地点にわたっていた。各地点は経度と緯度で特定され、2地点間の移動コストは地面を球面として大円距離の近似で与えられた。このコスト関数はTSPLIBの変種、GEOノルムで、距離をキロメートルではなくメートルで出している。

2001年の秋に出された当初の巡回路長は7,539,742,312メートル、限界が7,504,218,236メートルで、最適値とのずれは0・47パーセントだった。この差はこの10年で着実に狭められていて、主に巡回路側から攻めるケル・ヘルスガウンと、限界側から攻めるコンコルドによる。差の埋まり方を示すグラフを図8・12に示した。赤い棒はより良い限界を通じての改善を示し、グレーの棒はより良い巡回路を通じての改善を示す。現状は、ヘルスガウンの長さ7,515,790,345メートル、コンコルドによるLP限界は7,512,218,268メートルで、差は0・0476パーセントだ。

この10年で縮まった差〔パーセント〕は当初の値の10分の1強だが、これは立派な進歩と言える。興味深い事実は、この改善の75パーセント近くが巡回路の改善を通じて達成されていることだ。2001年のTSP世界はそんなことがありえようとは考えていなかっただろう。一般に、最先端のTSPヒューリスティクスが最適に近い巡回路を生み出し、当初の最適とのギャップは緩いLP限界のせいに違いないと見られていたのだ。ヘルスガウンのLKHプログラムがこの認識を変えて、巡回路を見つける方法の改善になお余地があることを明らかにした。ここまで来ても、最適値がどこにあるか、7,515,790,345メートルの巡回路に近いのか、7,512,218,268メートルの限界のほうに近いのか、私には推測できない。それでも、LP限界はコンコルドの技術改善で引き上げることができるのも確かだ。たとえば、今のところはデータセットの大きさのせいで、ドミノ・パリティ分離を採用することはできない。これは良いことだ。まだまだやるべきことはあるというわけだ。

星空

少なくとも予見できる未来のことで言うなら、たぶん最終地点となるところとして、2003年、デーヴィッド・アップルゲートと私は、米海軍天文台のA2・0カタログにある5億2628万881個の天

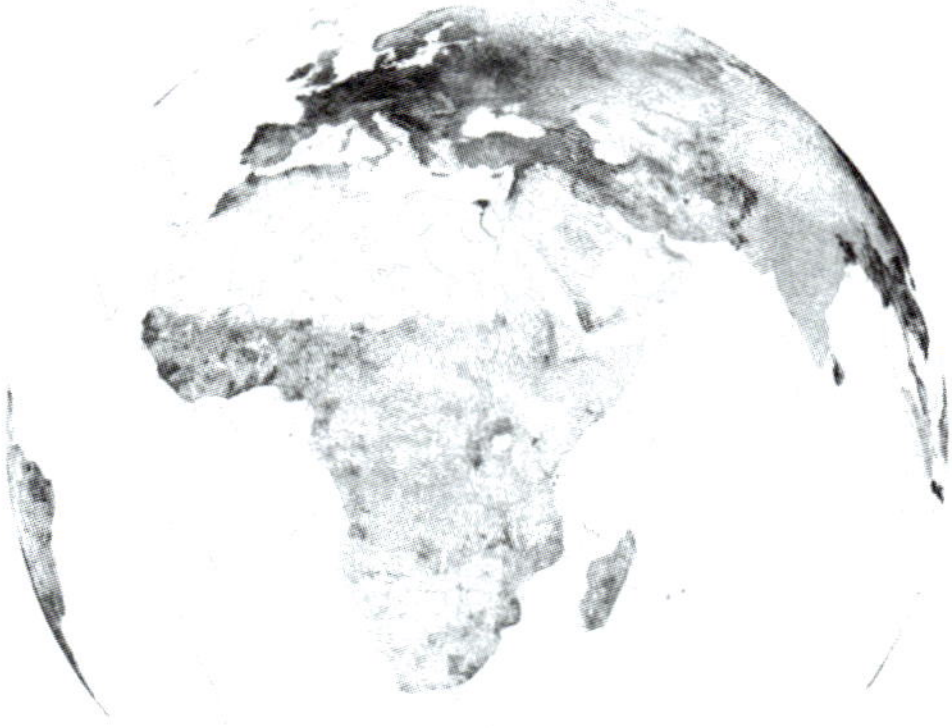

図 8.11（左） 世界中の全都市の巡回路。画像提供：David Applegate

図 8.12（中） 世界 TSP について狭まる最適とのギャップ。

図 8.13（下） 空の地図。画像提供：NASA/Goddard Space Flight Center Scientific Visualization Studio

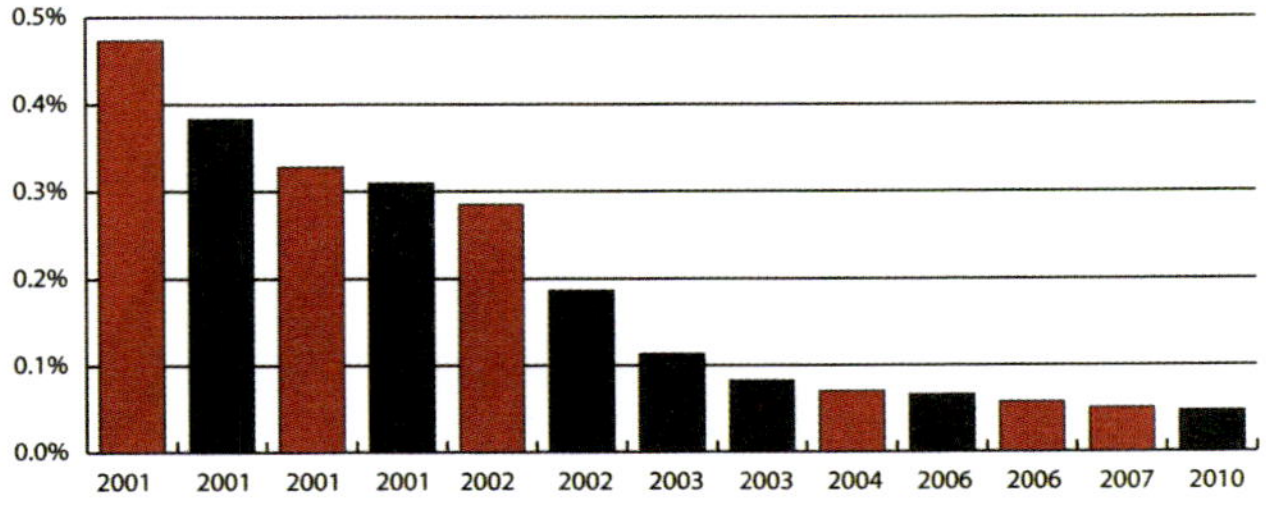

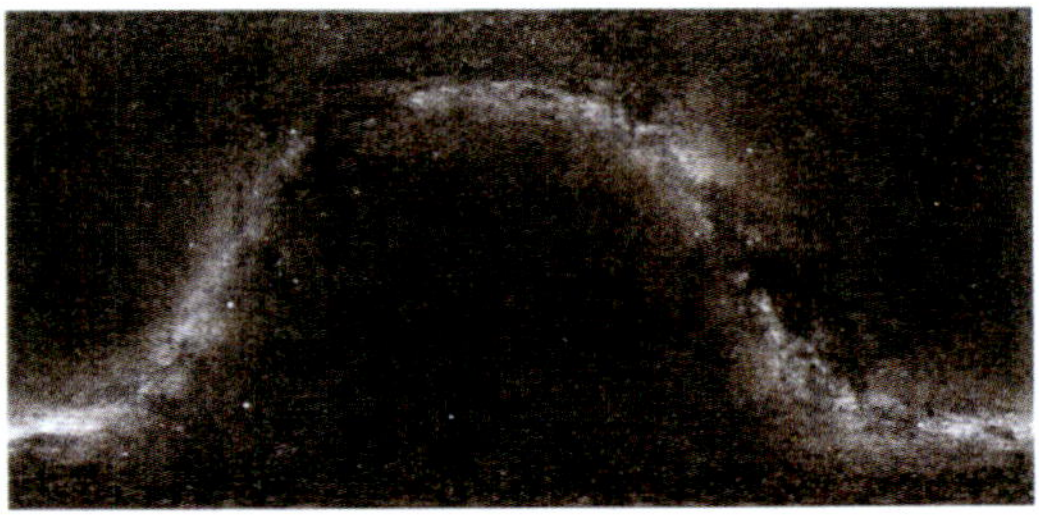

体による例を作った。私たちは最初、二つの天体間の距離の推定値を入れたかった。「スター・トレック」のエンタープライズ号を今後5年の任務として最適巡回路に送り込めたらおもしろいと思ったのだ。しかしデータの目が粗いせいで、すべての星がわずかな数の同心球面に乗ってしまうので、問題を望遠鏡の動かし方の最適化に切り替えた。するとデータは空での都市の位置を明らかにすることになり、移動コストは2地点で決まる角度で表せる。

星空TSPはひとまとめには扱いにくい。nが5億ともなると、n^2の実行時間でも巨大になる。そこで当面の目標は、データセットを分割して、各部分での限界と巡回路を確定する方法を開発し、あらためて部分をまとめることだ。デーヴィッド・アップルゲート、ケル・ヘルスガウン、アンドレ・ローエ、それから私は、そのやり方で最初の実験を行ない、2007年に最適とのギャップ0・410パーセントを確立した。これは世界TSPから約10年遅れということになるので、巡回路や限界について大胆なアイデアがあるなら、この大きなデータセットを頭に置いていただきたい。

第9章　複雑性

明らかに有限の限界がある整数計画法のための多項式時間アルゴリズムはあるか、ないか。つまり、私が長々と言っていることは、あるかないかだ。
——ジャック・エドモンズ、1991年★1

セールスマン問題を都市数をますます大きくして解こうとすることで、数学、計算、工学に飛躍がもたらされ、また多くの実用的な応用面でも前進があった。それこそがTSP研究者の誇りであり、喜びだ。しかし一歩ずつ進める方式では、TSPのすべての例を効率的に解けるかという、究極の複雑性の問題は解けない。

この複雑性の視点から見たセールスマン問題の運命は、スティーヴン・クックとリチャード・カープの理論を通じて、一般的な整数計画法などの多くの他の問題の運命と結びついている。実は、TSPはP対NP問題（「P≠NP予想」とも）と一体になる。クレイ数学研究所が100万ドルの賞金を出す7題のミレニアム問題の一つだ。クレイ研究所のウェブサイトは、この問題を次のように紹介している。

ある問題の答えが正しいことを確かめるのが容易なら、その問題を解くのも容易か。これがP対NP問題の本質である。*N*か所の都市を（車で）訪れるとして、同じ都市を再度訪れずに回るにはどうすればよいかというハミルトン経路問題はNP問題の典型だ。あなたが答えを出せば、私はそれが正しいかどうか、すぐに確かめることができる。ところが、答えを求めるとなると、（私が知っている方法では）簡単にはできない。

これはP対NPを一般向けに述べた典型で、TSPあるいはその一変種が、この問題への導入として用いられている。本章では、セールスマン問題の一般的な複雑性についてわかっていること、わかっていないことを解説する。

計算法のモデル

数学の命題が意味をなすには精密でなければならない。あるいは少なくとも、それを精密にすることができるというのは真でなければならない。複雑さをめぐる100万ドルの問題も例外ではない。この場合、アルゴリズムという言葉で何を意味するか、つまり計算可能とはどういう意味かを精密にする必要がある。この問題は20世紀の初頭、ダーフィト・ヒルベルトの「決定問題」で表舞台に出てきた。これはおおまかに言えば、与えられた任意の命題が一組の公理から証明できるかできないかを判定できるアルゴリズムが存在するかを問う。このような問題を扱うための理論が発達したのは20世紀数学の見事な成果で、クルト・

	初期	奇数	偶数
0	_, 右, 偶	_, 右, 奇	_, 右, 偶
1	_, 右, 奇	_, 右, 偶	_, 右, 奇
_	0 _, 停止	1, _, 停止	0, _, 停止

図 9.1 偶奇判定チューリングマシンの遷移表。

図 9.2 国立標準局での研究会。1964 年。右端がジャック・エドモンズ。写真提供：William Pulleyblank

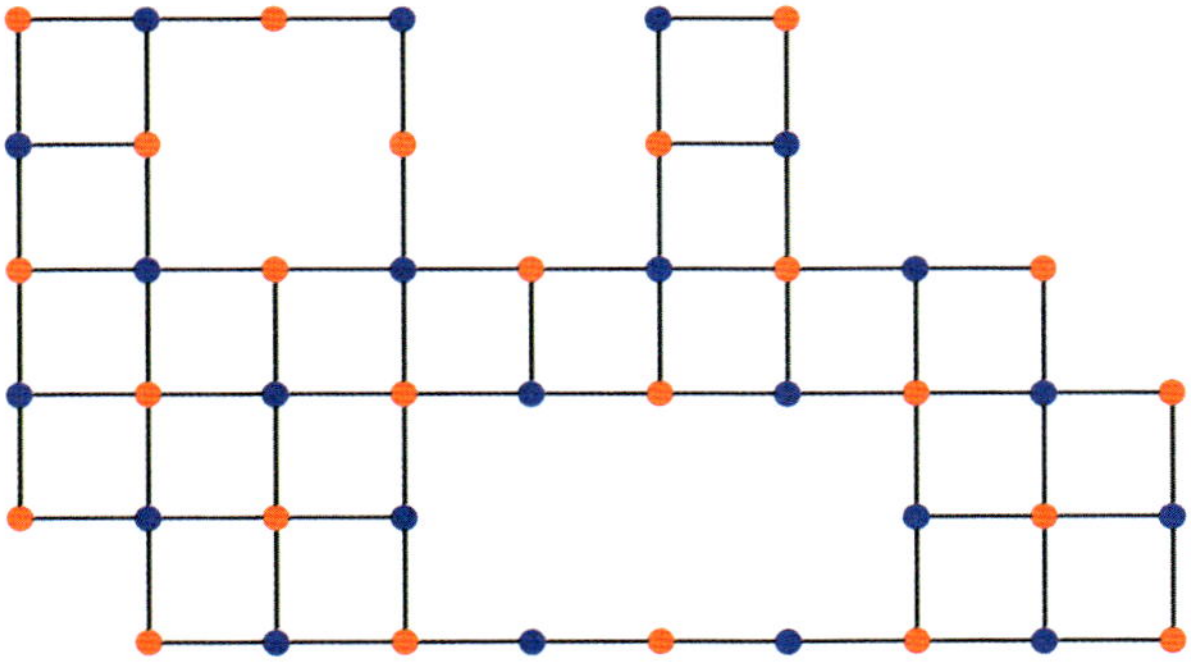

図 9.3 格子グラフ。

ゲーデル、アロンゾ・チャーチ、アラン・チューリングといった人々がその先頭に立った。

アルゴリズムの概念を直観的にとらえると、問題の答えに至る単純な手順を並べた一覧ということになる。エウクレイデスは2300年も前に最大公約数を求めるアルゴリズムを示しているが、ヒルベルトの時代になっても、アルゴリズムを一般的にどう定義すればよいか、明確ではなかった。チューリングは1936年の有名な論文で答えを出し、チューリングマシンと呼ばれる数学的モデルを世に出した。[★2]

チューリングマシンには、記号を記すためのテープ、テープ上を動いて個々の区画《セル》の記号を読み取ったりそこに書き込んだりするヘッド、そのヘッドを導く制御装置がある。このマシンには有限の状態の集合があり、その中に、初期と停止という二つの特別な状態がある。制御装置とはいえ、実際にはそれは、特定の状態sにあって特定の記号xを読み取ったときマシンがどうするかを示す表のことだ。その「どうするか」とは、テープのセル上に新しい記号x'を印字し、ヘッドを左か右へセル1個分動かし、新しい状態s'にするということだ。このマシンは問題を解くために、テープに書かれた問題への入力をもって初期状態からスタートし、停止状態に達したときに終了する。

チューリングマシンを物理的に作ったらどうなるか考えるとおもしろい。読み取り／書き込みヘッドが、記号だらけの細長いテープをめまぐるしく動き回るのだ。実際、ウェブ上には、靴の箱の両側からテープが出ていて、メモ用紙の上に一つの状態から次の状態への遷移を記録しているまわりに学生が集まっている写真がある。チューリング自身は物理的なマシンについては何も言わず、論文で挙げた例によって、このマシンが一つの状態から別の状態へ移るための表を書き下すことによって完全に記述できるという事実を強調する。

単純な場合を考えよう。0と1の列が与えられ、1の個数が奇数か偶数かを数える。この問題に答えるためのチューリングマシンを構成するには、初期、奇数、偶数、停止という4種類の状態と、2種類の記号0と1、図9・1に示したような遷移表があればよい。表にはそれぞれの記号に対応する行（空白「」を含む）と、停止以外のそれぞれの状態に対応する列がある。表の項目は三つ組で、書くべき記号、動くべき方向、次の状態が記載されている。たとえば、この機械が奇数の状態にあって記号1を読みとったら、セルに空白の記号を書き込み、セル一つ分右へ進み、状態を偶数に変えるということだ。0と1の列をテープ上の連続したセルに並べたものが与えられ、左端の記号上にヘッドがあれば、このチューリングマシンは記号列の終わりにある空白のセルに達するまで右へ動く。それが停止するとき、1の個数が偶数であれば、テープ上には1個の0が書かれていて、1の個数が奇数なら、テープ上には1個の1が書かれている。単純だが、遷移表を介して動作するというアイデアの図解になっている。

もう一段階上がると、二進数表記で与えられた二つの数を足し算できるチューリングマシンを作ることになる。これは大学レベルでの計算複雑性の授業ではあたりまえの練習問題で、この種の練習としてはけっこうおもしろい。マシンの動作についてもっと感触を得たいなら、これを試してみることを勧める。一つ気づくのは、中間的な計算のためにもう1本テープがあると便利だということだろう。こうした複数テープ式チューリングマシンは、それぞれのテープに別々の読み出し／書き込みヘッドを備えれば自然に定義される。追加のテープは便利だが、複数テープのマシンで計算できることなら、1本テープのマシンでも、速度は遅くなっても計算はできる。

この、1本のテープで複数テープ装置をシミュレートできるという点は重要だ。私たちは、何かのアルゴリズムを1本テープのチューリングマシンで実行できることと定義したいのだが、それはアルゴリズムに求められそうなことをすべてとらえているだろうか。今のところ、チューリングマシンはこれまで与えられたものはすべて処理できたとしか言えない。何かが現代のコンピュータで計算可能であれば、超高速チューリングマシンでもその計算を実行できるということだ。

アルゴリズムとチューリングマシンを等置できるという作業仮説は、チャーチ＝チューリングのテーゼと呼ばれる。★3 このテーゼは広く受け入れられていて、P対NPなど複雑性の問題を細かく見るために使われるアルゴリズムの形式的なモデルとなる。ひょっとするといつか、変わった計算の可能性が出てきて、アルゴリズムの定義を拡大しなければならなくなるかもしれないが、70年以上にわたり、チューリングは研究者社会が必要としたものを提供している。

汎用チューリングマシン

現代の、たとえばiPhoneのような電話と靴とのあいだには根本的な違いがある。靴は足を保護するという一つの役目だけのためにデザインされているが、iPhoneには何百何千とアプリがあって、ハードウェアがデザインされたときには思いもよらなかった作業を引き受けることができる。これはあたりまえと思われていることだが、プログラム可能な機械の創造は知的な飛躍で、チューリングのその独創的な論文がその飛躍となった。

チューリングマシンはアルゴリズムという言葉の意味を記述するための優れたモデルだが、チューリングマシンは二つの数を足すといった一つの仕事のためだけに設計されている。この意味で、チューリングマシンはiPhoneよりも靴のほうに近い。しかしチューリングが立てた重大な論点は、すべてのチューリングマシンをシミュレートできる「汎用チューリングマシン」を作れるということだ。

任意の計算可能な列を計算するために使える1個の機械を考えることが可能だ。この機械Ｕに、先頭に何かの計算機ＭのＳ・Ｄが書かれているテープが提供されていれば、ＵはＭと同じ列を計算する。ここに出てくる「Ｓ・Ｄ」は「標準的記述《スタンダード・デスクリプション》」の短縮で、遷移表にチューリングがつけた名だ。つまり考え方はテープ上の入力の一部としてテーブルを含めるというもので、現代のコンピュータにプログラムが含められるのと同じことを言っている。チューリングのアイデアや、コンラート・ツーゼ、ジョン・フォン・ノイマンらの懸命な作業で、計算機の時代が開かれた。

ジャック・エドモンズのキャンペーン

チューリングは、ダーフィト・ヒルベルトによるアルゴリズム理論の求めに見事に答えた。しかしデジタルのコンピュータが登場しはじめるや、効率の問題が根本的な重みをもつようになった。チューリングマシンで問題が解けることがわかるのと、答えを求める人が生きているあいだにチューリングマシンが答えを出すかどうかわかるのとは、まったく別の話なのだ。

アルゴリズムの効率についての初期の議論は、ＴＳＰなど整数計画法のモデルを中心にめぐっていた。この時期の言葉を一つ。次の一節は、マーティン・ベックマンとノーベル賞も獲ったチャリング・クープマンスの１９５３年の論文からとったものだ。★4

議論されたすべての割当て問題には、もちろん、すべての割当て方を数え上げ、それぞれで最高値を出す割当て方を選ぶという力任せの方法も当然あることは追記しておくべきだろう。これは実用的に重要な事例ではたいていコストがかかりすぎ、われわれの言う解法とは、広い範囲の事例で計算量を扱いやすい規模に減らすものを意味している。

ベックマンとクープマンスは、TSPを含み、労働者を仕事に配置するよくある割当て問題も含む一群の問題を検討した。翌年、メリル・フラッドが効率的な解法を唱えた。★5

海軍はタンカーのスケジューリング問題をあれこれ処理するための計算機を作っているという噂がある。これによって得られる重要なことは、計算を経済的に行なえることというよりも、作戦を〔状況の変化に応じて〕再計算するのにかかる時間の長さを短縮することだろう。この点はいくら強調しても足りない……高速計算機を使うのにはさらに費用がかかるかもしれないが時間に間に合うように計算ができるようにもなる。

このスピードの必要性を念頭に置いて、フラッドはさらに、TSPには「まだ受け入れられる計算法がない」と言う。つまり有限でも十分ではないというわけだが、アルゴリズムの質を判定するとき、何を標的にすればよいのだろう。明確な概念はおおいに必要とされてはいたが、1950年代には登場しなかった。ジャック・エドモンズが舞台に出てきたのはそんなときだった。この節のタイトルに「転戦《キャンペーン》」という言葉を使ったが、これは文字どおりの意味だ――有限よりもさらに良いというのは数学の世界で取り上げることではないという世論に抗して、エドモンズは戦わなければならなかったのだ。フラッド自身、

1954年に次のような感想を述べている。「使える計算装置で間に合う実用的な解を求めるという問題は、ふつう純粋数学者にはおもしろい問題ではない」。そこがまさしく難所だった。フラッド、クープマンス、クーンらが実用的な解法に関心を向けていたのは本当だが、そこに線形計画法についてシンプレックス法の大成功があって、有限よりもさらに良いアルゴリズムを直接に論じる妨げになったかもしれない。困ったのは、視野にある線形計画法の問題をすべてシンプレックス法が解決するように見えていたことだった。実際にはいつも効率的に実行できるわけではないことがわかったのだが。そう見えたことで、性能が保証されないアルゴリズムが過度に安心して受け入れられることになった。

エドモンズは難しい仕事を抱えていた。その説得の努力は1961年夏、ランド・コーポレーションで始まった。ダンツィク、ファルカーソン、ホフマンといった錚々たる人々が集まる研究会に、若手研究者が参加するよう招かれ、エドモンズもその1人に入ったのだった。そのときにランドで行なった講演は、グラフで最適マッチングを求めるという問題に関するものだった。研究会が進行するあいだに、エドモンズは問題の優れたアルゴリズムを出すことができた。つまり、グラフの頂点の数を n とすると、ステップの数がせいぜい n^4 に比例して大きくなるようなアルゴリズムだった。この意義深い成果は、エドモンズのキャンペーンの焦点となり、その数学の美しさが世論をなびかせる助けになった。しかしエドモンズも何度もテストされないわけにはいかず、エドモンズは必見の回想録で次のようなことを書いている。[★6]

当時このことについて私がわめいていたとき――自分の執着や全力での話し方はよくおぼえている――よくもらった反応は、最大のものは「うーん、そんなことを期待するのはばかなことだし、そうだねえ、まともな意味なんかないし、それに n を28までもっていったとして何になるんだか、あのう、そんなことしたって……」とか、その類のことだった。

今日その理論に疑問を抱く人はいない。エドモンズはアルゴリズムと計算複雑性のヒーローとなっている。定着しなかったことの一つが、問題の大きさを表す数をnとし、kを一定のべき指数として、たかだかn^kに比例する時間で作業を完了する保証があるアルゴリズムを「良い」と呼ぶ言葉の使い方だ。第1章で触れたように、今では多項式時間アルゴリズムというのが一般的だ。これはおそらく好ましい変化だったと思う。シンプレックス法ほどの成功を収めたアルゴリズムを「悪い」と言うのは少々きついからだ。

クックの定理とカープのリスト

計算複雑性の初期の頃、事態は急速に動いた。1967年、エドモンズはマッチングなどの組合せ数学の問題で成果を得たばかりで、TSPには良いアルゴリズムがないという予想で事態をひっくり返した。なぜエドモンズは自分の多面体法《ポリヘドラル》が他の事例には見事に機能した後で、セールスマンについては失敗すると予想するのだろう。エドモンズは自分で説明したがらず、良いアルゴリズムが存在しないことは正当な可能性だと言うだけだった。その予想から4年後、スティーヴン・クックとリチャード・カープが問題をP対NPというもっと広い世界に置く理論を考えた。

複雑性のクラス

数学者はものごとをきちんとしておきたがる。複雑性の理論の場合には、決定理論、つまり答えがイエスかノーかになる問題に整理の焦点が向かう。たとえば、グラフにハミルトン閉路があるか。イエスかノーか。あるいは都市の集合が与えられたとき、1000マイルよりも短い巡回路があるか。イエスかノーか。[★7]

リチャード・カープは決定問題の中に、良いアルゴリズムを持つ問題を表すためにPという短縮表記を導入した。形式的にはPはテープ1本のチューリングマシン上で多項式時間で解けるという区分の問題のことだ。つまり、nを入力テープ上の記号の数とし、何らかのべき指数kと定数Cをとれば、マシンがせいぜい$n^k \times C$回の手順を経て停止することが保証されるということだ。このPの定義は確かに整っている。1本テープのチューリングマシンを複数本テープのマシンに置き換えることも、あるいはさらに現代の高性能デジタル計算機に代えても、区分は変わらない。確かに、チューリングマシンを用いて現代のコンピュータをシミュレーションすれば、計算は遅くなるだろうが、その程度はnの多項式倍の時間がかかることになるだけだ。したがって、現代のコンピュータで多項式時間のアルゴリズムがあれば、1本テープのチューリングマシン上でも多項式時間のアルゴリズムとなる。

Pに属するということは、決定問題にとっての基準の最たるものだが、スティーヴン・クックは自然に生じるもっと広いかもしれない区分を調べた。エドモンズの概念を取り込んだクックは、イエスの答えが多項式時間で確かめられるような問題を考えた。答えを確かめるためには、問題文とともに、チューリングマシンが答えはイエスであると判定できるような証明事項を与える。たとえば、都市の集合が1000マイル以内で回れることを確かめるために、そのような巡回路をマシンに与えることができる。[★8]

検算については「非決定性《ノンディターミニスティック》チューリングマシン」を介する見方もある。そのような「マシン」は物理的世界にはない。計算しているあいだに自分を複製することができる能力があるものだからだ。多項式時間による検算があれば、非決定性マシンはそのたくさんある複製の一つで正しい保証を推測し、問題に対する答えがイエスであることを明らかにすることができる。この見方からカープは、クックによる問題区分にNPという短縮表記を唱えることになった。

表面的には、NPに属するほうがPに属するよりもずっと易しそうに見えるだろう。TSPは解を検算するのが易しい例だが、当の答えを求めるのは難しいこともある。第2の例として、整数をもっと小さい整数の積として表す因数分解の問題を考えよう。これは難しい課題かもしれない（多項式時間アルゴリズムは知られていない）が、答えが正しいかどうかは簡単に検算できる。もっと多くの例を立てることができるが、これらはNPがPよりも大きいことを示唆する一方だ。ところが驚きの事実がある。NPにはあるがPにはないことがはっきりしている問題は一つも知られていないのだ。

問題を別の問題に帰着する

スティーヴン・クックはNP研究が公式に始まった論文で、Pにはないかもしれない候補となる論理の問題を入れた。「さらに、この定理は、{トートロジーズ}がL^*の中にはない興味深い集合の良い候補であることを示唆していて、私はこの予想を証明するために相当の手間をかける値打ちがあると思う。そのような証明があれば、複雑性理論の大飛躍になるだろう」[★9]。実際、予想の証明は今や100万ドルの賞金がついている。クックの論文は、カープによる今では標準となった用語の導入よりも前のものだ――クックの言うL^*は今はPと呼ばれているもので、{トートロジーズ}は一般に充足可能性問題と呼ばれている。この問題は、与えられた論理式が真となるように、その式の論理変数に真か偽の値を割り当てることができるかどうかを判定するというものだ。式は変数とその否定を論理積と論理和を使ってつないだものでできている。問題そのものよりも重要なのは、クックが予想を立てる理由だ。クックの定理はNPにあるすべての問題が充足可能性問題として立てられることを示しているのだ。
クックの理論の重要な成分は、一つの問題を別の問題に帰着するというアイデアで、これには本書でも何度か実践的にお目にかかっている。たとえば、カール・メンガーのウィーン・コロキウムでの話は、点の集合を通る最短経路を見つけるという問題を紹介していた。これは厳密にはTSPではない。出発点に戻ってくることは求められていないからだ。しかしTSPの解き方がわかっていれば、メンガーの問題も、ダミー都市を加え、そのダミーと元の各都市との移動コストをゼロとすることで解くことができる。

形式的には、「問題の帰着」は、問題Aの任意の例をとって問題Bの例を生み出し、Aの答えとBの答えが「どちらもイエス」、あるいは「どちらもノー」でも、ともかく同じになるようにする多項式時間チューリングマシンと定義される。メンガーの問題をTSPに帰着させるときには、一つの都市とn本の距離を追加するので、元の問題にあった点の数nに比例する手順数で帰着を実行するチューリングマシンを作ることができる。これは問題の帰着の典型で、頭に入れておく必要があるのは、問題Bのサイズは問題Aのサイズよりあまり大きくなりすぎないということだけだ。

NPにある多くの問題を整理するうえで帰着が役に立つのは明らかだ。問題が易しいことを示すために、それを別の易しい問題に帰着しようとしてみることができる。問題が難しいことを示すには、既知の難しい問題をその問題に帰着しようとしてみることができる。しかし帰着によってもたらされる整理は驚くべきものだ。クックはNPにあるすべての問題が充足可能性問題に帰着できることを証明した。

すべてを支配する一つの問題がありうると考えるのは、並はずれて深い考えだが、クックの定理の証明はそれほど難しくはない。証明のとっかかりは次のようなところにある。NP問題の検算では多項式的な数のチューリングマシン手順しかないのだから、そのような問題を充足可能性問題に帰着するために、検算の、つまりマシンの状態と読まれる記号を示すことのすべての段階を表す論理変数を含めることができるのだ。ここでは詳細には立ち入らないが、クックの元の論文にある証明全体は、1頁もないことを言っておこう（かなり小さい活字ではあるが）。

これでクックの推理を理解できる。AからBへの問題の帰着は、BがＰにあるならAもそうだということを意味する。つまり、充足可能性問題がＰにあるなら、ＮＰにあるすべての問題に多項式時間のアルゴリズムが存在するというわけだ。クックはＰ＝ＮＰにはなりそうにないと思い、それが予想となった。

21のＮＰ完全問題

充足可能性問題を「すべてを支配する一つの問題」と呼ぶのはクックの結果にかなうが、それはクックの問題帰着理論の重みのすべてをとらえてはいない。実際、充足可能性がＮＰのすべてを支配することがわかれば、他の問題もその特性を持っていることを示すための直接のルートが与えられる。

ＮＰ問題は、ＮＰに属するものがすべてそのＮＰ問題に帰着できるなら、「ＮＰ完全」と呼ばれる。クックは充足可能性がＮＰ完全であることの証明に続いて、部分グラフ同型判定と呼ばれるグラフ理論の問題もＮＰ完全であることを手早く論証した。つまり充足可能性は部分グラフ同型判定に帰着されることを明らかにした。したがって、ＮＰに属する問題がまず充足可能性問題に帰着され、さらに部分グラフ同型判定問題に帰着される。二つの問題帰着を順次実行する1台のチューリングマシンを組み立てることが、部分グラフ同型判定問題がＮＰ完全であることを示す。

この問題帰着をつなげるというアイデアで複雑性理論への関心が爆発した。クックの成果が発表されて1年後にリチャード・カープが書いた論文が先頭を切った。★10 カープはＰ、ＮＰ、チューリングマシン、帰着について、すばらしくも専門的な解説をしている。その論文は今や有名な21題のNP完全問題の一覧を、クックの充足可能性問題からの帰着とともに提示している。リストには2種類のTSPが入っている。方向性のないグラフでのハミルトン閉路問題と、方向性のあるグラフでのハミルトン閉路問題だ。

カープの論文が表に出ると、他の難しい問題への帰着があちこちから出てきた。何百という問題がNP完全であることが示され、1979年には、マイケル・ゲアリーとデーヴィッド・ジョンソンが、『計算機と計算困難——NP完全の理論案内』という画期的な本を刊行した。その本は、アルゴリズムを研究している人ならほとんどすべての人の本棚にある。新しい問題が出てくると、まずは問題帰着で使えそうな候補を探してゲアリー＝ジョンソンのNP完全問題のリストを調べることになる。★11

100万ドル

実際的な話としては、何かの問題がNP完全であることが示されれば、研究者は、それを解くのは面倒だと思いなして、きれいではないがてっとりばやい試行錯誤的な方法に向かうか、TSPに取り組むことで切り開かれた大掛かりな方式の一つに向かうかになる。NP問題には効率的な多項式時間アルゴリズムはありえないというのが作業仮説だ。しかしPとNPが本当に別だという説得力のある証拠は何もない。ではどちら側を応援するだろう。P＝NPか、P≠NPか。

計算論の影響がどんどん大きくなって、P対NPの問題は、たぶん数学で最も目立つ未解決問題となった。問題に片をつけようという試みには事欠かないが、ランス・フォートナウは2009年にこの問題の状況について書き、その記事を2語で締めくくった。「スティル・オープン〔なお未解決〕」。それでも、100万ドルのクレイ賞がかけられると、地平線から進歩が見えてくる希望も抱ける。ダグラス・アダムスの『銀河ヒッチハイク・ガイド』に出てくる無限引き延ばされワウバッガーは、宇宙にいるあらゆる男女を侮辱するという独自のTSP計画の実現可能性について問われて、「人は夢を見ていいだろう?」と答えている。

TSPの現状

エイントホーフェン科学技術大学のヘルハルト・ウーヒンヘルは、クレイ賞に向かう数々の説について非公式に資料を集めている。そのP対NPに関するウェブページの目玉は、主張されている結果に沿って、「イコール」か「イコールでない」のしるしがついた主な問題の年表だ。

44.「イコールではない」2008年9月、J・Jは……を証明した。
45.「イコールではない」2008年10月、S・Tは……を確立した。
46.「イコール」2008年11月、Z・Aは……を証明した。

等々。ウーヒンヘルは論文へのリンクも張り、場合によっては言われている結果への反論へのリンクも張っている。[★12] スコアカードは拮抗していて、25本の論文がP＝NPを唱え、24本がP≠NPを唱えている。気になる読み物だが、これまでのところ、どの論証も本格的な審査は通っていない。

ウーヒンヘルのリストで「イコール」とした25本のうち9本は、TSPの変種用の優れたアルゴリズムを出すことで評判を確立している。方法は単純な列挙法から、セールスマン問題の完全な、それでも多項式サイズの線形計画法表現を得ようとする手の込んだ試みまで多岐にわたる。どの研究も重大な欠陥があるようだが、セールスマン問題を攻略することは、確かにP＝NPを証明する魅力的なルートだ。

ハミルトン閉路

１００万ドルを獲得することを目指して多項式時間ＴＳＰアルゴリズムを探そうという気になっているなら、制限された形の問題に注目すれば十分ということを念頭においておくのがよい。よくある選択肢は、グラフにハミルトン閉路があるかどうかを判定する方法を調べることだ。このＴＳＰの変種はＮＰ完全だということがわかっている。さらに良いことに、ハミルトン閉路問題は、入力のグラフが2部グラフ、つまりグラフの頂点を赤と青に塗り分けると、それぞれの辺の端が赤と青になるようにすることができると仮定すれば、やはりＮＰ完全となる。この特殊化はアルゴリズムで利用できる構造をもたらすが、多項式時間で解けるかどうかに関して言えば、制限なしのＴＳＰと同様、難しい。

アロン・イタイ、クリストス・パパディミトリウ、ジャイメ・スワルクフィテルはこれをさらに進め、ハミルトン閉路問題を、無限の正方形の格子の有限の部分集合として生じるグラフに特殊化できることを証明した。そのような格子グラフの例を図９・３に示した。ここでは全体として長方形の格子から頂点を一部取り除いている。格子グラフは閉路探しアルゴリズムのための魅力的なＮＰ完全の標的を提示する。デーヴィッド・ジョンソンとクリストス・パパディミトリウはこれを「ＴＳＰの究極の特殊事例[★13]」と呼ぶ。

幾何学的問題

ハミルトン閉路問題は整っていて、移動コストの評価で悩む必要はない。しかしほとんどの人にとっては、問題を位置（x, y）によって特定し移動コストは都市間の直線距離に等しいとするユークリッド版TSPのための直観を育てるほうが易しいかもしれない。この形の問題を解くと、P＝NPも証明し、100万ドルゲットということになる。★14

この設定には賞金の他に重要な未解決問題がある。今のところ、ユークリッド的TSPが実際にNPのクラスに入っているかどうか、わかっていないのだ。初めてこれを見るとショックを受ける。問題の決定問題バージョンは、せいぜい特定の数Kの長さの巡回路があるかどうかを問う。自然な確認対象はそのような巡回路をもたらすように都市を並べたリストとなる。（x, y）座標のどちらも整数と仮定してよく、したがってデータを表記するのに問題はない。細かい難点は、平方根を計算しなければならないところから生じる。どんな平方根でも必要なだけ近似するのはたやすいことだが、平方根の和はKにごくごく近い値になるかもしれない。わかっていないのは、Kよりも確かに大きくはないかどうかを判定できるほど十分に正確な近似を多項式時間で得られるかどうかだ。

ロナルド・グラハムは1980年代の初めにこの平方根の和の問題を広め、次のような例でどれだけ難しくなりうるかを図解している。次の二つのリストのそれぞれの数に100万を足し、その平方根の和をとる。

1 25 31 84 87 134 158 182 198

2 18 42 66 113 116 169 175 199

たとえば、最初の和は$\sqrt{1000001}+\sqrt{1000025}+\dots+\sqrt{1000198}$となる。これはどうということのない計算に見えるが、両者から出てくる結果は

9000.4499835688397309490268288613590291912
9000.4499835688397309490268288613590291915

で、小数点以下第37位で初めて値が変わる。一般的に、平方根の和が与えられた数Kよりも大きくないことを決定するために多項式規模の桁数で十分かどうかは知られていない。今の場合、入力のサイズは(x, y)座標にある桁数の和とKの桁数だ。

平方根の和問題に片をつけることは、ユークリッド的ＴＳＰがＮＰであることの証明に向かう直接のルートだが、それはただの可能性ではない。もしかすると、点の集合がせいぜいKまでの長さの巡回路であることを示す別の、今はまだ知られていない幾何学的構造を使う手段があるかもしれない。これは非常に興味深い展開で、ＴＳＰに関するかぎり、平方根の和方式で必要な重要な数論的成果よりも、たぶんさらに興味深い。

ヘルド＝カープの記録

セールスマン問題が多項式時間で解けるかどうかを判定するには、いずれかの革命的なアイデアが必要になりそうだ。しかし、ＴＳＰアルゴリズムの既知の最善の実行時間の限界を繰り返し向上させることで問題の複雑さを徐々に削り取るという、それほど大仰ではない目標もある。この段階的な進め方は、時間の限界を早めることができる方法なら、アプリケーションには適切で、ＴＳＰの実用面を強化するという魅力的な面がある。

もっと速くというのは複雑性の分析家にとっては良い合言葉だが、ＴＳＰについて言えば、１９６２年のマイケル・ヘルドとリチャード・カープの成果で壁に達してしまったらしい。[★15] このチームのダイナミック計画法のアルゴリズムは、n都市TSPを$n^2 2^n$に比例する時間で解き、それから50年近くたって、私たちはまだそこにいる。ヘルド＝カープの先へ行くのには革命が必要だというのは言いすぎかもしれないが、びっくりするような新しいアイデアが必要になるのは明らかだ。

ヘルドとカープの記録の状況を考えると、そのアルゴリズムについてはちゃんと述べておいてしかるべきだろう。解説のためにn都市問題を考え、都市の名を1からnまでとし、それぞれの対について、移動コストは$cost$（1, 2）, $cost$（1, 3）などのように表すことにする。

都市1をセールスマンの原点として固定すると、ヘルド＝カープの解は、都市1を除いたすべての都市の部分集合について、部分集合の中のありうる終点それぞれについて作図される最適部分経路から立てられる。一例として、部分集合｛2, 3, 4, 5, 6｝を考え、都市6を終点として選ぶ。これらの都市のための部分経路は、ここで言う意味では、都市1を始まりとして6で終わり、その途中で2、3、4、5を任意の順序で訪れるすべての経路の中でいちばんコストが低ければ最適となる。そのような最適部分経路のコストを$trip$（｛2, 3, 4, 5, 6｝, 6）と表記する。この値を計算するために、四つの合計の最小値を求める。

$trip$（｛2, 3, 4, 5｝, 2）＋$cost$（2, 6）
$trip$（｛2, 3, 4, 5｝, 3）＋$cost$（3, 6）
$trip$（｛2, 3, 4, 5｝, 4）＋$cost$（4, 6）
$trip$（｛2, 3, 4, 5｝, 5）＋$cost$（5, 6）

これはそれぞれ、1から6の部分経路にある最後の一つ前の都市についてありうる選択肢に対応する。つまり、最適に最後の一つ前の都市まで行って、それから都市6へ行く。

この5都市の*trip*の値をいくつかの4都市値から構成することがヘルド＝カープ法の中心にある。アルゴリズムは次のように進む。まず一つの都市の値をすべて計算する。これは易しい。たとえば*trip*({2}, 2)は単に*cost*(1, 2)のことだ。次にこの1都市の値を使って2都市の値をすべて計算する。それからこの2都市値を使って3都市値をすべて計算し、以下同様で続ける。最後に$(n-1)$都市値に達したら、最適値巡回路を読み取ることができる。合計が最小のものだ。

$$trip\,(\{2,3,\ldots,n\},2)+cost\,(2,1)$$
$$trip\,(\{2,3,\ldots,n\},3)+cost\,(3,1)$$
$$\ldots$$
$$trip\,(\{2,3,\ldots,n\},n)+cost\,(n,1)$$

*cost*の項は都市1へ戻る帰路の分となる。

それだけだ。実行時間の限界は、n都市問題の中に原点を含まない部分集合が2^{n-1}個あることから生じる。これらのそれぞれについて、せいぜいn個の最終都市の選択肢を考える（実は選択肢の数は部分集合の濃度のみだが、数えるのを易しくするためにnに増やす）。$2^{n-1}\times n\times 2n$で、全ステップ数は$n^2 2^n$を超えないことがわかる。

実行時間の限界は、10都市を超えるとすべての巡回路を検算するよりは良いが、ヘルド＝カープが最大限のことだとすれば、がっかりということになる。この記録を破ることを考えるなら、2^nの項に注目する必要がある。$n^2 2^n$を$n2^n$に変えても大した一歩とは考えられない。しかし限界が$n^2(1.99)^n$あるいは$n^2 2^{\sqrt{n}}$となると、これはニュースもので、もしかすると、未来での向上が、強い実行時間の保証を伴う実

用的な方法を私たちに見せてくれそうな時代のしるしとなるかもしれない。★[16]

切除平面

ヘルド＝カープの記録を破りたければ、切除平面法に目を向けないわけにはいかない。xkcd.comを運営し、記事も書いているランダル・マンローは、第1章の図1・5に掲げたTSP漫画につけた隠しメッセージでこの点に迫っている。「最善の線形計画切除平面技法の複雑性クラスはどうなってる？　どこにも見当たらなかったんだけど。ガーフィールドの奴はこの問題を知らないんだ★[17]」。

異論の余地なく実用計算のチャンピオンとして、切除平面法はTSPの複雑性分析では確かに取り上げるべき自然な候補だ。

残念ながら、切除平面の最悪の場合の成績についてとっかかりを得るのは易しそうなことではない。1987年、私はヴァシェク・フヴァータル、マーク・ハートマンとともに、分枝切除の強力な一変種は、特別に構成されたハミルトン閉路問題のややこしい問題を解くのに、少なくとも$2^{n/72}/n^2$回の演算を必要とすることを示した。もっと手順が必要かもしれないTSPの例もある。しかし、切除平面の新しいクラスがもっと良い実行時間限界に達する可能性については、まだ分析はついていない。これは、もっと高性能の分枝切除の実用的実行法について継続中の探索を補完するのには、見事な理論的標的だ。

ほぼ最適な巡回路

P≠NPを示す証明が出てくると、TSPの良いアルゴリズムの望みは息の根を止められるが、セールスマン問題のために開いた窓は残るかもしれない。たとえば、第4章で述べたニコス・クリストフィデスのツリーに基づくヒューリスティックスは、最適巡回路の1・5倍を超えないコストの巡回路を出すことが保証されている。この結果を、最適巡回路からのずれが1パーセント以内になる1・01倍の近似アルゴリズムに向上できたとしたらどうなるか。そのような方法が実装された高速のコンピュータなら、この問題が応用された多くの実用的な場面で優れたツールとなるだろう。

そうした近似アルゴリズムは、Ｐ対ＮＰが未解決でも、明らかに探求すべき興味深い道となる。しかしそうした方法を調べるには、難しいイエスかノーかの決定問題を排除するために、許容された移動コストに限らなければならない。★18 クリストフィデスが採用したここでの標準的な選択肢は、コストが対称的で、三角不等式を満たす、つまり任意の３都市A、B、Cについて、AからBのコストとBからCへのコストを足した物は、AからCへ直行するコスト以上でなければならないと仮定することだ。この自然な条件を満たす問題は、メトリックな（距離のように考えられるといった意味合い）ＴＳＰと呼ばれる。

クリストフィデスのアルゴリズムは最初、１９７６年のカーネギーメロン大学の研究報告に登場した。当時、結果は易しそうに見えた。それから30年たっても向上される展望はまったく見えず、もはや易しそうには見えていない。確かに、メトリックなＴＳＰをすべて扱えて1・5倍以内の多項式時間α近似アルゴリズムを見つけることは、緊急の未解決問題だ。

事態を公正かつ公平にしておくには、実はクリストフィデスを破るのは不可能かもしれないことを指摘しなければならない。このマイナス面については、クリストス・パパディミトリウとサントシュ・ヴェンパラが、メトリックなＴＳＰについて、Ｐ＝ＮＰでなければ1・００４５倍以内の多項式時間α近似（真の値のα倍の形で与えられる近似）はありえないことを証明している。★19 ２人の成果はＰ≠ＮＰの場合、超優秀な近似法を得るという考えを殺しているが、現実の計算上の壁がどこにあるのか、１・００４５倍に近いのか、

1・5倍のほうに近いのかは明らかになっていない。この幅を狭められないことは困ったことだが、興味深い未解決の研究テーマリストに入れることはできる。

アローラの定理

プリンストンのサニエーヴ・アローラは、近似法の希望と落とし穴の両方を明らかにする顕著な定理を証明した。アローラはどんなαを選ぼうと、αが1・0よりも大きいかぎり、ユークリッド的〔三平方の定理で求められるような直線距離で考える〕TSPについて、多項式α近似アルゴリズムが存在することを示した。[★20]最適巡回路を計算するための多項式時間の方法が存在しなければ、そのような結果は望めないという、メトリックなTSPとの対比に注目しよう。これはアローラの定理の興味深い面で、ユークリッド的TSPがメトリック一般の問題よりも計算しやすいかもしれないことを示唆している。

落とし穴かもしれないのは次のようなところだ。アローラの定理は優れた理論的成果だが、アルゴリズムの実行時間はαが1・0に近づくにつれて急激に増え、実験による結果もがっかりさせるものだった。これは近似法に共通の特徴で、空間の細かい分割が、探索時間が長くなることを対価にして高品質の解を得るために使われる。アローラの幾何学的手法を実用的なTSPツールに仕立てることは、まだ解決されていない問題だ。

計算機は必要か

ニール・スティーヴンスンのSF小説『アナセム』〔未訳〕は「怠け者の巡礼者」問題を解くための風変

わりな装置を描いている。これはこの小説でのTSPを表す名だ。

「それは、巡礼の修道士が地図のあちこちにランダムに散らばったいくつかの寺院を回ろうとしているという問題です」

「そうだ。問題はこの修道士がすべての目的地へ行ける最短のルートを見つけることだ」

「わかってきました」と私は言った。「ありうるすべてのルートをすべて並べてみることもできるんでしょうが……」

「しかしそれをぜんぶやるには永遠の時間がかかる」とオローロは言った。「ソーント・グロッドのマシンでは、この設定の一般化されたモデルのようなものを立てて、マシンを実質的に同時にすべてのルートを調べるように設定できる」

ソーント・グロッドのマシンとは、TSP用に考えられ、いくつかの事例でテストされた、全巡回路をいっぺんに調べる装置に似た、魔法の、それでも物理的なマシンだ。セールスマン問題を扱うための道具はチューリング流の計算機だけではないことを忘れないほうがよい。

TSPのためのDNA

1994年、ソーント・グロッドの生物学的候補が南カリフォルニア大学のレナード・エイドルマン教授によって唱えられた。[★21] エイドルマンは受賞歴もある計算機学者で、RSA暗号方式の「A」としても知られている。そのTSP装置は分子レベルで動作し、ごく少量のDNAに蓄えられる厖大な情報を利用しようとする。

エイドルマンが取り組んだTSPの変種は、ハミルトン経路問題の一種だった。入力として何かのグラフが与えられ、目標は特定の出発点から特定の終点まで、他のすべての頂点を通って進む経路を求めることだ。移動コストは問題にしない。エイドルマンのDNA実験で使われた7都市の例が図9・4に描かれている。出発点は都市0で、終点は都市6とされる。この例では、辺のほとんどは一方通行の街路をモデル化し、頂点を通るハミルトン経路は、指示された方向に従わなければならない。頂点1と頂点2、頂点2と頂点3の間の辺ではどちらの方向への移動も許されるが、残った辺では一方だけが許されている。

エイドルマンはこの問題を分子で符号化し、七つの頂点それぞれを、ランダムな20字のDNA文字列に割り当てた。たとえば、頂点2は

TATCGGATCG | *gtatatccga*

に割り当てられ、頂点3は

GCTATTCGAG | *cttaaagcta.*

となる。20文字のラベルを、右に示した大文字と小文字二つのグループに分けて、二つの10文字のラベルと考えることによって、頂点aから頂点bへ向かう辺は、aについては後半のラベル、bについては前半のラベルで構成される列で表される。たとえば、頂点2から頂点3への辺は

gtatatccga | *GCTATTCGAG*

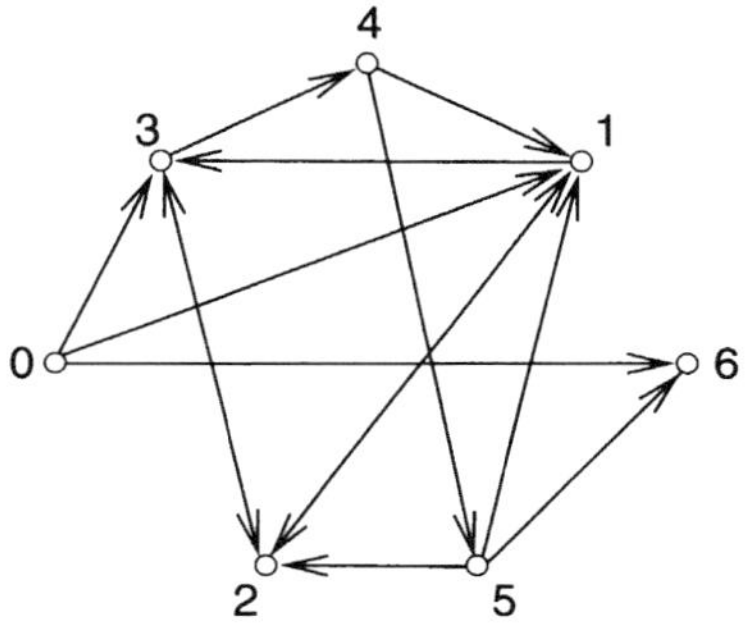

図 9.4　有向ハミルトン経路問題。

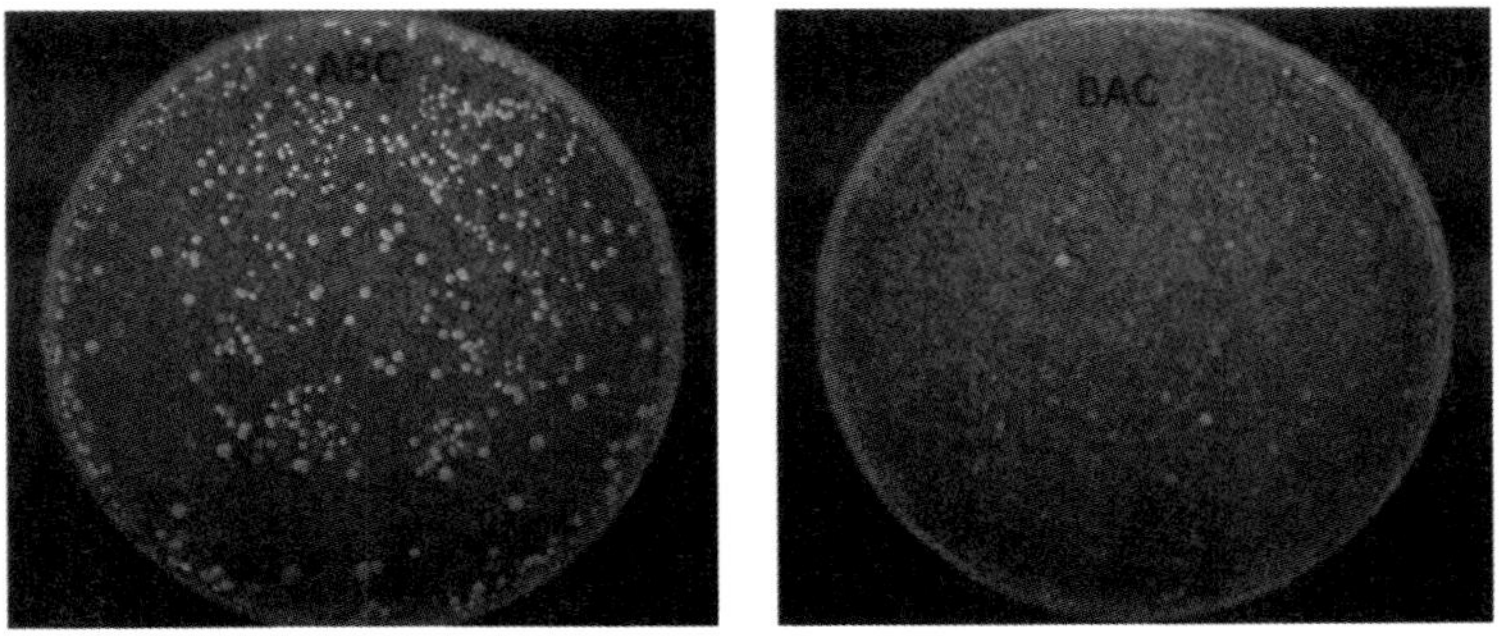

図 9.5　ハミルトン経路の細菌による計算。画像提供：Todd Eckdahl

となる。頂点2の後半と、頂点3の前半をとっている。この規則の例外は、出発点と終点を含む辺、0と6だけで、ここでは前半か後半かというのではなく20字のラベル全体が使われる。どちらの向きにも移動可能という場合をとらえるには、2本の辺を作ってそれぞれが一方の方向とする。

エイドルマン方式の次の段階は、辺を結んで経路にするための仕組みを提供することだ。0と6以外のそれぞれの頂点について、ラベルに対する相補的なDNAの列が作られる。このような並びは、辺をしかるべき方向で並べる「副え木」のはたらきをする。たとえば、頂点3に対する相補的な並びは、辺(2, 3)と(3, 4)を結ぶ働きをする。並びの前半が(2, 3)の符号化の後半と対になり、後半の並びは(3, 4)を符号化したものの前半と対になるからだ。

この実験では、実験室で辺と副え木に対応するDNAがいくつも作られ、混ぜられる。注意深く7日間の作業をすると、ハミルトン経路を生む二重の糸が確認された。

細菌

エイドルマンの実験は、マッドサイエンティストのような1週間の実験室での作業だった。それに代わる魅力的な案は、生きた生物にDNA操作を行なわせることだ。それこそ生物はお手の物だろう。デーヴィッドソン大学、ジョンソン・C・スミス大学、ミズーリ州立ウェスタン大学、ノースカロライナ・セントラル大学の学部生と指導教授らがまさしくそれを行ない、DNAを細菌に入れて、小規模のハミルトン経路問題を解かせた。[★22]

もちろん細菌計算機での作業にはそれなりの難関がある。DNAは生物の奥に埋もれているというのに、ある経路に対応するDNAをどうやって特定できるのだろう。研究チームが唱えたアイデアは、DNAが正しく経路を特定していれば、蛍光の特性を使って細菌のコロニーにライトアップさせるというものだ。3都市問題でこの方法を実演したときは、二つの有向辺がハミルトン経路で並ぶと赤と緑の蛍光が組み合わさって黄色のコロニーを生む。図9・5に示した実験結果がアイデアを示している。左側の写真ではDNAがハミルトン経路の並びになるように初期化されていて、細菌が成長した跡に黄色のコロニーが現れている。右側の写真ではDNAが間違った並びに初期化されたが、突然変異の継起の後、いくつかのコロニーが黄色を見せている。

もちろん3都市はTSPでは大した数ではない。それでも考え方はすごい。千里の道も一歩からだ。細菌の細胞数は指数関数的に増えるので、できたコロニーを整理する精巧な方法を採用して、もっと大規模な計算に利用できるかもしれない。

アメーバ計算機

日本の研究チームは食物連鎖を上り、単細胞のアメーバを使ってハミルトン経路問題だけでなくTSP一般の問題も解けることを明らかにした。[★23] このアメーバ計算機の中心部を図9・6に示した。左側がアメーバで右側は星形の開口部をもったプラスチックの構造物だ。この構造物にアメーバを置くと、時間がたつと形を変えて、星形の領域を埋めるようになる。この形を変える過程は構造物の放射状の腕のほうで光をつけたり消したりして導ける。アメーバは光源から遠ざかろうとして体を縮めるからだ。みそはアメーバが環境の変化に応じて形を最適化できるのを利用するところにある。

アメーバ計算機での4都市TSPソルバーは図9・7に図解されている。16本の放射状の腕をもつ星形構造を使い、各都市は4本の腕で表される。都市Aを表す腕はA1、A2、A3、A4と表され、巡回路中での都市Aの位置を表す。アメーバが$A2$を選べば、Aは巡回路の2番めに来る。実験を始めて1時間14分後、アメーバは$A4$の腕に枝を伸ばしはじめる。このとき、コンピュータ・プログラムが$A1$、$A2$、$A3$の光源のスイッチを入れ、都市Aは巡回路で一度だけ通れるという規則を施行する。また、$B4$、$C4$、$D4$のスイッチも入り、巡回路の中で4番になれる都市は一つだけという規則が施行される。この点灯手順は形を変える過程で厳密に実行されるわけではない。アメーバは灯りが一時的に消灯したときに4番めの位置をとるという選択肢を探るチャンスが与えられる。アメーバに短い巡回路をとらせるために、$A4$が選ばれた後、Aからいちばん遠い都市が1と3で周期的に点灯され、そこに腕を伸ばしにくくする。最終的にアメーバは$DCBA$という安定した解に達する。

やはり4都市では正統的な計算問題とは言えない――この研究の重要な部分は生物学的部品で動く新しい計算機を創出するところにある。

光学

ソーント・グロッドのマシンのための光に基づく候補は2007年の夏にはウェブ上で大評判となった。[★24] ハミルトン経路問題に応用して、光ファイバーケーブルを辺、ディレイ装置を頂点として、物理的なグラフを作るのがみそだ。この装置が動作しているときは、頂点に光が届くといくつかの光線に分けられ、一定時間の間隔をおいて出て行く辺それぞれに送られる。ディレイ装置はその光が個々の頂点を通ったことを示す署名のような役をする。各頂点を1回だけずつ通ったときに生じるディレイの和をDとする。ハミルトン経路問題を解くためには、出発点の頂点を通る光を送り、終点の頂点にD単位分の時間で着くかどうかを調べる。

図 9.6　単細胞アメーバとバリア構造物。画像提供：青野真士。

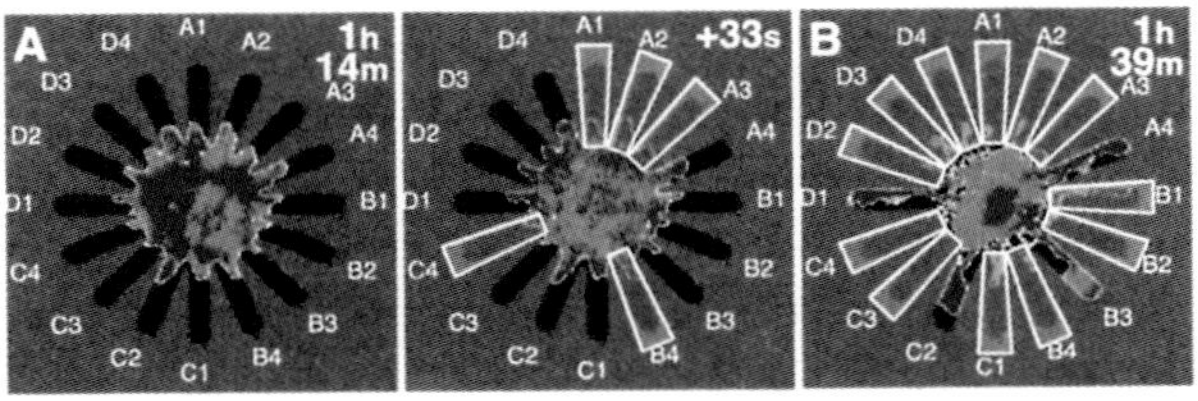

図 9.7　アメーバによる４都市ＴＳＰの解。画像提供：青野真士。

この光に基づく装置はn都市問題を、グラフのサイズに比例するステップ数で解くらしい。そこが関心の的だ。ところが、ルーマニアの計算機学者ミハイ・オルテアンによる細かい分析は、一義的な署名となるディレイを選ぶとき、必然的に少なくとも2^n単位分の時間のDになることを示した。[★25] 今のオシロスコープでは、二つの光線の差が10^{-12}秒未満では区別できないので、問題を解くための時間は少なくとも$2^n \times 10^{-12}$秒なければならない。それでもこの数は小さいので、ささやかな規模の問題ならけっこう早く解ける。

オルテアンは、33頂点のグラフなら1秒で処理できるのではないかと推定している。悪くないが、この場合のディレイ装置を実装するには8×10^{11}メートルのケーブルが必要になることも計算している。さらに、頂点が数百の場合に必要な光子の数は、太陽が毎年出す光子の数を超えるだろう。そのあたりから問題が生じる。

量子コンピュータ

DNA、細菌、アメーバ、光学と、TSPソルバーはどれも一度に全巡回路を、という面があるが、そのためには都市の数とともに、必要な資源も指数関数的に大きくなる。本当のソーント・グロッドのマシンとしては、生物学も古典物理学も置き去りにする必要があるかもしれない。実際、さらに有望な候補は、量子力学の性質を採用することで登場する。これを計算に用いることを最初に唱えたのはリチャード・ファインマンだった。

量子コンピュータの基本成分はキュービットと呼ばれる変わった単位だが、これは従来のコンピュータで情報を表すために用いる0か1かのビットに対応する。キュービットは0か1かの値を保持するが、同時に両方をとることもできる。量子力学の魔法によって、TSPのすべての可能性を本当に一度に調べられる可能性が出てくる。キュービットが100あれば、2^{100}通りの可能性を同時にプログラムできる。

世界中の研究者が量子コンピュータの実際に動くモデルにつながりそうな物理や技術を解決しようと必死に研究している。そのようなコンピュータがあれば、ピーター・ショアによる有名な成果を介して因数分解を高速に行なう方法も得られるだろうが、多数のキュービットが使えるようになれば、セールスマン問題は簡単に解けるというのは誤解だ。確かに、100万キュービットあれば、1000都市を通る巡回路をすべてプログラムできるだろうが、物理学には落とし穴がある。すべての巡回路が同時に表現されるとはいえ、実際にキュービットの状態を調べるときには、一つ以外は消えてしまう。量子コンピュータの動作がそんな残念なものだとしたら、装置に最適巡回路を選ばせるにはどうすればよいだろう。それが可能かどうかは明らかではない。

スコット・アーロンソンはこの点を『サイエンティフィック・アメリカン』の記事で考察して、量子コンピュータにありうる限界を解説し[★26]、NP完全問題のための多項式時間の量子アルゴリズムを作ることの難しさについて次のような意見を述べている。

しかしそのようなアルゴリズムが存在するとしたら、それは問題の構造を私たちがまだ見たことがないような形で利用しなければならないだろう。古典的な効率的アルゴリズムが同じ問題に対してしなければならないのと同じことだ。量子のマジックがあればそれだけでその仕事ができてしまうわけではない。

量子コンピュータは、チューリング式の計算法を超える興味深い能力を見せてくれるが、それを利用してセールスマンのルートを決める力を有意に向上させられるかとなると、今後を待たなければならない。

閉じた時間的曲線

アーロンソンの記事には変わった計算モデルがいくつか出ていて、中でも私が好きなのは、時間旅行ソルバーだ。考え方は十分に単純だ。信頼できるコンピュータでコンコルドを実行させて、遠い将来に出る答えをとってきて、現在に持ち返らせるのだ。これは速いが、当然こんな疑問が生じる。タイムマシンから答えが出てきたら、計算機のスイッチを切ってもよいのだろうか。スイッチを切ったら、そのコンコルドは受け取った答えをどうやって見つけたことになるのだろう。

この考え方を真剣に考える人々は、「閉じた時間的曲線」という概念を検討する。つまり、時間と空間を通って出発点に戻り、閉じたループをなすような経路だ。[★27] そのようなループが存在すれば、セールスマン問題はその曲線上でたどられ、戻ってくるときに答えを拾えるようにできるかもしれない。

糸とピン

地上に戻って、ダンツィク、ファルカーソン、ジョンソンや、20世紀初頭に実際のセールスマンを送り出した担当部署の人々が用いた物理的装置のことを言わずに終えるべきではないだろう。すなわち立ち寄る都市にピンあるいは釘を刺した地図で、糸で可能性のある巡回路の図を描く。この装置は手計算のスピードを上げてくれるし、ストリングの反対側は固定しておくことで巡回路の長さが測れる。時間旅行する量子コンピュータよりは作りやすく、今まで工夫されたなかでは最も実用的な物理的ＴＳＰ補助装置だ。

第10章　人間の出番

私たちがしているのはこんなことだ。若い才能ある人を集め、ある有名なＮＰ問題の歴史と理論にさらす。巡回セールスマン問題ならぴったりだ。

――チャールズ・シェフィールド、１９９６年[★1]

セールスマン、法律家、牧師、作家、ツーリングをする人々が、永年にわたり巡回路を決めようとしてきた。もちろん、長い練習の後でボールを拾い集めるテニスプレーヤーもいる。こうした経験をもってすれば、人間の頭はＴＳＰ一般を解くための有能な非コンピュータ装置たりうるだろうか。

人間対コンピュータ

おもしろい競技というのはそういうものだが、１９９７年に行なわれたチェス世界チャンピオンのガルリ・カスパロフとＩＢＭのディープ・ブルーとの対戦では、どちらの側にも声援が飛んだ。あと何年かは機械を制しておきたいと願う人々は人間を応援し、ハードウェアやソフトウェアのファンはコンピュータの側に立った。SF作家のチャールズ・シェフィールドは、自身のひいきの側には立たず、IBM側で試合を観戦して、基本的には計算機用の問題なのに人間が巨大な計算装置とまともに張り合えることに感銘を受けた。そうして、人間は他のやっかいな計算の難問、たとえばTSPについても対抗できるだろうかと思いをめぐらせた。

特別な訓練がなくても、私はシェフィールドが説くように、TSP対戦ではコンピュータの側に賭けるだろう。その理由の一つは個人的な経験だ。2007年のとある数学の研究会で、シルヴィア・ボイドは、計算はすべて手計算だけでしなければならないというルールをつけて、50都市のTSPの問題を出した。試合は1日続き、デーヴィッド・アップルゲートと私は図10・1に示した優勝巡回路を出し、やはりTSP研究者のジェラール・コルニュエジョルを僅差でかわした。しかし残念ながら、私たちの解も最適解ではなかった。この問題を20年も研究してきたが、コンピュータが1秒もかからずに片づけられる問題を相手にするだけの腕はまだなかったのだ。

巡回路発見戦略

私たちには最適巡回路を見つける才能はないかもしれないが、この問題の別の面では人間もなかなか健闘している。スミソニアン国立航空宇宙博物館には、アメリカのいくつかの空港を通る巡回路を探す問題を来訪客に出す展示がある。図10・2に示したディスプレイはタッチスクリーンのコンピュータ画面で、これによって空港を一つ一つ選んで巡回路を組み立てることができる。このような問題では、人間は小規模の例については質の高い巡回路を生み出す。そして数学的方法の多くはそうした結果と楽に互角の勝負をするが、そのような巡回路に達するときに明示的に行なう計算の数は、明らかに人間のほうが少ないようだ。心理学者のチームが、人間の問題解決力についての理解を深めようと、この現象を調べたことがある。[★2]

巡回路のゲシュタルト

心理学の世界で見つかったことの一つは、質の高い巡回路の形は、それほどではない巡回路と比較すると「正しい感じがする」ということだ。人間には簡素な構造を求める欲求があることを示しているのかもしれない。この基調は、オーストラリアのアデレード大学でダグラス・ヴィッカースが行なった実験で浮かび上がった。[★3] このときは、二つのグループが、同じ10都市、25都市、40都市のTSPの具体的問題（それぞれのサイズで2題）を出題されるが、進め方についての指示が異なる。最適化群のほうは、それぞれの問題で最短巡回路を見つけるよう求められるが、ゲシュタルト群のほうは、「全体の道筋がいちばん自然で魅力的、あるいは美観的に快いと思う」ような巡回路を見つけるよう求められる。その結果は、両群によって得られる巡回路の質に顕著な類似があることを示した。このテストでいちばん優秀な答えを出したのは、実はゲシュタルト群にいたファッションデザイナーの女性で、6問中5問で最短巡回路を出した。

子どもが見つける巡回路

カナダのヴィクトリア大学でイリス・ヴァン・ローイらが行なった研究では、巡回路探索実験で、同じ問題を出された大人と子どもの成績を比べている。[★4] このやり方によって、知覚技能と認知技能を比較して検討する手段が得られる。児童のほうは、巡回路を探索するとき、主として良い形の知覚に依存すると予

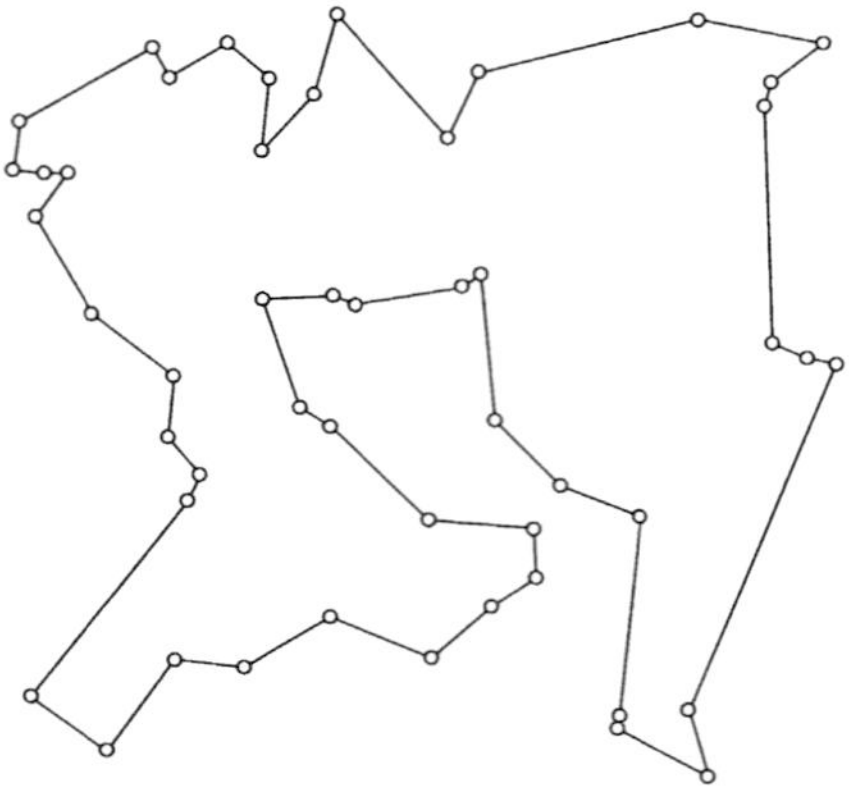

図 10.1　数学の学会での優勝巡回路。

図 10.2　スミソニアンの TSP 展示。
撮影：Bärbel Klaaßen

都市数	7 歳児	12 歳児	成人
5	3.8%	2.5%	1.7%
10	5.8%	3.4%	1.7%
15	9.4%	5.0%	2.7%

表 10.1　児童と成人が見つけた巡回路長の最適値を上回る平均百分率。

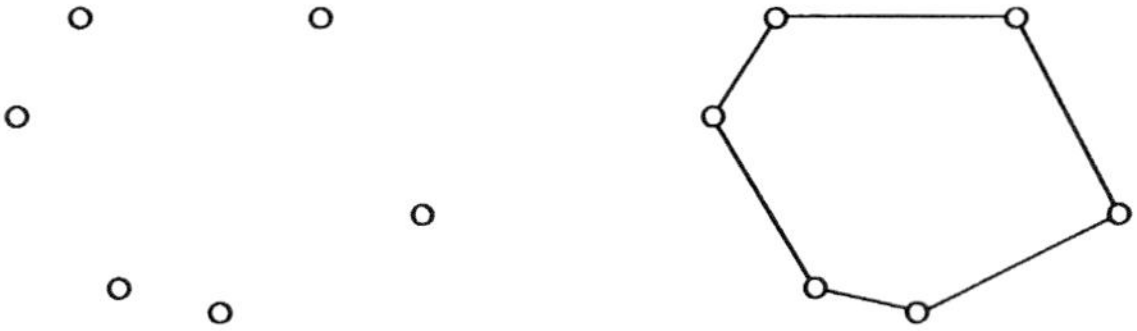

図 10.3　点の集合の凸包。

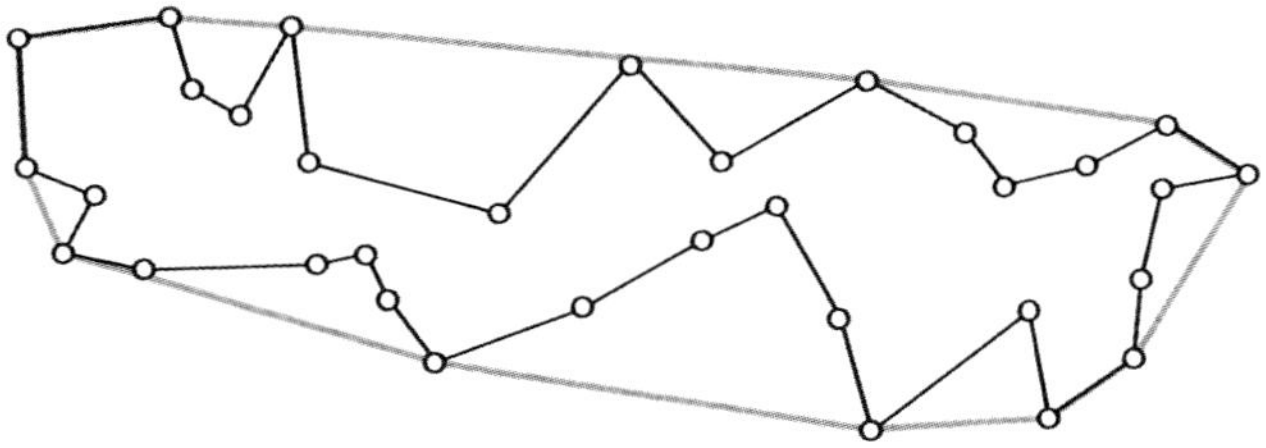

図 10.4　凸包を順にたどる最適巡回路。

図 10.5　人間の TSP 実験。写真提供：Jan Wiener

想されるからだ。

この研究では7歳と12歳の小学生と大学生のグループが集められた。小学生の参加者は成果に対する報酬としてステッカーが与えられた。TSPテスト問題集は、ランダムに生成された5都市、10都市、15都市の例からなり、それぞれのサイズについて5題ずつ出された。成績は出された巡回路の長さが最適値をどれだけ上回るかをパーセンテージで表したもので測定された。表10・1に示した結果は、児童から成人へ移るにつれて成績が上がるが、児童でもそこそこ短い巡回路を見つけるということを示している。

凸包仮説

イギリスはランカスター大学のジェームズ・マグレガーとトマス・オームロッドは、点の集合の全体的な形が巡回路探索の指針として使える程度に注目した[★5]。この形を表す尺度は、図10・3に示されるように、ゴムバンドが都市の集合をどう囲むかで得られる。ゴムバンドでたどった曲線は都市による凸包の境界となる。境界そのものは巡回路ではないが、すぐに確かめられるのは、最適巡回路は交差を避けるために、境界上の都市を、回っているときに現れる順に通らなければならないことだ。図10・4には、この凸包法則が、プロクター&ギャンブル社の33都市問題の最適巡回路とともに示されている。境界上の12地点は、最適巡回路に出てくるのと同じ順番で現れ、残りの都市は境界から最短の部分経路で内側に動いて拾われていく。この脈絡では、境界上にない都市は内部点と呼ばれる。

マグレガーとオームロッドは、人間が10都市、20都市の例を解いた実験結果を詳細に分析したものに沿って、TSP問題に近似解を見つける複雑度は内部点の数で決まるという結論を出した。さらに2人は次のように書いている。「ここに示された証拠は、人間の被験者がTSPの全体の空間的特性、とくに凸包の境界の知覚に基づいて解に達することを示している」。この仮説がどの程度成り立つかは、人間による問題解決の研究者のあいだでは活発な議論の的になっている。専門家の議論の多くは実験で用いられたデータ集合のタイプに注目するが、人間は全体から局所へという方針をとるのか、それとも局所から全体へという方針をとるのかという一般的な問題もある。全体から局所のときは、全体的な構造を知覚してからその構造に都市を収めるための局所的選択を行なうが、局所から全体のときは、局所的分析（点が集中しているなど）を行ない、それから局所的情報を全体の巡回路にうまく収めようとする。

ＴＳＰの物理的な具体的問題

こうした人間を対象にした研究でのＴＳＰの問題は、紙の上で、あるいはコンピュータ画面上でたどれるように提示されるという意味で、視覚的なものだ。ドイツのチュービンゲン大学にいるヤン・ウィーナーらのチームはこれを、参加者が６・０×８・４メートルの部屋でリストにある目標を回ることを求められる、物理的なＴＳＰについての成績と比べた。[★6] このチームの実験では、25本の柱がそれぞれに色つきの記号をつけて並べられた。参加者は出発点と最大九つの記号のリストを与えられ、指示された記号を回ってから出発点に戻ってくるよう求められる。ここでの結果も人間は小規模のＴＳＰならうまく解けるという説を支持している――このときは時給８ユーロのバイト代が出ていた。

神経科学でのＴＳＰ

ＴＳＰの例でも、小規模だったり、凸包の境界上の都市が大きな割合を占めるような配置だったりの場合には、人間が定型的な作業で解けるし、参加者どうしのばらつきも小さい。ところが一般的な問題で都市数が20あたりを超えてくると、ヴィッカースらの研究のファッションデザイナーが明らかにしたように、成績の個人差は急速に大きくなる。さらに大きな50都市の例では、ヴィッカースらが行なったその次の研究で、個人によって得られる解の質が一貫して違うことがわかった。[★7] また、TSPの能力と標準的な非言語知能テストのスコアとのあいだには弱い相関も認められている。

トレイルメイキング

TSPのような問題での人間の成績の差は、昔から神経心理学の臨床研究材料だった。その筆頭に挙げられる例が、ハルステッド＝レイタン神経心理学試験にある小道づくり《トレイルメイキング》だ。[★8]

トレイルメイキングの最初の部分は、25の番号がついた都市で、図10・6の左側に示したようなものだ。テストは被験者に都市を番号順につないで、できるだけ早く完了し、間違ったらそのときに間違ったと言うよう求められる。正しい経路は図10・6の右側に示されており、これは明らかに最適ルートではないが、比較的に短いルートで交差もない。トレイルメイキングの第2段階は同様の課題だが、こんどは都市が1、*A*、2、*B*、……、12、*L*、13となっている。2部構成のこのテストは米陸軍の心理学者グループによって1940年代に開発され、一般に用いられるレイタンが導入した採点方式は、被験者が課題を完成するまでの時間だけに基づいている。

数々の実験が、脳に損傷がある患者を特定するうえで、トレイルメイキングの感度が良いことを指し示している。実は、1990年の調査によると、国際神経心理学会の会員のあいだでは、トレイルメイキングが最も広く用いられている。[★9] トレイルメイキングが、2部構成のテストで必ず都市については特定の決

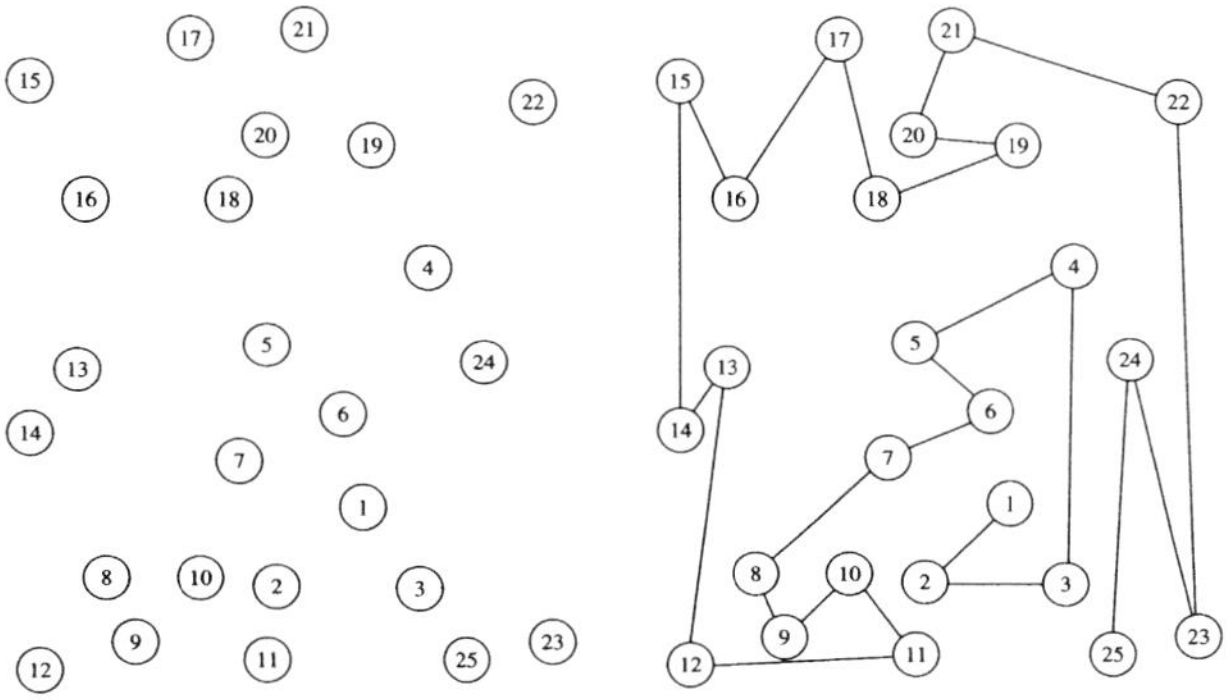

図 10.6　トレイルメイキング（パート A）。

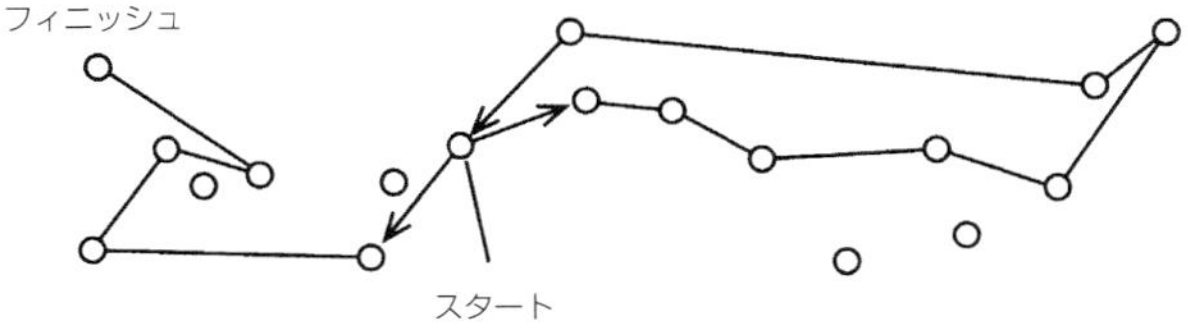

図 10.7　チンパンジーのビドーが見つけた巡回路。

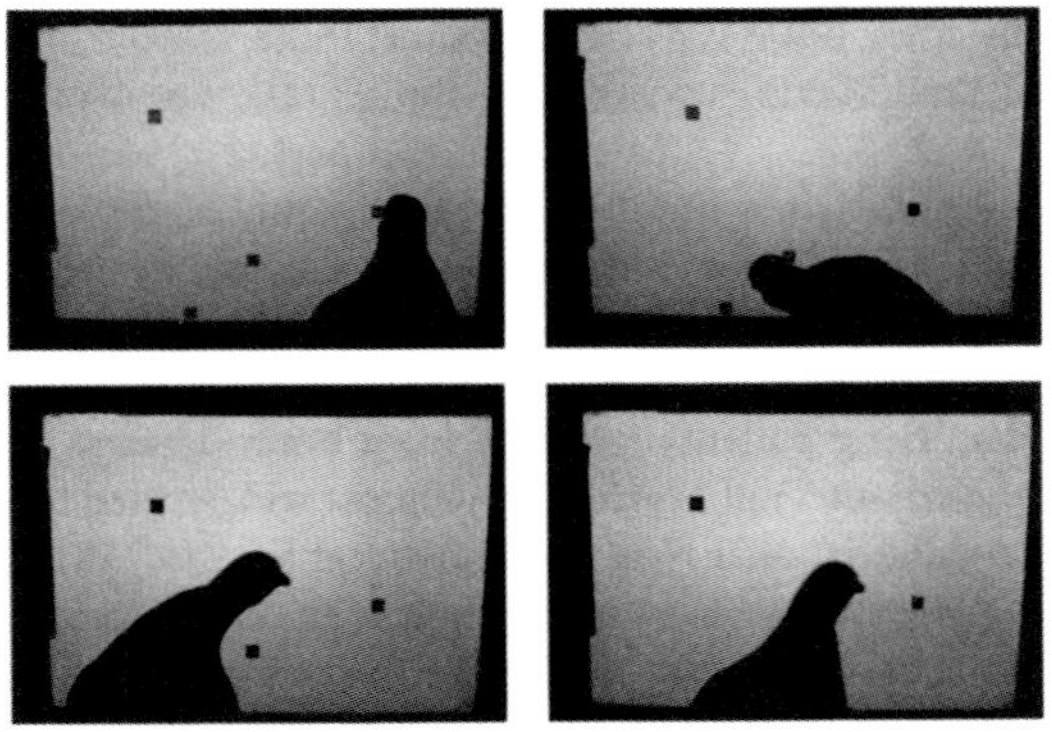

図 10.8　TSP を解くハト。画像提供：Brett Gibson

まった位置を用いていることは興味深い。優れた臨床的特性をもった都市の配置を他に生成するための信頼できる方法がないらしい。

TSPを解く動物

人間がTSPをけっこううまく解くとすれば、動物はどうだろう。この問いは、エミール・メンツェルがチンパンジーの一団で調べた1973年の研究で立てられた。[★10] 8ユーロのバイト代もステッカーのごほうびも使えない相手なので、メンツェルは、被験動物を効率的な巡回路で移動するようにしつけるための巧みな方式を考案した。実験の冒頭、6頭のチンパンジーが実験場の端にある檻に入れられている。訓練員が1頭を選んで檻から出し、助手が18個の果物をランダムにあちこちに隠しておくあいだ、実験場を回る。この1頭を檻に戻し、2分待って6頭とも放たれる。選ばれた1頭は餌の位置の記憶を使って、他の5頭が探しまわって見つける前にごちそうを採集する。

ビドーというこの研究で使われた1頭のチンパンジーがたどったルートが図10・7に描かれている。ビドーは実験場の境界にある「スタート」地点から始め、「フィニッシュ」地点で終えた。いくつかのリンクにある矢印は移動の方向を表す。ビドーは4個の果物を逃したが、場所を覚えていたので、全体的には顕著に優れた巡回路をたどった。

ベルベットモンキー、マーモセット、ラットを使ったTSPを解く動物の研究もある。伝えられている実験はすべて問題を物理的に表した例を使っていて、動物はあちこちに散らばった場所の餌をとる。ニューハンプシャー大学のブレット・ギブソンが行なったハトの研究では、違った手法がとられた。[★11] その研究では鳥を訓練して、図10・8に示されたようなスクリーンに投影された位置をつつくことでハミルトン経路を選ぶようにする。投影された都市を回ると、ハトは餌をもらえる。この鳥はランダムに選んだとした場合に予想されるよりも有意に短い経路を選んだが、一般に最近傍法によるよりは長かった。もっと短い巡回路を見つけさせるために、第2の実験では、描かれた解が十分に高品質だった場合にのみ餌を与えるようにした。餌はあげないよと言われないために、ハトはレベルを上げて、問題集の中の小規模なTSPについては立派な戦略を開発した。

こうした研究のいずれでも、問題のルールが簡単だということで研究者は決してつまらなくはない実験をしつらえることができ、TSPの課題はいろいろな動物の空間認知技能をテストする優れた手段となっている。

第11章　美学

数学はずっと複合的な（部外者にとっては神秘的な）パターンの源だった。
――ヤロスラフ・ネシェトジル、１９９３年★1

数学者が特定の研究項目を美しいと言うときは、その美が物理的な形に具現するという含みはまったくない。それはＴＳＰについても言える。一群の点を通る巡回路が快い形をしていることはあるが、数学者を引きつけるのは、その巡回路そのものではなく、幾何学と複雑性が組み合わさってできる美しさだ。それでもＴＳＰはいくつかの本格的芸術作品に取り入れられたことがあり、数学のエッセンスをうまくとらえていて、そのためにセールスマン問題への大きな関心を呼んだものもある。

ジュリアン・レスブリッジ

ジュリアン・レスブリッジの「巡回セールスマン」という絵を見かけて、私はうれしくなった。レスブリッジは有名な現代画家で、その作品はワシントンの国立美術館、ニューヨークのメトロポリタン美術館、シカゴ美術館、ロンドンのテート・ギャラリーにも収められている。その様式が刻んだ印象は、次のようなあちこちの評からくみとれる。


ジュリアン・レスブリッジは、交差する曲線でできそうなことをすべて明らかにすることにしたらしい。

——『ニューヨーク・タイムズ』、1995年★2

レスブリッジの抽象化は知的で、数学や自然の原理に基づいていることが多い。

——『ULAE』、1997年★3

その語彙は、割れたガラスやクモの巣のような、ランダムな、あるいは自然に生じるパターンに由来するものが多い。

——『ポーラ・クーパー・ギャラリー』、1999年★4

直線、曲線、格子状、円形、有機的、整った、カオス的な、切断された、組み上げられた、線の、絵具の、断定的な、繊細な——こうした線やあれこれがレスブリッジの絵画体系の基礎であり、自然の肖像を構成する成分である。

——『アート・イン・アメリカ』、2007年★5

こうした評は、数学者にはおなじみの概念をうかがわせている。実際、ニューヨークでレスブリッジと会ったとき、話はまずその作品のことから始まったが、すぐに数学一般の話になった。レスブリッジは数学の美意識に関心があり、それについての直観力もあった。

レスブリッジは、「巡回セールスマン」シリーズについて話す中で、ある雑誌でTSPの解説に遭遇し、すぐに問題に対する答えがもたらす思考や空間の摂理に打たれたことを明かしている。図11・1と図11・2に、このシリーズから美しい例を二つ挙げた。『ニューヨーク・タイムズ』と『ボルティモア・サン』の評者は、この二つをジャスパー・ジョーンズの地図の絵やジャン・デュビュッフェの「コンパニー・ファラシューズ」になぞらえている。★6 とはいえ、そのような比較参照はTSPファンにはがっかりだろう。挙げられたどちらの作品も、レスブリッジの絵にある巡回路がもたらす空間の組織化を示していないからだ。

2枚の絵のうち図11・1のほうでは、交差しない巡回路がジョルダン曲線と呼ばれる単純な閉じた曲線をなし、空間を二つの領域に分けている。一つは境界に囲まれた領域、もう一つは囲まれていない領域だ。囲まれたほうは、曲線の内側と考えられる。この絵は、白で描かれた巡回路で内と外を分離し、それをきわだたせるテクスチャーを使ってこの分割をとらえている。

同じ巡回路がもう一つの絵ではずいぶんと違った形で示されている。こちらでは、隠れている都市の位置から放射する複数の絵具の線によって、同じ点集合を通るいろいろな経路で表される無数の選択肢が示唆されている。この大きな絵は、国立美術館のマイヤーホフ・コレクションに入っている。

図 11.1 ジュリアン・レスブリッジ「巡回セールスマン」（1995 年、リトグラフ、43.75 × 42 インチ）。画像提供：Julian Lethbridge and United Limited Art Editions

図 11.2 ジュリアン・レスブリッジ「巡回セールスマン 4」（1995 年、亜麻布に油彩、72 × 72 インチ）。The Robert and Jane Meyerhoff Collection. 撮影：Adam Reich

ジョルダン曲線

球面上に引かれる巡回路は内も外もなく、単に二つの領域が、ジグソーパズルのピースのようにはまっているだけだ。このジョルダン曲線の境界の両側の同等性は、図11・3の左側に示したロバート・ボシュの「包囲」という彫刻にも明らかに見てとれる。この作品は球面上にあるわけではなく、外側の円環は二つの領域のうちどちらが実際には外かを明らかにしているが、中心から見た対称的な姿が目を引く。「包囲」はアメリカ数学会とアメリカ数学協会から、２０１０年の数学的美術展1等という栄誉を与えられた。

制作したアーティストはロバート・ボシュ。第1章で述べた10万都市のモナリザを作ったのと同じ人物で、数学の研究者でもあり、現在はオバーリン大学数学科長も務めている。博士論文は数学的最適化に関するもので、その知識をツールとして揮い、自らの美術制作に活かしている。[★7]

何かの作品のアイデアを得ると、そのアイデアを数学的最適化の問題に移し替えます。そうしてその問題を解いて、答えを絵にして、結果に満足できるかどうかを確かめます。満足できたら終了で、できなければ最適化の問題を修正して、解いて、解を絵にして、また調べます。満足できる作品に達するまで、何度も繰り返してやってみなければならないこともしょっちゅうです。数学的最適化が好きなんですね——理論も、アルゴリズムも、いろいろな応用も。

ボシュのお気に入りの最適化問題の一つが、ＴＳＰ用の厳密なアルゴリズム、ヒューリスティックなアルゴリズムを使うことだ。第1章のモナリザの画像や本章の次節で紹介するボッティチェリの「ヴィーナスの誕生」の絵など、最適化ツールを使って作ったＴＳＰ絵画作品も数々ある。ウォータルー大学の計算機学者クレイグ・カプランとは、優れた巡回路をとるとおもしろいことに元の画像が描き出されるように都市を配置する、手の込んだ技法も開発している。★8

ボシュ＝カプランの方法は、「包囲」の彫刻を構成するような、からみ合う輪のＴＳＰの下絵を生み出すが、得られるジョルダン曲線は輪による隣り合う腕を、内部、外部いずれかの同じ領域に入れることがある。そこでボシュが介入して問題を見直し、本人が「曲線を私たちの意志に合わせて曲げる」★9と呼ぶ整数計画法の手法を使う。ＴＳＰの巡回路でできるジョルダン曲線をはさんだ両側の空間に置きたい点を二つ選ぶ。この幾何学的な必要条件は、この2点をつなぐ線分はＴＳＰ巡回路を奇数回またがなければならないと述べるのと同等のことだ。そこでボシュは副次的な制限を加え、新しい最適化問題を整数計画法のプログラムで解き、あらためて得られるジョルダン曲線を見ることになる。

「包囲」の彫刻は、厚さ6ミリほどの金属板でできている。内側の領域はステンレス鋼で外側の領域は真鍮だ。ウォータージェットのカッターを使って、７２６都市のＴＳＰ巡回路に沿って、2種類の金属がそれぞれカットされ、それぞれを一つずつ組み合わせて、2種類の「包囲」ができる。カットする段階では細い幅の金属が削り取られ、隙間ができるので、それが彫刻を通る道筋を浮かびあがらせる。

ボシュはもっと大きい対称的な輪のジョルダン曲線を作っていて、図11・3の右側に掲げた。この作品について、ボシュはメールで次のようなことを書いている。

ＴＳＰに対して副次的な制約条件を加えて、巡回路の辺が、円の中心についても縁の近くででも五重の回転対称になり、両者の間では十重の回転対称になるようにしました。さらに副次的制約条件を加えて、内側と外側を色分けしたとき、からみ合うような外見を得ました。

この場合のＴＳＰには２８４０都市があり、できる整数計画法問題を厳密に解くのが難しくなる。画像で用いられた巡回路はソフトウェアに組み込まれたヒューリスティックなアルゴリズムで得られたものだ。

フィリップ・ガランターのTSP壁画

ボシュとレスブリッジはそれぞれ、ＴＳＰとその結果として得られるジョルダン曲線を絶妙に使っている。ボシュの場合は絶妙さはデザインの対称性によるもので、レスブリッジの場合は絶妙さは絵のテクスチャーに生じる。フィリップ・ガランターは、もっとわかりやすい方式を用いて大きなＴＳＰ壁画の連作を作っている。ガランターの作品は図11・４の写真に示した。コントラストの強い２色で壁を塗りわけるのにＴＳＰの巡回路が使われている。

ガランターはテキサスＡ＆Ｍ大学の可視化学科の助教授で、その作品は美術や音楽で複雑性や自動装置を使うことを中心にしている。自分のＴＳＰ作品について、ペルーのリマで開かれた展覧会での自作紹介で次のような見解を述べている。[★10]

巡回セールスマン壁画の連作はいろいろな形の発現を探っています。それぞれの壁画のデザインはそれぞれの壁について一意的に生み出されます。ランダムな点をたくさん生成して、コンピュータのプログラムが各点を一度だけ通ってつなぐ最適で最短の線を計算します。少々神秘的なことに、そ

図 11.3　左：TSP の彫刻「包囲」。右：対称的な輪。画像提供：Robert Bosch

図 11.4　TSP 壁画。提供：Philip Galanter

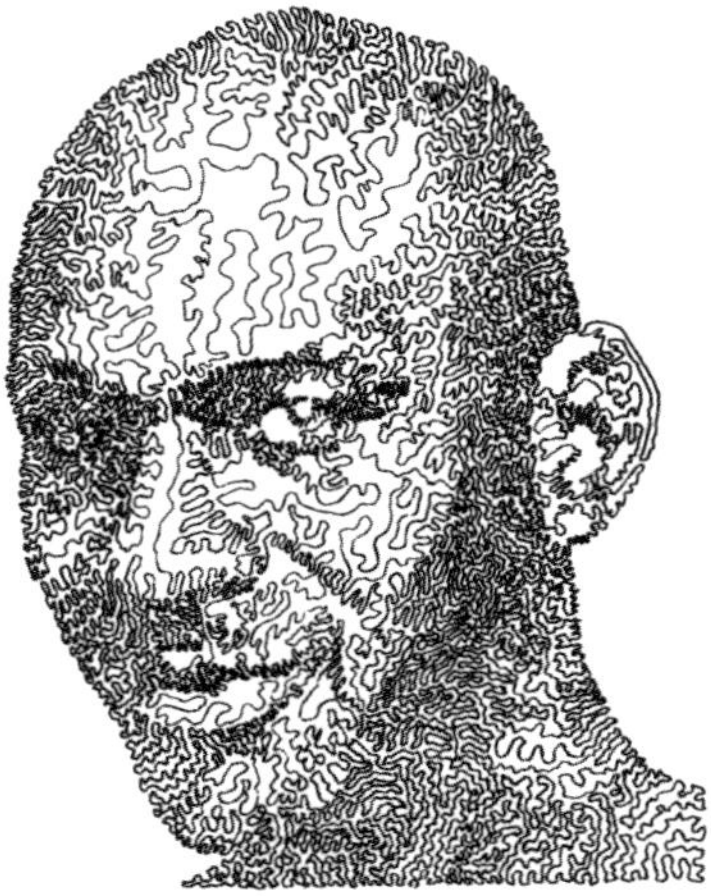

図 11.5 インクレデュラス MJ。Copyright J. Eric Morales, www.labyrinthineprojection.com.

図 11.6 TSP として描かれたボッティチェリの「ヴィーナスの誕生」。提供：Robert Bosch

れぞれに得られた壁画は共通の視覚様式を見せています。自然界では樹木や草の美しさは、どうやったら最小限の有機的資源を用いてできるだけ多くの日光を集めることができるかといった最適化問題を自然が解いた結果です。どちらの最適化の例からも、美は無意味ではないし、個人の天才の領域だけのものでもないのではないかと思います。美は意味があって公共的に理解可能なものと考えられるのです。

ガランターは、直径16フィート〔約4・9メートル〕の金属彫刻や、フットボール競技場に線を引く装置を使って大学の広い芝生に巡回路を描くなど、さらにいくつかの作品を自身のTSPシリーズとして作ることを考えている。

連続した線

ポートランドで活動する画家で、仕事の上では「モー」と呼ばれるJ・エリック・モラレスは、自分で迷宮的投影《ラビリンシン・プロジェクション》と呼ぶ形の絵で、手描きのジョルダン曲線を用いている。モーは1本の連続した線で肖像画を描くことで強烈な表現をとらえることができる。その手法は相当の注目を浴び、作品はナイキの靴やiPodのケースにもなり、またバスケットボールのスター選手マイケル・ジョーダン〔ジョルダン〕に依頼された絵もある。

モーは子どもの頃、何時間でも飽きずに「エッチアスケッチ」〔ダイヤルを回して金属粉を直線状に並べて点描画を描くお絵描きボード〕で交差しない直線をランダムにくねらせながら画面を埋めていた。絵を勉強していて、線の密度と明るさの値についての原理を教わったとき、このことがよみがえり、連続した線を密に描いて暗い部分、離して描いて明るい部分というふうに調節すれば、写真なみの画像ができることに気づいた。得られた曲線は明らかにTSPの巡回路と似ている。

モーは自身のTSPふうの作品を他のメディアにも広げるアイデアをいくつももっている。最新作は、迷路に基づいた彫刻作品で、そこを通る日光を使っている。投影された影の像がそれとわかる顔を作るのだ。また別の応用として、迷路男《ラビリンス・マン》を考えている。これは頭のないヒューマノイドで、半透明の皮膚にカラーの迷路を投影して、視覚的に環境を模倣したり表面にやりとりのための文章を映したりして変化する。

ボシュ＝カプラン線画

モラレスはメールで、前節で触れたボシュ＝カプランのTSP絵画との関連について述べている。

私はクレイグ・カプランと何年も前から知り合いで、TSPのこともよく知っています。カプランは、私がナイキの依頼でロサンゼルスで「エックスゲームズ」用に作ったプロのスケートボーダー、ポール・ロドリゲスの70×40インチの迷宮的投影を見てくれていました。カプランのアルゴリズムは、私の手描きの手順とよく似たことをコンピュータで生成するというところが目を引きました。

TSP絵画の作業は、注意深く選ばれた通過地点を通る短い巡回路を生み出すヒューリスティックなアルゴリズムを使って、原作となる絵を連続した線で複製することを目指す。図11・6に14万都市の例を示した。

この仕事はオバーリン大学で、ボシュと学生のエイドリアン・ハーマンがデジタル化した原作のグレースケールに比例して都市を配置する手順を開発して始まった。もっと正確に言うと、ボシュとハーマンは画像を格子に分割し、できたセルのグレースケールの平均に応じて０個からk個の都市を、そのセルの中にランダムに配置する。０個のセルはほとんど白で、k個のセルはほとんど黒になる。kの値とグリッドの大きさで、できるＴＳＰの都市数が決まる。

ボシュ＝ハーマンの点集合による短い巡回路は、原画が認識できる絵を生むが、点が集まったところはぎざぎざの経路を作って原画の連続的な色調をうまくとらえていないことが多い。ボシュとカプランはこの点を大きく改善して、都市の配置を決めるために、重心を計算することに基づく複数回試行のアルゴリズムを採用した。この計算では、原画の色調を使って図形的な距離に重みをつけて、暗い領域では点が移動するようにしている。全体としては、明暗のトーンの微妙な遷移を見込んで、都市の密度が突然変化するのを避けている。[★11]

美術と数学

本章の冒頭にはヤロスラフ・ネシェトジルの、アーティストと数学者の思考過程につながりがあることを述べた文章の一節を引いた。ネシェトジルはプラハ・カレル大学出身で、離散数学の分野の一流の研究者であり、アーティストとしても成果をあげていて、プロの有名なアーティスト、イジー・ナチェラドスキーと永年にわたり共同作業をしている。ナチェラドスキーとネシェトジルの作品例を図11・7に示した。この作品の目玉は３次元空間でうねる連続した曲線だ。

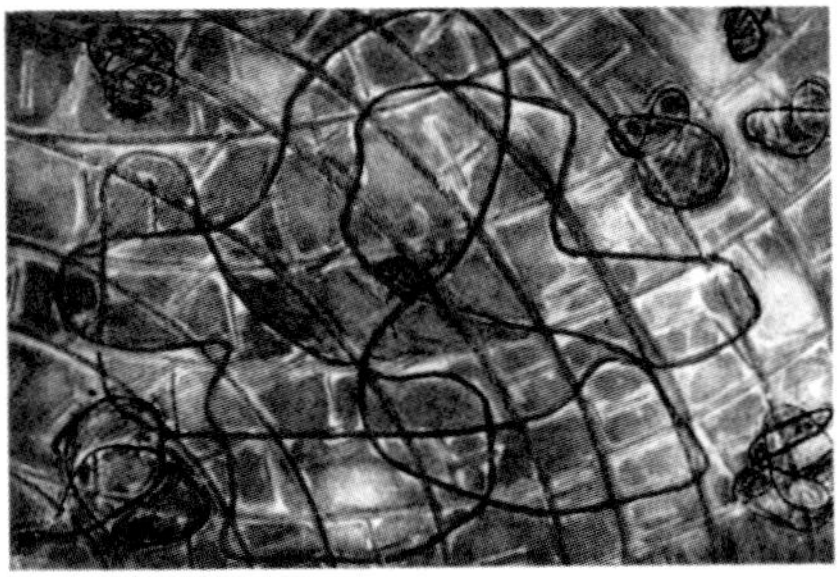

図 11.7　イジー・ナチェラドスキーとヤロスラフ・ネシェトジル（1997 年、ミクスト・メディア、100 × 120 cm）。画像提供：Jaroslav Nešetřil

図 11.8　ドイツのボンにある離散数学研究所兼アリトメウム。画像提供：Bernhard Korte

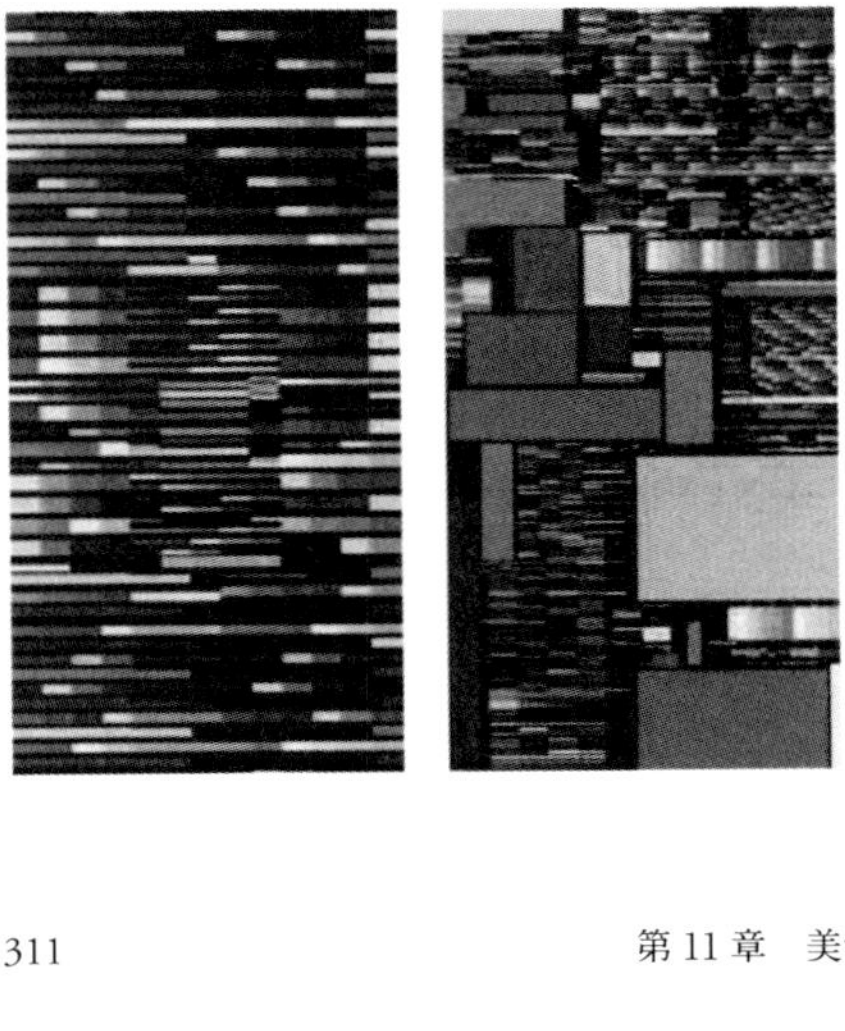

図 11.9　フィリップ社製 VLSI チップのデザイン。画像：Ina Prinz

ネシェトジルは、接続に関する文章で、数学のチャーチ゠チューリングのテーゼ、つまりアルゴリズムによる動作がすべて、チューリングマシンの実行によってとらえられる共通の形式をとるという考え方で表される統一的理念を記している。また、似たような創造的テーゼが人間の活動一般に成り立つかどうかについて推測している。それが作品（知識）が編成されるようす、顕現するようす、他の活動と相互作用するようすに現れる深遠な類似性がある。「十分な深みを持った活動、十分な深みをもった理解にはすべて深遠な類似性が現れる」★12。ネシェトジルは過去2世紀にわたる芸術と音楽の並行的な展開からそのテーゼを引き出す。どちらの分野も長きにわたった制約から自らを解放し、美術ならシュルレアリスム、数学なら現代集合論のような新しい共通の形式が生じるのを見ている。

構成主義美術とVLSI

ネシェトジルは以前からドイツのボンにある離散数学研究所の客員を務めている。所長のベルンハルト・コルテも数学と美術両方の世界に生きる人物だ。ボンの研究所は離散的最適化のトップクラスの研究拠点だが、そこにはアリトメウムという、計算法や、美術や、音楽のためのミュージアムも収まっている。研究所の建物の写真を図11・8に掲げた。各階のレイアウトは数学の研究者が所蔵の作品に囲まれて仕事をするようになっている。

アリトメウムにはとくに数学者の関心を引くような作品が数々置いてある。実際、コルテはこのミュージアムが構成主義美術に焦点を当てていることを次のように説明している。「最初に何よりも、私たちは幾何学的で構成主義的な美術に親近感をおぼえることを白状しておかなければなりません。なぜかというと、たぶん、絶対の幾何学的形式が基本的なカラースケールから選ばれた色と組み合わされると、数学者の素朴な魂には慰めになるからでしょう」[13]。ボンのコレクションには、すべては挙げきれないが、ヨゼフ・アルバース、マックス・ビル、ジャン・ゴラン、リヒャルト・パウル・ローゼ、レオン・ポーク・スミス、チャーミオン・フォン・ウィーガンドらの作品が入っている。この研究所を訪れて美しい展示品に囲まれて研究するのは楽しい。この独特の舞台は明らかに、ボンで離散数学が学問的に活発であることに貢献している。

応用の領域では、ボンの得意分野は集積回路の最適設計、つまり現代電子機器の中核をなすコンピュータ・チップのデザインだ。この分野は超大規模集積回路（VLSI）と呼ばれ、ボンの研究者は、複雑なVLSIチップを構成する何億ものトランジスタの動作速度や編成を改善するために離散数学を応用することにかけては世界の先頭に立っている。この作業にかかわる技術は気が遠くなるほど複雑だが、得られる結果は背後にある数学について何も知らなくても美的にここちよい。アリトメウムのカタログは、完成したVLSI製品から得た数々の興味深い画像を挙げており、この点を浮かび上がらせている。そのうち二つの例を図11・9に挙げた。幾何学的パターンは個々のコンピュータ・チップの部品の配置を表しており、色の範囲はミュージアムのイーナ・プリンツ館長が選んだ。

ネシェトジルはVLSIの設計過程について次のように見ており、この応用研究を創造的テーゼの枠組みに収めている[14]。

チップのデザインは人間の活動の中でも最大級に集約されたものを表している。この活動は学際的で、方法は計算機学、数学、物理学、さらには哲学にまでわたる。そうした活動の共演によってこの活動が芸術作品と似たところを示すのは不思議ではない。

私たちは巡回セールスマン問題にも同様の感覚を表明することができるし、ＴＳＰの根本的な複雑さの理解が進む中で、それと芸術との結びつきがさらに見られればと願っている。

第12章　限界を打ち破る

問題はきっと閉じたものではありません。私は、もっと良い計算法を見つける方向にも、問題をもっと数学的に良く理解する方向へも、さらに研究が行なわれることを希望しております。

——デルバート・レイ・ファルカーソン、１９５６年★1

ＴＳＰの美しさはこれからもきっと数学者や計算機学者を引きつけ続けるだろう。

クリストス・パパディミトリウは、巡回セールスマン問題は問題ではなく、麻薬だと言った。

——ジョン・ベントリー、１９９１年★2

これには常習性がある。どんなに前進しようと、いくつかのひらめきが確かめられず、その先にはまた大飛躍があるんじゃないかというもどかしい思いが残る。

——ヴァシェク・フヴァータル、１９９８年★3

ここでTSP依存症から脱出するこつを教えようと言うのではない。それどころか、私は機会が与えられるなら、迷わずキャンディーの包み紙の裏に小さなTSPの問題を載せようと思う。

メニューにキャンディーはないが、本書全体を通じて、未解決の問題に触れてきた。モナ・リザ、世界一周TSPコンテスト、4/3予想、ヘルド゠カープ実行時間限界の突破、クリストフィデスの近似の壁の改善などだ。そのようなテーマについていろいろなアイデアに出会って回るのは楽しいが、飛躍のためには長い時間がかかるかもしれないという事実を隠してはいられない。TSPのさらなる理解は、この問題をとりまく計算法の謎を深く掘り下げたいという、情熱的な欲求を通じてのみもたらされる。

セールスマンの役割

計算機学の大家、アヴィ・ウィジャーソンは、複雑性理論と人間の知識の潜在的な限界とのあいだにつながりがあるのではないかと説いたことがある。実際、P＝NPが示されれば、身のまわりの世界のモデルを立て、理解するための有能な計算機によるツールとともに、新しい時代が開けるだろう。他方、大半の専門家が予想するようにP≠NPだったら、数々の重要問題が明瞭には答えられないままになるかもしれない。どんなに計算機が高速になろうと、解法の実行時間が指数関数的に上昇するのには決して追いつけない。

では、前方に立ちはだかる難問にどう立ち向かうべきなのだろう。一つの答えは、TSPの計算法研究で採用されている突撃あるのみの取り組み方にある。P≠NPなら、科学でもそれ以外でも、汎用的な解法には限界があることになる。しかしそうした限界はどういうもので、それは知識の探求をどれほどの範囲で制約するのだろう。セールスマンはその脈絡で、もしかすると解けない1個の問題に努力を集中することで、予想を超える結果が出るか出ないかを実際に見せるという、重大な役を演じることができるかもしれない。

そんな感じで終えることにしよう。読者が100万ドルの複雑性問題の賞金と、実務的な一歩ずつ進む計算法としての取り組みの両方を視野に置いて、TSPの研究をやってみる気になってくれるかもしれないと期待する。巡回セールスマン問題はやればやるほど手強いが、ラッシャーズ・ロナルドなら「ともかくつっこめ」と言うだろう。

訳者あとがき

本書はWilliam J. Cook, *In Pursuit of the Traveling Salesman. Mathematics at the Limits of Computation* (Princeton University Press, 2012) を翻訳したものです（文中で〔 〕でくくった部分は訳者による補足です。また挙げられている参考文献に邦訳がある場合はその旨を適宜補足しましたが、本書の訳文は、本書訳者による私訳です）。著者のクックは、ジョージア工科大学産業システム工学教授で、自身も本書のテーマである巡回セールスマン問題（ＴＳＰ）研究の先頭に立つ応用数学者です。本書はそのいわば現場のＴＳＰ研究者によるこの分野の歴史、現状、応用に関する総覧とも言える本となっています。

ただ巡回《トラヴェリング》セールスマン問題というやや古めかしい商売の名称と（映画『ペーパー・ムーン』でライアン・オニールが演じた大恐慌時代の詐欺師も、巡回セールスマンとは言わなくとも、その存在を前提にしているように思えます）、与えられた都市をすべて回って出発点に戻ってきて、その際、移動距離（移動コスト）を最小にするルートを考えるという内容だけを聞くと、現代のたいていの人にとっては現実味のない、現実味と言ってもせいぜい特定の状況だけの、特殊な数学パズルのように思えてしまいますが、本書があちこちで触れるとおり、半導体チップの穿孔の順序、遺伝子情報の染色体上の配置やゲーム用のデータのＤＶＤ上の配置、あるいはひょっとしたら無意識にでも、テニスの練習の後に散らばったボールの拾い集め方まで、これと同等の実践的場面が実にたくさんあり、逆にこれが巡回セールスマン問題と呼ばれていることのほうがむしろ不思議に見えてきます（あるいは、だからこそ普遍的な問題で、ひょっとしたら日本でも置き薬屋さんや、時代劇や落語でおなじみの行商の人々の巡回路問題が、実務上の問題として議論されていたのかもしれないなどと夢想したりもします）。

ことは実用上の話だけではありません。線形計画法というこれもまた実践的な場面に発するものの、応用数学の幅広い脈絡にも結びつきます（訳者は高校生の頃にこの方法を習って感動したおぼえがありますが、今度は、あのときやっていたあの話と、今のこの話とが、こんなふうに深くつながることに感動しました——それに本書で紹介されている、これが誕生したときのフォン・ノイマンの発言もちょっといい話だと思います）。また他方では、P≠NPという、もっと純理的な計算複雑性の世界に収まる、世紀の、というより千年紀《ミレニアム》の問題ともつながっていて、その脈絡では、クレイ研究所の出す100万ドルの賞金がかかる問題でもあります。こうした意味では、理論的な面でも幅の広い問題だというわけです。さらには、解くための方法までもが幅広く、世界中の——もちろん日本の人々も含めて——数学者、計算機学者が参加して解こうとする活発な分野であることが本書を通じてよくわかります。また芸術家までもこの問題が切り開く可能性に刺激を受けているとなると、セールスマン問題自体がなかなかのセールスマンだということにもなるかもしれません。

それだけに広く知られてもいるし、知られているだけに誤解も流通するのかもしれません。著者も注意していますが、この問題は「解けない」のではありません。原理的には必ず解けます。すべての場合を尽くして大きさの順に並べるだけです。ただ、それを実行するとなると、規模が大きいと現実には計算しきれないということで、現実的な時間内に解ける方法があるかないか、あったとしてそれが正しいことをどう確かめるかというのが問題になるのです。だからこそよけいにもどかしいのかもしれません。ともあれ、問題そのものはごく簡単なのです。それがこれほど幅広く奥も深いところがこの問題の大きな魅力と言えます。
数学は純理的なもので、現実世界との対応は前提にしないという場合も多いし、純粋数学者はそちらのほうを数学の本性と見るものでしょうが、実際に計算するというとことん実践的な（しかもある意味であっけないほど簡単な）状況で考えることで成果をあげる数学もやはりあるということであり、そこに多くの人が引き込まれることになるのかもしれません。著者の勧め、あるいは挑発に乗り、プロがなかなか突破できないのなら、素人の思いもよらない発想が有効かもしれないと思って、尖った鉛筆をもって計算用紙に向かう気になってくださる人々が現れれば、本書は成功なのだろうと思います。

＊

本書の翻訳は、青土社の篠原一平氏の勧めにより手がけることになりました。いつも刺激的な機会を与えていただいていますが、今回もこのような機会をいただいたことに感謝します。出版に向けての実務は同社編集部の渡辺和貴氏をはじめとするスタッフの方々に見てもらいました。これもいつものことながら、訳文を仕上げて本の形にするための多大な支援に感謝します。装幀はＨＯＬＯＮに担当していただきました。これも記して感謝申し上げます。毎度同じようなことを書いていると感謝の気持ちも定型的になってしまうところが心苦しいのですが、いつも図書館やネットに蓄積された資料を参照させてもらっています。その資料を作った方々、また利用できるように蓄積し、流通させておられる方々にも、併せて感謝いたします。

２０１３年４月

訳者識

索引

た行

な・は・ま行

や・ら行

英数字

註

第1章　手強い問題

★1　1964年1月2日のIBMによるプレスリリース。巡回セールスマン問題の小規模の例を解くための新しい計算機用プログラムについて述べたもの。プログラムを開発したのはマイケル・ヘルド、リチャード・カープ、リチャード・シャレシアン。

★2　Menger (1931).

★3　TOP500 Supercomputer List, June 2009.

★4　Little, J. D. C., et al. 1963. *Operations Research* 11, 972-89.

★5　*Newsweek*, July 26, 1954, page 74.

★6　Karg, R. L., G. L. Thompson. 1964. *Management Science* 10, 225-48.

★7　チャールズ・ストロスの短編「アンチボディーズ」は、次の選集に収録されている。*The Year's Best Science Fiction* edited by G. Dozois, St. Martin's Press, New York, 2001 .

★8　Flood, M. M. 1956. *Operations Research* 4, 61-75.

★9　Edmonds, J. 1967. *J. Res. Nat. Bur. Stand.* Sec. B 71, 233-40.

★10　Karp (1972).

★11　移動コストの精度も考えなければならないと論じることもできる。都市xと都市yの間の移動コストを得るために何百万桁も読み取らなければならないとしたら、これも問題の規模を測るために考慮しなければならなくなる。それでも本書での分析ではそれははしょっても大丈夫だろう。実は、セールスマン問題は各コストが固定された定数Kよりも大きくない整数であっても難しく、それで問題一般の複雑さはとらえられる。

★12　Fortnow, L. 2009. *Communications of the ACM* 78, 78-86.

★13　アルゴリズム工学という言葉は、イタリアのヴェネチアで第1回のアルゴリズム工学研究会が開かれた1997年にまでさかのぼる。この主題に充てられたドイツ科学財団（DFG）による研究計画の一つは、この分野を「実用的アルゴリズムのデザイン、分析、実装、実験的評価からなる」と述べている。研究の指導者の1人ペトラ・ムツェルは、ドルトムント工科大学のアルゴリズム工学科長に就いている。

★14　写真のTシャツは、ジェシー・ブレイナードの仲間の学生ビル・ケイが、ブダペストでのハローウィン・パーティで着ている。パーティのことを書いたブログには、2人の学生がP対NPの扮装をしておもちゃの銃で撃ちあっていたという話が出ている。

★15　ラッシャーズ・ロナルドは、J. P. ドンリーヴィーの次の著作に出てくる。Donleavy, *The Destinies of Darcy Dancer, Gentleman,* Atlantic Monthly Press, 1994.

第2章　問題の由来

★1　Dantzig, Fulkerson, and Johnson (1954).

★2　このメイン州のリストは、H. W. クリーヴランドがページ種子会社に送った伝票や文書の一部。私は運よく、このコレクションをeBayで購入できた。買ったものがすべて興味深かったわけではない——セールスマンが書いた毎年の日記を50年分というのも買ったが、結局その人の出張はニューヨーク州シラキューズ市周辺の五つか六つの都市を回る旅だった。

★3　*Der Handlungsreisende–wie er sein soll und was er zu thun hat, um Aufträge zu erhalten und eines glücklichen Erfolgs in seinen Geschäften gewiss zu sein–Von einem alten Commis-Voyageur*. B. Fr. Voigt, Ilmenau, 1832.

★4　ドイツ語の原書からリンダ・クックが英訳したもの。

★5　引いたのは"The Drummer"という詩の冒頭の何行か。Marshall, G. L. 1982. *O'er Rail and Cross-ties with Gripsack. A Compilation on the Commercial Traveler*. New York, G. W. Dillinghamからとった。

★6　Fraker, G. C. 2004. *Journal of the Abraham Lincoln Association* 25, 76-97.

★7　Hampson, J. 1791. *Memoirs of the late Rev. John Wesley*. J. Johnson, London, UK.

★8　Banks, N. 1830. *The Life of the Rev. Freeborn Garrettson: Compiled from his Printed and Manuscript Journals, and other Authentic Documents*. New York. Published by J. Emory and R. Waugh.

★9　Hibbard, B. 1825. *Memoirs of the Life and Travels of B. Hibbard: Minister of the Gospel, Containing an Account of his Experience of Religion*. New York. 自費出版。

★10　Gribkovskaia, I., O. Halskau, G. Laport. 2007. *Networks* 49, 199-203.

★11　Euler, E. 1741. *Comm. academiae scientiarum Petropolitanae* 8, 128-40.

★12　オイラーの論文の英訳とその影響に関する詳細な学術的解説は、Biggs et al. (1976)にある。

★13　Euler, L. 1766. *Mémoires de l'Académie Royale des Sciences et Belles Lettres*, Année 1759, Berlin. 310-37.

★14　Hamilton, W. R. 1856. In: H. Halberstam, R. E. Ingram, eds. *The Mathematical Papers of Sir William Rowan Hamilton*, Volume III. Cambridge University Press, Cambridge, UK. 612-24.

★15　ιの演算は、辺の移動を逆転することを、κは頂点で隣の辺に反時計回りに回転することを、λは頂点で左に曲がることを表す。たとえば、λを5回行うと五角形を一周することになる。これにより出発点に戻ることになるので、ハミルトンは$\lambda^5 = 1$と書く。

★16　ハミルトンのゲームの二つの画像はジェームズ・ダルゲティの厚意による。ダルゲティのパズル博物館には、新旧のゲームやパズルの見事なコレクションが収められている。

★17　ハミルトンからド・モルガン宛、1852年10月26日付。トマス・L. ハンキンスによる優れたハミルトン伝、Hankins, *Sir William Rowan Hamilton* (Johns Hopkins University Press, 1980)に伝えられるもの。

★18　Menger (1931).

★19　Dantzig, Fulkerson, Johnson (1954).

★20　Flood, M. M. 1956. *Operations Research* 4, 61-75.

★21　Flood, M. M. 1984. The Princeton Mathematics Community in the 1930s,

Transcript Number 11 (PMC11). Princeton University.

★22　メンガーの業績の詳細については、多くが Schrijver (2003) に伝えられている。

★23　Hoffman and Wolfe (1985).

★24　Reid (1996).

★25　Reid (1996).

★26　Mahalanobis (1940).

★27　Ghosh, M. N. 1949. *Calcutta Stat. Assoc.* 2, 83-87.

★28　n が大きくなるにつれて、最適巡回路長を $\sqrt{n}$ で割ったものは、確率 1 で β に近づくという結果が導かれた。Beardwood, J., J. H. Halton, J. M. Hammersley. 1959. *P. Camb. Philos. Soc.* 55, 299-327.

★29　物理学者による興味深い β 研究が、Percus, A. G., O. C. Martin. 1996. *Phys. Rev. Let.* 76, 1188-91 にある。

第3章　実地のセールスマン問題

★1　Albers and Reid (1986).

★2　Bartholdi III, J. J., et al. 1983. *Interfaces* 13, No. 3, 1-8.

★3　Suri, M. 2001. *SIAM News* 34, p. 1.

★4　Dosher, M. 1998. *Wall Street Journal*, February 9, B1.

★5　Agarwala, R., et al. 2000. *Genome Research* 10, 350-64.

★6　Carlson, S. 1997. *Sci. Am.* 276, 121-24.

★7　Kolemen, E., N. I. Kasdin. 2007. *Adv. Astronaut. Sci.* 128, 215-33.

★8　Bland, R. G., D. F. Shallcross. 1989. *Op. Res. Let.* 8, 125-28.

★9　Grötschel, M., M. Jünger, G. Reinelt. 1991. *Zeit. Op. Res.* 35, 61-84.

★10　Lenstra, J. K. 1974. *Operations Research* 22, 413-14.

★11　Climer, S., W. Zhang. 2006. *J. Mach. Learn.* Res. 7, 919-43.

★12　参考文献は、Applegate et al. (2006), Section 2.7 にある。

第4章　巡回路探し

★1　Karg, R. L., G. L. Thompson. 1964. *Management Science* 10, 225-48.

★2　Dantzig et al. (1954).

★3　本書全体を通じて、対称的な形の TSP に焦点が置かれている。これは、コストは移動の方向にはよらない、つまり都市 A から都市 B へ移動するコストは、B から A に戻る場合と同じということだ。この制限は主として議論の長さをおさえようということだが、ずるをしていると思わないようにしていただきたい。任意の n 都市 TSP の具体的な問題が対称的なコストの $2n$ 都市 TSP に変換できることを示すのは、練習問題程度のことだ。

★4　Dantzig et al. (1954).

★5　本書全体にわたって、対数の底は 2 とする。

★6　Robacker, J. T. 1955. RAND Research Memorandum RM-1521.

★7　Rosenkrantz, D., et al,. 1977. *SIAM J. Computing* 6, 563-8l.

★8　Cayley, A. 1881. *Am. J. Math.* 4, 266-68.
★9　Kruskal, J. 1957. *Proc. Am. Math. Soc.* 7, 48-50.
★10　Christofides, N. 1976. Report 388, GSIA, Carnegie Mellon University.
★11　Lin and Kernighan (1973).
★12　Lin and Kernighan (1973).
★13　Chandra, B., H. Karloff, C. Tovey. 1994. In: *Proceedings of the Fifth Annual ACM-SIAM Symposium on Discrete Algorithms*. SIAM. 150-59.
★14　Helsgaun, K. 2000. *Eur. J. Oper. Res.* 126, 106-30.
★15　Gates, W. H., C. H. Papadimitriou. 1979. *Discrete Math.* 27, 47-57.
★16　Kirkpatrick, G., C. D. Gelatt, M. P. Vecchi. 1983. *Science* 220, 671-80.
★17　Applegate, D., W. Cook, A. Rohe. 2003. *INFORMS J. Comput.* 15, 82-92.
★18　Holland, J. 1975. *Adaptation in Natural and Artificial Systems*. University of Michigan Press, Ann Arbor, Michigan.〔嘉数侑昇監訳『遺伝アルゴリズムの理論——自然・人工システムにおける適応』、森北出版、1999年〕
★19　他の区分の問題のための遺伝的アルゴリズムは、しばしば「突然変異」段階を含み、集団の中の個々の要素に適用される。
★20　Nagata, Y. 2006. *Lect. Notes Comput. Sci.* 4193, 372-81.
★21　http://www.aco-metaheuristic.org を参照。
★22　http://comopt.ifi.uni-heidelberg.de/software/TSPLIB95/
★23　http://www2.research.att.com/~dsj/chtsp/about.html
★24　Johnson, D. S., L. A. McGeogh. 2002. In: G. Gutin, A. Punnen, eds. *The Traveling Salesman Problem and Its Variations*. Kluwer, Boston, MA. 369-443.
★25　http://www.tsp.gatech.edu/vlsi/index.html
★26　http://www.tsp.gatech.edu/world/countries.html

第5章　線形計画法

★1　Grötschel, M. 2006. Notes for a Berlin Mathematical School.
★2　Albers and Reid (1986).
★3　Dantzig (1991).
★4　Carroll, L. 1865. *Alice's Adventures in Wonderland*. Project Gutenberg Edition.
★5　「負ではない」は「正」と同じではない。「正」は厳密に言うと0より大きいということ。
★6　Safire, W. 1990. "On Language". *New York Times*, February 11.
★7　Cottle, R. W. 2006. *Math. Program.* 105, 1-8.
★8　Dantzig (1991).
★9　Gill, P. E., et al. 2008. *Discrete Optim.* 5, 151-58.
★10　Dantzig (1963).
★11　Kolata, G. 1989. *New York Times*, March 12.
★12　Williams, H. P. 1999. *Model Building in Mathematical Programming*. John Wiley & Sons, Chichester, UK.
★13　Dongara, J., F. Sullivan. 2000. *Comp. Sci. Eng.* 2, 22-23.

★14　Chvátal, V. 1983. *Linear Programming.* W. H. Freeman and Company, New York.〔阪田省二郎ほか訳『線形計画法』(上・下)、啓学出版、1986-88 年〕

★15　LP モデル〔条件を記述する 1 次方程式と 1 次不等式のセット〕では、分数のウィジェットを生産・販売できるものと仮定しなければならない。この点については章末であらためて取り上げる。

★16　http://campuscgi.princeton.edu/~rvdb/JAVA/pivot/simple.html　このツールは、次の本に付随するもの。Vanderbei, R. J. 2001. *Linear Programming: Foundations and Extensions.* Kluwer, Boston, MA.Kluwer, Boston, MA.

★17　Albers and Reid (1986).

★18　Dantzig, G. B. 1949. *Econometrica* 17, 74-75.

★19　Dantzig, G. B. 1982. *Oper. Res. Let.* 1, 43-48.

★20　Bixby, R. E. 2002. *Operations Research* 50, 3-15.

★21　Dantzig (1991).

★22　正確な言い方をすると、LP 問題とその双対問題がともに許容される解をもつなら、どちらも最適解をもち、その目的関数の最適値は等しい。

★23　Jünger, M., W. R. Pulleyblank. 1993. In: S. D. Chatterji et al., eds. *Jahrbuch Überblicke Mathematik.* Vieweg, Brunschweig/Wiesbaden, Germany. 1-24.

★24　http://www.informatik.uni-koeln.de/ls_juenger/research/geodual/

★25　Benoit, G., S. Boyd. 2008. *Math. Oper. Res.* 33, 921-31.

★26　MIT のミシェル・ゲーマンスは、すでに、部分巡回路 LP 緩和に対する解について、重要な結果をいくつか証明している。

★27　Ziegler, G. 1995. *Lectures on Polytopes.* Springer, Berlin, Germany.〔八森正泰ほか訳『凸多面体の数学』、シュプリンガー・フェアラーク東京、2003 年〕

★28　Christof T., G. Reinelt. 2001. *Int. J. Comput. Geom. Appl.* 11, 423-37.

★29　Dantzig, G. B. 1960. *Econometrica* 28, 30-44.

★30　Dantzig (1963).

★31　http://mat.tepper.cmu.edu/blog/

★32　OR の展開について知る良い場所としては、ローラ・マクレイの Punk Rock Operations Research というブログもある。http://punkrockor.wordpress.com/

第6章　切除平面

★ 1　Hoffman and Wolfe (1985).

★ 2　Dantzig, G., R. Fulkerson, S. Johnson. 1954. Technical Report P-510, RAND Corporation, Santa Monica, California.

★ 3　巡回路が部分巡回路不等式に値 2 をとらせる唯一の道は、巡回路が都市の部分集合に入り、その部分集合の各都市を回り、それからその部分集合を出ることだけであるということに注目のこと。したがって都市の部分集合内では、巡回路は一本道の経路に見える。図の三つの青い集合のそれぞれにそのような経路があるなら、黄色の集合は、少なくとも 3 回またがないといけない。巡回路が任意の集合の境界を偶数回またぐので、それが少なくとも 3 回またぐなら、少なくとも 4 回はまたぐこともわかる。まとめると、

三つの集合をそれぞれ2回またぎ、一つの集合を4回またぐと、全体で少なくとも10回またぐことになる。

★4　三角形にある赤の辺のそれぞれは、二つの境界をまたぎ、したがって、全体では2回ずつ勘定されている。

★5　Dantzig et al. (1954).

★6　Dantzig et al. (1954).

★7　Chvátal, V. 1973. *Math. Program.* 5, 29-40.

★8　Grötschel, M., M. W. Padberg. 1979. *Math. Program.* 16, 265-80.

★9　Grötschel, M., W. R. Pulleyblank. 1986. *Math. Oper. Res.* 11, 537-69.

★10　ある不等式が側面定義であることを示すために、不等式を等式として満たす巡回路を分析する。この巡回路点を含む最小の平面をとり、それがTSP多面体の空間よりも1次元だけ小さい次元の空間にあることを確かめる。これは2次元の例なら、側面の二つの角の点が直線、つまり1次元の面を定めるのと同じことだ。

★11　Grötschel, M., M. W. Padberg. 1979. *Math. Program.* 16, 265-80.

★12　Naddef, D. 2002. In: G. Gutin, A. Punnen, eds. *The Traveling Salesman Problem and Its Variations.* Kluwer, Boston, Massachusetts. 29-116.

★13　Schrijver, A. 2002. *Math. Program.* 91, 437-45.

★14　*S* についての部分巡回路不等式は、*S* にはないすべての頂点の集合についての部分巡回路不等式と同値となる。したがって、集合 *S* にはフェニックスが含まれると前提できる。

★15　フローの問題は、冷戦時代よりこのかた着実に向上してきたネットワーク理論の要になっている。知りたいことも、それ以上のことも、次の教科書に出ているだろう。*Network Flows* by R. Ahuja, T. Magnanti, J. Orlin. 1983. Prentice Hall, Englewood Cliffs, New Jersey.

★16　Fleischer, L., É. Tardos. 1999. *Math. Oper. Res.* 24, 130-48.

★17　Letchford, A. L. 2000. *Math. Oper. Res.* 25, 443-54.

★18　Boyd, S., S. Cockburn, D. Vella. 2007. *Math. Program.* 110, 501-19.

★19　Cook W., D. G. Espinoza, M. Goycoolea. 2007. *INFORMS J. Comp.* 19, 356-65.

★20　Edmonds, J. 1965. *Canadian J. Math.* 17, 449-67.

★21　Edmonds (1991).

★22　Gomory (1966).

★23　ハチヤンのアルゴリズムは、楕円体法という、ダヴィド・ユディンとアルカディ・ネミロフスキーが考えた一般的な手法に基づいている。

★24　Grötschel, M., L. Lovász, A. Schrijver. 1993. *Geometric Algorithms and Combinatorial Optimization*, 2nd edition. Springer, Berlin, Germany.

★25　Gomory R. E. 2010. In: Jünger et al., eds. *50 Years of Integer Programming 1958-2008.* Springer, Berlin. 387-430.

★26　1次不等式を右辺の値を丸めることで狭めるという考え方は、1970年代の初めにヴァシェク・フヴァータルによって精密な理論に展開された。

第7章　分枝

★1　Little, J. D. C., et al. 1963. *Operations Research* 11, 972-89.

★2　Eastman, W. L. 1958. *Linear Programming with Pattern Constraints*. Ph.D. thesis. Department of Economics, Harvard University, Cambridge, Massachusetts.

★3　Little, J. D. C., et al. 1963. *Op. Res.* 11, 972-89.

★4　Padberg, M., G. Rinaldi 1987. *Oper. Res. Let.* 6, 1-7.

★5　Land, A. H., A. G. Doig. 1960. *Econometrica* 28, 497-520.

★6　Land, A. H., A. G. Doig. 2010. In: Jünger et al., eds. *50 Years of Integer Programming 1958-2008*. Springer, Berlin. 387-430.

第8章　大規模な計算

★1　1985年のチューリング賞受賞講演。Karp (1986) 所収。

★2　Grötschel, M., G. L. Nemhauser. 2008. *Discrete Optim.* 5, 168-73.

★3　Applegate, D., et al. 1995. DIMACS Technical Report 95-05. DIMACS, Rutgers University.

★4　Held, M., R. M. Karp. 1971. *Math. Program.* 1, 6-25.

★5　Karp (1986).

★6　リチャード・カープとの面談。2009年10月24日。

★7　Camerini, P. M. et al. 1975. *Mat. Program Study* 3, 26-34.

★8　Miliotis, P. 1978. *Math. Program* 15, 177-88.

★9　Grötschel, M. 1980. *Math. Program Study* 12, 61-77.

★10　Padberg, M. W., S. Hong. 1980. *Math. Program Study* 12, 78-107.

★11　Padberg, M. 2007. *Ann. Oper. Res.* 14, 147-56.

★12　Crowder, H., M. W. Padberg. 1980. *Management Science*. 26, 495-509.

★13　Grötschel, M., O. Holland. 1991. *Math. Program.* 51, 141-202.

★14　Padberg, M., G. Rinaldi. 1991. *SIAM Review*. 33, 60-100.

★15　RSA 因数分解チャレンジは、コンピュータ・セキュリティ会社の RSA 社が、素因数分解が難しいと考える数で構成されている。同社はそれぞれの数について、因数分解が成功したら賞金を出していた。

★16　Applegate, D. L., et al. 2009. *Op. Res. Let.* 37, 11-15.

★17　http://www.tsp.gatech.edu/data/art/index.html

第9章　複雑性

★1　Edmonds (1991).

★2　Turing, A. M. 1936. *Proc. Lond. Math. Soc.* 42, 230-65.〔西垣通編著訳『思想としてのパソコン』(NTT 出版、1997年) 所収〕

★3　アロンゾ・チャーチの研究は、チューリングの研究とほぼ同じ時期に行なわれた。チャーチは計算可能性についていろいろな枠組みで述べたが、チューリングはそれを後に自分のチューリングマシンの概念と同等であることを示した。

★4　Beckmann, M., T. C. Koopmans. 1953. Cowles Commission: Econ. No. 2071.

★5　Flood (1954).

★6　Edmonds (1991).

★7　決定問題は直接に TSP をとらえるものではないが、最短巡回路の長さをイエスかノーかの問いを連ねることで求めることはできる。

★8　多項式時間で確かめられる問題という概念は、レオニード・レヴィンも独自に考えた。

★9　Cook, S. 1971. In *Proceedings of the 3rd Annual ACM Symposium on the Theory of Computing*. ACM Press, New York. 151-58.

★10　Karp (1972).

★11　Garey and Johnson (1979) は計算複雑性理論の優れた導入となる。最近のもので優れた取り扱いをしているのは、Arora and Barak (2009).

★12　http://www.win.tue.nl/~gwoegi/P-versus-NP.htm

★13　"Computational Complexity" chapter in Lawler et al. (1985).

★14　この結果を見るための一つの方法は、格子グラフでのハミルトン閉路問題がユークリッド的 TSP で解けるということだ。

★15　Held and Karp (1962).

★16　この種の研究のよくできた参考資料は以下の論文。Woeginger, G. J. 2003. *Lect. Notes Comp. Sci.* 2570, 185-207.

★17　このランダル・マンローによる発言は、xkcd.com のウェブサイトにある TSP 漫画 399 号の画像の上でマウスカーソルを動かすと見える。

★18　ハミルトン閉路問題一般は、グラフにある辺に対応する都市の対すべてにコスト 0 を割り当て、他の都市の対すべてに 1 を与えることによって表せる。ハミルトン閉路はコスト 0 となり、最適ではない順回路はすべて少なくとも 1 のコストがあるので、最適から固定された率の範囲内にある解を返す方法は、イエスかノーかの問いに答えをもたらすだろう。

★19　厳密な値は 220/219。

★20　Arora, S. 1998. *J. ACM*. 45, 753-82. 次も参照のこと。Mitchell, J. 1999. *SIAM J. Computing*. 28, 1298-309

★21　Adleman, L. M. 1994. *Science*. 266, 1021-24.〔この論文の訳ではないが、『日経サイエンス』1998 年 11 月号には、エイドルマンによる解説記事の邦訳がある〕

★22　Baumgardner, J. et al. 2009. *J. Biol. Eng*. 3, 11.

★23　Aono, M., et al. 2009. *New Generation Comp*. 27, 129-57.

★24　Haist, T., W. Osten. 2007. *Optics Express*. 15, 10473-82.

★25　Oltean, M. 2008. *Natural Comp*. 7, 57-70. オルテアンの成果は 2006 年の学会記録に出ていて、ハイストとオステンの研究に先行している。

★26　Aaronson, S. 2008. *Sci Am*., March, 62-69.〔『日経サイエンス』2008 年 6 月号所収〕

★27　Deutsch, D. 1991. *Phys. Rev*. D 44, 3197-217.

第 10 章　人間の出番

★1　Sheffield, C. 1996. Mood Indigo thoughts on the Deep Blue/Kasparov match. IBM.

★2　この成果は、人間 TSP 研究の先頭に立つ1人、ジグムント・ピドー編の *Journal of Problem Solving* 創刊を助けた。
★3　Vickers, D., et al. 2001. *Psychol. Res.* 65, 34-45.
★4　van Rooij, I., et al. 2006. *J. Prob. Solv.* 1, 44-73.
★5　MacGregor, J. N., T. Ormerod. 1996. *Percept. Pyschophys.* 58, 527-39.
★6　Wiener, J. M., N. N. Ehbauer, H. A. Mallot. 2009. *Psychol. Res.* 77, 644-58.
★7　Vickers, D., et al. 2004. *Pers. Indiv. Differ.* 36, 1059-71.
★8　Reitan, R. M., D. Wolfson. 1993. *The Halstead-Reitan Neuropsychological Test Battery: Theory and Clinical Interpretation.* Neuropsychology Press, Tucson, Arizona, USA.
★9　Butler, M., et al. 1991. *Prof. Psychol.-Res. Pr.* 22, 510-12.
★10　Menzel, E. W. 1973. *Science.* 182, 943-45.
★11　Gibson, B. M., et al. 2007. *J. Exp. Psychol. Anim.* B. 33, 244-61.

第 11 章　美学

★1　Nešetřil (1993).
★2　*New York Times,* November 17, 1995, page C60.
★3　*Proof Positive: Forty Years of Contemporary American Printmaking at ULAE,* 1957-1997. Corcoran Gallery of Art, Washington, D.C., 1997 .
★4　Paula Cooper Gallery, Julian Lethbridge, March 26-April 24, 1999.
★5　Harris, S. 2007. *Art in America.* 95, issue 10, page 214.
★6　*New York Times,* November 17, 1995, page C60; *Baltimore Sun,* March 31, 1996.
★7　Bosch, R. 2010. Embrace. *2010 Joint Mathematics Meetings Art Exhibition Catalog.*
★8　Kaplan, C., R. Bosch. 2005. Proceedings of the Bridges 2005 Conference.
★9　Bosch, R. 2009. Proceedings of the Bridges 2009 Conference.
★10　Galanter, P. 2009. Artist text . Artware 5 Exhibition, Lima, Peru, May 2009.
★11　2人の手順は A. セコードの、重みづけボロノイ図〔空間内の複数の点からの距離の遠近によって領域を分割した図〕を使った配置アルゴリズムに基づいている。
★12　Nešetřil (1993).
★13　Korte, B. 1991. *Mathematics, Reality, and Aesthetics–A Picture Set on VLSI-Chip-Design.* Springer Verlag, Berlin.
★14　Neštřil (1993).

第 12 章　限界を打ち破る

★1　D. R. ファルカーソンから、フランス、ヌイイの B. ジメルン宛、1956 年 6 月 25 日付。
★2　*New York Times,* March 12, 1991, G. Kolata.
★3　Science Blog, June 8, 1998. http://www.scienceblog.com

参考文献

［1］ Albers, D. J., C. Reid. 1986. An interview with George B. Dantzig: The father of linear programming. *The College Mathematics Journal* 17, 293-314.

［2］ Applegate, D. L., R. E. Bixby, V. Chvátal, W. Cook 2006. *The Traveling Salesman Problem: A Computational Study*. Princeton University Press, Princeton, New jersey.

［3］ Arora, S., B. Barak 2009. *Computational Complexity: A Modern Approach*. Cambridge University Press, New York.

［4］ Biggs, N. L., E. K. Lloyd, R. J. Wilson. 1976. *Graph Theory 1736-1936*. Clarendon Press, Oxford, UK.〔一松信ほか訳『グラフ理論への道』、地人書館、1986 年〕

［5］ Chvátal, V. 1973. Edmonds polytopes and a hierarchy of combinatorial problems. *Discrete Mathematics* 4, 305-37.

［6］ Clay Mathematics Institute. 2000. Millennium problems. http://www.claymath.org/millennium/

［7］ Dantzig, G., R. Fulkerson, S. Johnson. 1954. Solution of a large-scale traveling-salesman problem. *Operations Research* 2, 393-410.

［8］ Dantzig, G. B. 1963. *Linear Programming and Extensions*. Princeton University Press, Princeton, New Jersey.〔小山昭雄訳『線型計画法とその周辺』、ホルト・サウンダース・ジャパン、1983 年〕

［9］ Dantzig, G. B. 1991. Linear programming: the story about how it began. J. K. Lenstra et al., eds. *History of Mathematical Programming – A Collection of Personal Reminiscences*. North-Holland. 19-31.

［10］ Edmonds, J. 1991. A glimpse of heaven. J. K. Lenstra et al., eds. *History of Mathematical Programming–A Collection of Personal Reminiscences*. North-Holland. 32-54.

［11］ Flood, M. 1954. Operations research and logistics. *Proceedings of the First Ordnance Conference on Operations Research*. Office of Ordnance Research, Durham, North Carolina. 3-32.

［12］ Garey, M. R, D. S. Johnson. 1979. *Computers and Intractability: A Guide to the Theory of NP-Completeness*. Freeman, San Francisco, California.

［13］ Gomory R. E. 1966. The traveling salesman problem. *Proceedings of the IBM Scientifc Computing Symposium on Combinatorial Problems*. IBM, White Plains, New York. 93-121.

［14］ Grötschel, M., O. Holland. 1991. Solution of large-scale symmetric travelling salesman problems. *Mathematical Programming*. 51, 141-202.

［15］ Held, M., R. M. Karp. 1962. A dynamic programming approach to sequencing

problems. *Journal of the Society of Industrial and Applied Mathematics*. 10, 196-210.

[16] Hoffman, A. J., P. Wolfe. 1985. History. In: Lawler et al. (1985), 1-15.

[17] Karp, R. M. 1972. Reducibility among combinatorial problems. In: R. E. Miller, J. W. Thatcher, eds. *Complexity of Computer Computations*. IBM Research Symposia Series. Plenum Press, New York. 85-103.

[18] Karp, R. M. 1986. Combinatorics, complexity, and randomness. *Communications of the ACM* 29, 98-109.

[19] Lawler, E. L., J. K. Lenstra, A. H. G. Rinnooy Kan, D. B. Shmoys, eds. 1985. *The Traveling Salesman Problem*. John Wiley & Sons, Chichester, UK.

[20] Lin, S., B. W. Kernighan. 1973. An effective heuristic algorithm for the traveling-salesman problem. *Operations Research* 21, 498-516.

[21] Mahalanobis, P. C. 1940. A sample survey of the acreage under jute in Bengal. *Sankhya, The Indian Journal of Statistics*. 4, 511-30.

[22] Menger, K. 1931. Bericht über ein mathematisches Kolloquium. Monats-hefte für Mathematik und Physik 38, 17-38.

[23] Nešetřil, J. 1993. Mathematics and art. In: *From the Logical Point of View 2,2*. Philosophical Institute of the Czech Academy of Sciences, Prague.

[24] Reid, C. 1996. *Julia: A Life in Mathematics*. The Mathematical Association of America, Washington, D.C.

[25] Schrijver, A. 2003. *Combinatorial Optimization: Polyhedra and Eficiency*. Springer, Berlin, Germany.

[26] Spears, T. B. 1994. *100 Years on the Road: The Traveling Salesman in American Culture*. Yale University Press, New Haven, Connecticut.

驚きの数学 巡回セールスマン問題

2013年6月6日 第1刷印刷
2013年6月20日 第1刷発行

著者 ウィリアム・J・クック
訳者 松浦俊輔

発行者 清水一人
発行所 青土社
東京都千代田区神田神保町 1-29 市瀬ビル 〒101-0051
電話 03-3291-9831(編集) 03-3294-7829(営業)
振替 00190-7-192955

印刷所 ディグ(本文)
方英社(カバー・表紙・扉)
製本所 小泉製本

装幀 HOLON

ISBN978-4-7917-6710-6 Printed in Japan